DIANLI ANQUAN PEIXUN JIAOCAI

电力安全培训教材

河南省电力公司 编

内 容 提 要

本书根据国家相关法律、法规和行业标准、规范，结合工作实践、认识和体会，针对电力企业安全管理标准化、规范化工作要求，紧密联系工作现场实际，全面系统地阐述了目前电力企业安全管理体制、模式和管理要点，提出了符合现场实际的管理方法和手段。全书共分七章，分别从安全管理综述、安全生产管理体系、安全管理例行工作、生产现场安全、电力安全技术、班组安全建设、事故应急救援及事故调查等方面对安全管理的各个层面进行了详尽的讲解，对做好安全生产工作的方法进行了细致的分析，附录对安全管理常用术语、各项安全工作流程和现场安全工作方案范本进行了释义和示例，对全面了解安全管理的内容和指导现场安全工作提供了指南。

本书对电力企业安全管理工作具有较强的指导意义，适用于电力企业各级安全管理人员、生产管理人员和现场人员，尤其对于刚刚参加工作的现场人员，是了解电力企业安全管理要求和做好生产现场安全工作的一本很好的教材。

图书在版编目（CIP）数据

电力安全培训教材/河南省电力公司组编．—北京：中国电力出版社，2013.1（2023.3重印）

ISBN 978－7－5123－3976－7

Ⅰ.①电…　Ⅱ.①河…　Ⅲ.①电力安全—技术培训—教材　Ⅳ.①TM7

中国版本图书馆CIP数据核字（2013）第010461号

中国电力出版社出版、发行

（北京市东城区北京站西街19号　100005　http：//www.cepp.sgcc.com.cn）

三河市航远印刷有限公司印刷

各地新华书店经售

*

2013年1月第一版　　2023年3月北京第七次印刷

710毫米×980毫米　16开本　15.75印张　275千字

印数15501—16500册　　定价 **58.00** 元

编 委 会

前 言

现代社会与电能的关系密不可分，电已渗透到社会活动和人民生活的各个部分，电力安全成为社会公共安全的重要内容。保障电网安全稳定运行，保障电力连续可靠供应，对于维护国家安全、社会稳定和人民生命财产安全，具有十分重要的意义。随着电网企业的快速发展和自动化水平的不断提高，安全生产对人身安全、电网安全、可持续供电以及社会稳定显得尤为重要。

安全生产是电网企业经营管理水平的综合反映，随着电网企业的发展以及体制改革的深化，特别是电源大规模建设投产、电力供需形势发生变化、电网规模扩大及特高压工程的建成投产，电网安全出现了新的情况，面临着新的挑战。随着《安全生产法》、《生产安全事故报告和调查处理条例》、《国务院关于进一步加强安全生产工作的决定》、《国务院关于进一步加强企业安全生产的通知》等一系列法规制度的相继出台，安全生产法制化管理对电网企业强化安全生产监督管理提出了更高的要求。

电网企业安全生产管理是一个系统工程，坚持“安全第一、预防为主、综合治理”方针，贯彻安全“可控、在控、能控”的理念，按照人员、时间、力量的“三个百分之百”要求，实行全面、全员、全过程、全方位的安全监督与管理，是国家电网公司安全管理的重要指导思想。

近年来，在加强电网“一强三优”建设中，国家电网公司不断创新安全管理理念，建立新的安全管理机制，不断探索科学合理、行之有效的管理方法，相继开展了“反事故斗争”、“百问百查”、“三个不发生”等安全主题活动，这些工作的开展对电网企业的安全工作起到了重要的推进作用。但是，随着电网科技不断进步，特别是特高压交直流输电、智能电网工程的建设与发展，电网安全出现了各种新情况，电网事故机理也更加复杂。随着“三集五大”体系建设的推进，加之单位每年大批新进员工要充实到生产一线班组，提升生产现场和班组安全管理水平，提高生产一线员工安全意识和安全技能，已成为夯实电网企业安全基础，筑牢安全防线，构建安全生产长效机制的重要措施。

在上述安全管理背景的要求下，电网企业亟待一本适合现场安全管理需要的培训教材。由河南省电力公司安全监察质量部牵头，联合河南省电力公司人力资源部和河南电力工业学校共同编写的这本《电力安全培训教材》，是面对电力企业广大管理人员和基层员工的一本实用性教材，本书根据电力企业安全管理实践，紧密结合现场管理实际，全面总结了安全管理的概念和要点，规范了现场安全管理标准和流程，提出了满足现场需要的安全管理方法和手段，内容全面、丰富，重点突出。是从事安全生产工作人员、现场作业人员的指导用书，具有指导性、针对性和可操作性强的特点，也是学校对新进电力企业员工进行安全培训的用书。相信该书的出版，对于电力企业提高安全管理、生产管理人员的安全技能和素质，全面提升安全生产管理水平将起到很大的作用。对指导电力企业安全管理工作具有重大的意义。

2013 年 1 月 8 日

目　　录

第一章

安全管理综述

第一节　安全管理内容和要点

一、安全的基本概念

1. 安全

一般来讲，安全就是没有危险。通用的讲法是，人不受到伤害，物不受到损失或环境免遭破坏。但随着对安全问题的研究进一步深入，人们对安全的概念有了更深的了解，也赋予了更深的内涵。我国学者刘潜认为：“安全是人的身心免受外界（不利）因素影响的存在状态（包括健康状况）及其保障条件”。

刘潜的安全定义包括两个方面：一个方面是人的身心存在的安全状态；另一个方面是事物的客观保障条件，且这一保障条件并不仅限于生产过程之中。也就是说，这是一个大安全概念，人并不仅仅满足于不死、不伤或者是不病，而且还希望身心安全与健康，能够舒适、愉快和高效能地从事各种生产及生活活动。

从安全管理的角度，将安全定义为：安全是人们在劳动生产中所处于的一种状态，这种状态消除了可能导致人员伤亡、职业危害、设备及财产损失或危及环境的潜在因素。

2. 安全生产

《辞海》将“安全生产”解释为：为预防生产过程中发生人身、设备事故，形成良好劳动环境和工作秩序而采取的一系列措施和活动。《中国大百科全书》将“安全生产”解释为：旨在保护劳动者在生产过程中安全的一项方针，也是企业管理必须遵循的一项原则，要求最大限度地减少劳动者的工伤和职业病，保障劳动者在生产过程中的生命安全和身体健康。后者将安全生产解释为企业安全生产的一项方针、原则和要求，前者则解释为企业生产的一系列措施和活动。根据现代系统安全工程的观点，安全生产，一般意义上讲，是指在社会生产活动中，通过人、机、物料、环境的和谐运作，使生产过程中潜在的各种事故风险和伤害因素始终处于有效控制状态，切实保护劳动者的生命安全和身体健康。

3. 事故

事故是指造成死亡、疾病、伤害、财产损失或其他损失的意外事件（这里的疾病指的是职业病及与职业有关的疾病）。

《生产安全事故报告和调查处理条例》（国务院令第493号）将“生产安全事故”定义为：生产经营活动中发生的造成人身伤亡或者直接经济损失的事件。

4. 事故隐患

生产经营单位违反安全生产法律、法规、规章、标准、规程和管理制度的规定，或者因其他因素在生产经营活动中存在可能导致事故发生的物的危险状态、人的不安全行为和管理上的缺陷。

5. 危害

危害是指可能造成人员伤亡、疾病、财产损失、工作环境破坏的根源或状态。

6. 风险

风险是指特定危害事件发生的可能性与后果的结合。可表述为危险概率与危险严重程度的函数，其公式为

$$R=FS$$

式中：R 是风险；F 是危险概率，指危险由潜在状态转化为现实状态的可能性大小；S 是危险严重程度，指危险可能造成的严重后果，即损失或伤害。

二、安全管理的概念和内容

安全生产管理是管理的重要组成部分，是安全科学的一个分支。安全管理学是将安全与管理学相结合而发展起来的一门新兴学科。它从安全问题的诱发因素入手，运用管理学的相关知识和理论进行安全生产管理，以科学的管理方法和系统有效的管理机制遏制事故的发生，达到防患于未然的最终目的。

安全管理是人类在各种生产活动中，按照科学所揭示的客观规律，对生产活动中的安全问题进行计划、组织、指挥、控制和协调等一系列活动的总称。安全管理的内容是为贯彻执行国家安全生产的方针、政策、法律和法规，确保生产过程中的安全而采取的一系列组织措施。安全管理的目的是保护员工在生产过程中的安全与健康，保护国家财产不受损失，促进社会发展。

电网企业安全生产管理的内容包括人身安全、电网安全和设备安全三个方面。

1. 人身安全

人身安全，是电力安全生产的重要组成部分，关系到家庭幸福和社会稳定。人身安全事故的发生，一方面使本来一个完整的、原可以幸福美满的家庭变得支离破碎，给亲人的心灵带来创伤；另一方面会影响其他员工的工作积极性，甚至产生不良的社会影响和政治影响，并会消耗不必要的人力、物力、财力，给国家、给企业带来经济损失。由于电力行业的生产特点，电力生产作业环境中的电力设备、运行操作、带电作业、高处作业、易燃易爆物品等危险源都大量存在，涉及专业非常多，发生人身事故的风险很大，因此，如何避免人身伤亡事故，是电力企业安全工作的首要内容，也是“以人为本”安全管理思想的根本要求。

2. 电网安全

由于电网的公用性特点，电网事故影响面大、蔓延速度快、后果严重。大的电网事故可能造成几个区域全部停电，进而带来政治、经济混乱，甚至危及国家安全，而且大电网事故从开始发生到电网崩溃瓦解，一般在几分钟甚至几秒钟即告结束。此外，电力客户分布各行各业、千家万户，电网安全生产的最终目的是为广大客户提供安全、可靠、优质的电力供应，保障用户特别是高危和重要客户的安全可靠供电，防止因电网安全事故引发的次生灾害，是电网企业安全工作的重要内容。随着电网企业设备规模的不断扩大，特高压网架结构的逐步形成，发生电网事故的风险始终存在。因此在安全工作中，电网企业应将防止电网事故作为安全工作的重中之重。

3. 设备安全

电力是资金和技术密集性产业，电力设备价格昂贵，技术成本高，电力系统运行中，任何设备发生事故，都可能造成供电中断、设备损坏、人员伤亡，使国民经济、人民生活遭到严重损失，同时也会直接导致电网事故。所以，健康完好的电力设备是电网安全运行的物质基础和重要保证。随着社会发展、科技进步和人民生活水平的提高，对电力的需求和依赖性越来越大，对安全可靠供电的要求越来越高，因此，保证设备安全也是电网企业安全工作的重要内容。

电网企业安全生产中，人身安全、电网安全、供电安全影响的不仅是企业本身，而且涉及社会，在安全管理方面是法律调整和政府监管的对象；设备故障导致的财产损失，如果影响的只是企业自身效益，在安全管理方面可作为企业内部的管理问题，如果设备故障损坏造成的经济损失达到国家规定的事故标准，依然要接受法律调整和政府监管。

三、安全管理要点

1. 健全安全生产管理机制

安全生产管理机制，是电力企业实现安全生产、创造良好的经济效益和社会效益的重要保证。建立安全生产管理机制包括两方面：一是要建立以安全生产责任制为核心的一整套安全生产保证制度；二是建立全过程的用人激励机制。安全生产保证制度是电网企业针对自身特点，结合安全生产全过程而制定的一整套完整、实用、可操作性强的程序性文件，用来规范和指导具体的工作和生产过程。而全过程的用人激励机制则是来激发员工的积极性和责任感，约束员工的行为，保证各种安全生产规程及制度得到落实，从而确保安全生产的实现。为保证安全生产管理体制的高效运转，不仅要继承传统的行之有效的安全管理方式，更应积极探索和建立现代的安全管理方式和管理机制。有了管理机制的保证，才能全面实现对安全生产的可控、在控、能控。

2. 建立并落实安全生产责任制

安全生产责任制是安全生产保证制度的核心，建立安全生产责任制，明确企业各级人员的安全岗位职责，是形成全员、全方位、全过程安全管理体制的关键。所以，抓好安全生产责任制首先就要制定责任明确、衔接严密、操作性强的责任制条文，使企业中上至领导、下至普通员工，都有各自对应的安全责任，人人明确各自的安全职责，并在生产工作中自觉承担起自己应负的安全责任，做到目标制订明确，风险管控到位、压力传递到位、责任落实到位。其次，要抓责任制的落实。再完善的安全生产责任制，如果不能落实到每个职工，落实到生产实际中，仅仅流于形式，那么只能是一纸空文。各级领导应带头履职尽责，才能带动各级人员责任制落实到位。最后是加强考核，责任制落实的关键在于考核，根据每个人在日常的生产工作中，是否能按责任制的要求，上岗到位，担负起相应的职责而给予奖惩，促使安全责任制的真正落实，使“预防为主”的方针真正落到实处。

3. 制定完善的安全生产管理制度

在安全管理上，应建立起以安全生产责任制为核心的一整套安全生产保证制度，完善现行的安全生产管理制度、规定、标准，以严格的制度、严密的组织、严肃的态度、严明的纪律作为安全管理总体要求，建立健全一套完整、简洁、实用、可操作性强的程序性文件。

在管理层面上，要建立安全生产责任制、安全生产岗位职责规范、安全生产工作奖惩规定、各级领导和管理人员到岗到位规定等一系列管理型制度文件。

在现场安全管理方面，应当从防止人身事故、电网事故和设备事故三个方面来建立健全完善的保障安全生产的现场操作制度和运行维护制度。

从防人身事故方面，首先应从工作流程上保证人身安全，因此应完善“两票”管理制度、设备停送电申请管理办法，确保从工作流程管理上不发生人身事故。为保障现场安全施工管理，保障作业人员在施工过程中的安全，应制定防止人身和误操作事故的管理规定和措施，制定基建施工现场安全措施和安全设施规定，加强外来施工人员的安全管理，制定外来人员安全管理办法和“三工”管理办法。安全工器具、劳保用品的正确使用，也直接关系到作业人员的安全。因此，应制定相应的安全工器具和劳动保护用品的管理、使用规定和发放标准。此外，还要重视火灾事故和交通事故对人身造成的伤害，应制定切实可行的消防和交通安全管理规定。

在防止设备事故方面，应根据上级颁发的标准、规程、制度、技术原则、反事故技术措施和设备厂商的说明书，编制完善各类设备的现场运行规程、制度，建立现场设备缺陷管理制度和运行管理制度。

在设备检修方面，应制定一、二次设备检修管理制度，明确检修管理部门的职责，制定检修管理工作条例，针对具体设备制定相应的检修规定；根据典型技术规程和设备制造说明，编制主、辅设备的检修工艺规程和质量标准。

在电网安全方面，应根据国务院颁发的《电网调度管理条例》和国家颁发的有关规定以及上级的调度规程，编制本系统的调度规程。

除建立完善各项规章制度外，各有关企业应及时修订、复查现场规程、制度。当上级颁发新的规程和反事故技术措施、设备状况变动、管理模式变化、本企业事故防范措施需要时，应及时对现场规程进行补充或对有关条文进行修订，书面通知有关人员；每年应对现场规程进行一次复查、修订，每年公布一次本单位现行有效的现场规程制度清单，并按清单配齐各岗位有关的规程制度，并书面通知有关人员；不需修订的，也应出具经复查人、审核人、批准人签名的“可以继续执行”的书面文件，并通知有关人员。

4. 现场作业管理

（1）推行标准化作业。现场作业程序标准化，就是以企业现场生产、技术活动的全过程及其要素为重要内容，按照企业安全生产的客观规律与要求，制定作业程序标准并贯彻标准的一种有组织的活动。要保证作业现场安全，必须做到人要可控、设备要可控、工作措施要可控、能够预防一切的外力因素要可控。只有将各项工作的全过程细化、量化、标准化，实施全过程控制，才能将安全生产落到实处。因此开展现场标准化作业，是保证现场安全生产的“可控、在控、能控”的一项科学有效的方法。

(2) 开展现场作业风险管控。由于受设备运行状态、作业安全措施完善程度、作业人员安全技术水平以及作业环境等因素的影响，作业过程中风险是始终存在的。首先许多危险因素是随机的，特别是受人在作业中的心理和精神状态的影响；其次危险的程度也难以确认。因此为了防止事故的发生，必须确定周密、可靠的措施和手段，对作业风险进行分析和预测，采取措施进行控制。作业风险管控是一项常态性的工作，各供电企业应组织工区、班组，针对作业人员、设备、环境、工器具、劳动防护和作业过程开展示范分析，找出作业过程的全部危险因素，建立各专业作业风险辨识范本，作为开展作业安全风险控制的参考依据。

(3) 严格执行施工现场“四措一案”。一般性消缺工作、设备年检预试和维护工作应有危险点分析和预控措施；单一设备常规性计划检修应有标准化作业书；凡是从事电力一、二次设备的大型检修、技改、基建安装及改扩建施工工程的，都应编制“四措一案”，即“组织措施、技术措施、安全措施、文明施工措施和施工方案”。施工单位或者项目组织单位应根据工程项目的现场实际情况，认真编写“四措一案”，确保各项措施正确完备，要将具体工作中的危险点及预控措施和有关注意事项交代清楚，对“四措一案”的必要性、正确性、安全性负责，最后请工程主管部门、生技、安监等有关部门审核意见并经公司领导审批。

(4) 开展现场安全监督。现场安全监督是各级安监人员依据法律、法规和行业规定、规程、标准，对电力生产和施工现场的人身、设备、环境进行全方位安全监督的过程，是各级安全生产监督人员深入作业现场发现问题、解决问题、查禁违章、提出整改措施和考评意见的重要途径；开展好安全监督首先要选派工作经验丰富和对工作现场熟悉的人员进行监督检查，要对工作的全过程进行监督，为避免监督随意性、监督出现漏洞和缺乏标准等问题，造成被检查单位整改时茫然无措、整改不力等现象，要开展现场安全监督标准化，依据工作计划或工作任务，按照全方位监督、全过程控制的要求，编制现场安全监督卡，明确具体监督项目和内容、监督标准和要求、监督的执行方式，确保监督工作无遗漏，确保工作现场安全。

第二节　主要安全生产法律、法规、规程、制度介绍

严格执行国家法律、法规和行业规程、制度，是电网企业加强安全生产监

督管理，防止和减少生产安全事故，实现安全生产的保证和基础。电力安全生产在现代社会理念中不是一个简单的企业安全管理问题，电力企业安全生产事故必然伴随着财产的损失和人身伤害，鉴于它与社会公共安全、社会秩序、特别是和人身权利的紧密关联，以法律法规等强有力保证约束这种与社会整体价值取向相悖行为，即建立安全生产法制化理念，充分运用法律手段加强安全监督管理，是从根本上改变我国安全生产状况的主要措施之一。加强安全法制化建设首先是有法可依，因此安全生产立法势在必行。

随着经济体制改革和政府职能的转变，企业主管部门由原来的直接管理转变为实行行业管理，一些不同关联企业但隶属同一行业的安全生产问题必须实行行业归口管理。行业的主管部门应充分履行行业管理职能，依据国家有关法律法规，建立有效的规章制度，并组织检查实施。

电网企业依据国家相关法律、法规和行业及国家电网公司有关规程规定，制定了适合本企业实际情况的规章制度，使安全生产工作制度化、规范化、标准化。为了加强电网企业安全生产管理，提高安全生产管理水平，实现“保人身、保电网、保设备”的安全生产目标，国家电网公司相继颁发了一系列安全管理规定和制度，使安全生产工作制度化、规范化、标准化。

梳理掌握电力安全生产法律、法规和规章制度体系，从层次上来分，应分国家、行业和企业内部三个层面，本书将针对这三个层面的内容进行简要介绍，使学员粗略理解掌握。对上述内容的详细了解可参照具体法律法规条款。

一、国家有关安全生产法律、法规

1. 安全生产法

2002年6月29日，中华人民共和国主席令第七十号公布了《中华人民共和国安全生产法》（下称《安全生产法》），自2002年11月1日起施行。这是我国第一部有关安全生产管理的综合性法律，它的出台标志着我国安全生产的法制化建设进入了一个新的阶段。这部法律以基本法的形式，对安全生产工作的方针、生产经营单位的安全生产保障、从业人员的权利和义务、生产安全事故的应急救援和调查处理以及违法行为的法律责任等都作出了明确的规定，是加强安全生产管理、搞好安全生产工作的重要法律依据，是各类生产经营单位及其从业人员实现安全生产必须遵循的行为准则。《安全生产法》共七章，九十七条，主要内容包括总则、生产经营单位的安全生产保障、从业人员的权利和义务、安全生产的监督管理、生产安全事故的应急救援与调查处理、法律责任等六个方面。它要求生产经营单位依法建立保障安全生产的管理制度，保证本单位安全生产投入的有效实施和人、机、环境的常态机制，维护员工在安全生产方面的合法权益，履行保障从业人员教育培训、职业安全健康的义务，是电网企业从事生产经营活动、规范安全管理的最基本的法律。

2. 电力法

1995 年 12 月，国家颁布了《中华人民共和国电力法》。这是一部有关安全生产管理的单行法律，也是我国为数不多的一部有关电力工业领域的产业法，是根据社会主义市场经济的客观要求，适当吸收外国电力立法的有益经验制定的，将我国发展能源产业的基本产业政策以法律的形式固定了下来，为保障电力企业安全、持续发展提供了法律保障。

3. 国务院关于进一步加强企业安全生产工作的通知

2010 年 7 月 19 日，国务院以国发〔2010〕23 号文件正式出台《关于进一步加强企业安全生产工作的通知》（下称《通知》），它是新形势下国务院关于加强企业安全生产工作的一份重要文件，明确了现阶段安全生产工作的总体要求和目标任务，提出了新形势下加强安全生产工作的一系列政策措施。《通知》是继 2004 年《国务院关于进一步加强安全生产工作的决定》之后的又一重大举措，是指导全国安全生产工作的纲领性文件。《通知》从九个方面明确了 32 条措施，涵盖了企业安全生产管理、技术保障、产业升级、应急救援、安全监管、安全准入、指导协调、考核监督、责任追究等各个方面，对企业落实安全生产主体责任提出了严格要求，具有很强的政策指导性。

4. 生产安全事故报告和调查处理条例

《生产安全事故报告和调查处理条例》（国务院令第 493 号）（下称《条例》）经 2007 年 3 月 28 日国务院第 172 次常务会议通过，自 2007 年 6 月 1 日起施行。《条例》全面规范了生产经营中的生产安全事故报告和调查处理程序与责任。其公布实施是依法治安、重典治乱，建立规范的安全生产法制秩序的一个重大举措，对于强化事故责任追究，落实安全生产责任，防止和减少事故，推动安全生产形势好转具有重要的意义。《条例》涵盖了生产安全事故报告和调查处理工作的原则、制度、机制、程序和法律责任等重大问题，并作出了相应的法律规定。《条例》根据生产安全事故造成的人员伤亡或者直接经济损失，将事故分为特别重大事故、重大事故、较大事故、一般事故四个等级；规定事故报告要及时、准确、完整，不得迟报、漏报、谎报或者瞒报；确立了事故报告和调查处理工作坚持“政府领导、分级负责”的原则，强调了事故查处必须坚持“四不放过”的原则，强化了事故责任追究力度，对事故发生单位及单位主要负责人和其他有关人员规定了行政处罚。

5. 中央企业安全生产禁令

为落实中央企业安全生产主体责任，规范中央企业安全生产行为，防范安全生产事故，针对中央企业安全生产工作中存在的突出矛盾和问题，国务院国有资产监督管理委员会2011年1月5日印发了《中央企业安全生产禁令》（国务院国有资产监督管理委员会令第24号）（下称《禁令》）。《禁令》从安全生产条件、承包商管理、从业人员资格、事故报告等方面提出了中央企业必须坚决禁止的行为，以进一步规范中央企业安全生产工作，遏制重特大生产安全事故。《禁令》明确规定中央企业严禁在安全生产条件不具备、隐患未排除、安全措施不到位的情况下组织生产，严禁使用不具备国家规定资质和安全生产保障能力的承包商和分包商，严禁超能力、超强度、超定员组织生产，严禁违章指挥、违章作业、违反劳动纪律、严禁违反程序擅自压缩工期、改变技术方案和工艺流程。此外，使用未经检验合格、无安全保障的特种设备，不具备相应资格的人员从事特种作业，未经安全培训教育并考试合格的人员上岗作业，迟报、漏报、瞒报生产安全事故等都被明令禁止。

6. 电力安全事故应急处置和调查处理条例

《电力安全事故应急处置和调查处理条例》（国务院令第599号）（下称《条例》）经国务院第159次常务会议通过，并于2011年9月1日起执行。《条例》对电力安全事故界定和调查处理做出重大调整，对电网安全生产监管将带来重大变化。《条例》是继2007年国务院第493号令《生产安全事故报告和调查处理条例》和2010年《关于进一步加强企业安全生产工作的通知》（国发23号文）之后，国务院为加强行业安全监督管理的又一重大举措。《条例》在事故等级、事故报告、事故调查、事故处理、法律责任等方面都做了明确的规定，是指导电网安全生产工作的重要文件。《条例》提升了电力生产事故考核级别，重点关注电网停电和大面积停电事故，一旦构成重特大电力安全事故，将由国务院或授权部门组织调查，并追究电力企业领导责任。《条例》按照各级电网减供负荷比例和停电用户比例，对事故进行了重新定级，将对电力安全生产和电网安全管理带来重大变化。《条例》将城市电网停电纳入监督考核范围，尤其对负荷水平低、网架结构较弱的县级市、其他设区市电网影响较大。

二、行业安全管理规定、文件

1. 国家电力监管委员会安全生产令

2004年2月18日，国家电力监管委员会令第1号公布了《国家电力监管委员会安全生产令》，电监会成立后第一号令是有关安全生产的指令，意义重大，是安全生产行业监管的重要体现。1号令对电力体制改革后中国电力安全工作的指导思想、目标任务、实施措施等作出了明确的规定。

2. 电力安全生产监管办法

2004年3月9日，国家电力监管委员会令第2号公布了《电力安全生产监管办法》（下称《办法》），其目的是为了有效实施电力安全生产监管，保障电力系统安全，维护社会稳定。《办法》从电力安全监管的范围、电力企业的安全责任、电力系统安全稳定运行、电力安全生产信息报送、事故调查处理几个方面做出了明确的规定。

3. 《电力安全事故调查程序规定》

为了规范电力安全事故调查工作，根据《电力安全事故应急处置和调查处理条例》和《生产安全事故报告和调查处理条例》，2012年6月5日，国家电力监管委员会主席办公会议审议通过《电力安全事故调查程序规定》（国家电力监管委员会令第31号），自2012年8月1日起施行。该规定共37条，对电力安全事故调查的权限、范围、调查原则和调查程序进行了详细的规定，是《电力安全事故应急处置和调查处理条例》和《生产安全事故报告和调查处理条例》的补充规定。

4. 《电力安全事件监督管理暂行规定》

为贯彻落实《电力安仝事故应急处置和调查处理条例》，加强对可能引发电力安全事故的重大风险管控，电监会组织制定了《电力安全事件监督管理暂行规定》（电监安全〔2012〕11号），对未构成电力安全事故，但影响电力（热力）正常供应，或对电力系统安全稳定运行构成威胁，可能引发电力安全事故或造成较大社会影响的事件即电力安全事件的管理进行了具体规定，是《电力安全事故应急处置和调查处理条例》的补充规定。

三、国家电网公司系统安全管理规程、规定

1. 安全生产工作规定

为贯彻落实《中华人民共和国安全生产法》，理顺厂网分开后国家电网公司系统的安全管理关系，国家电网公司在原国家电力公司《安全生产工作规定》的基础上，制定并颁发了国家电网公司《安全生产工作规定》并以国家电网总〔2003〕407号文件下发。其内容包括安全生产总体要求、目标、责任制、安全监督、规程制度、例行工作、电力生产安全事故应急处理与调查、考核与奖惩等十四个方面。确定了国家电网公司系统的安全管理关系、组织体系、管理程序和工作原则，明确了电网企业开展安全生产工作的内容、方法和基本要求，涵盖了安全生产管理工作的方方面面。是目前国网公司系统开展安全生产监督和管理工作的纲领性文件。

2. 安全生产监督规定

为了规范国家电网公司系统安全生产监督工作，充分发挥监督体系的作用，保证国家和国家电网公司有关安全生产的法律法规、标准规定、规程制度的有效实施，促进公司系统安全生产水平的提高，国家电网公司在原国家电力公司《安全生产监督规定》的基础上，依据《安全生产工作规定》制定了国家电网公司《安全生产监督规定》（下称《规定》），并以国家电网总〔2003〕408号文件下发。《规定》对公司系统建立健全安全生产监督体系，以资产和管理关系为纽带的自下而上监督关系、监督机构（包括人员）及职责，以及开展安全生产监督管理工作的内容、程序和基本要求进行了明确规定，是国网公司系统开展内部安全生产监督工作的指导性文件。

3. 安全事故调查规程

为了贯彻“安全第一，预防为主，综合治理”的方针，加强国家电网公司系统的安全监督管理，通过对人身、电网、设备、信息事故的调查分析和统计，总结经验教训，研究事故规律，采取预防措施，杜绝事故的重复发生，国家电网公司在国务院第493号令和第599号令的要求下，在原《国家电网公司电力生产事故调查规程》的基础上进行修订，形成《国家电网公司安全事故调查规程》（下称《调规》），于2011年12月29日以国家电网安监〔2011〕2024号印发，自2012年1月1日起施行。《调规》从名称上将原来的《电力生产事故调查规程》改为《安全事故调查规程》，意味着安监部门的职责范围由原来的生产安全扩大到公司系统各个方面的安全工作，体现了大安全的管理原则。《调规》对开展事故调查工作的原则、事故的分类、事故调查、统计报告、安全考核、安全记录等工作的内容、程序、方法和要求进行了明确，涵盖了安全事故调查的全过程，是公司系统开展安全事故调查工作的依据。

4. 安全工作奖惩规定

为了建立电力企业安全生产工作激励机制，激励广大干部员工安全生产遵章守纪的自觉性和积极性，全面提高安全生产素质，在电力安全生产工作中实施奖罚结合，国家电网公司依据《安全生产工作规定》，坚持以精神鼓励与物质奖励相结合、思想教育与行政经济处罚相结合的原则，在原来的《国家电网公司安全生产工作奖惩规定》的基础上进行修订，制定了《国家电网公司安全工作奖惩规定》（国家电网安监〔2012〕41号）。奖惩规定主要包括总则、表扬和奖励、处罚等三部分内容。《国家电网公司安全工作奖惩规定》不是独立的规定文本，也不是孤立于其他规定之外来实施的，它是针对国家电网公司当前安全工作的实际情况，与《国家电网公司安全事故调查规程》及相关文件相互融合的结果，是电力安全管理制度的重要组成部分。旨在通过安全奖惩制度，提高员工对安全生产极端重要性的认识，促进安全生产责任制的落实，严肃工作纪律，加大反违章的力度，以此杜绝各种事故及造成重大损失和社会影响事件的发生，促进公司系统安全工作。

5. 电力安全工作规程

一直以来，《电业安全工作规程》是指导电力行业开展现场安全工作的重要现场工作指南，并一直作为国家标准规范着电力工业的现场工作。厂网分开以后，随着体制改革的不断深化和电网企业生产模式的不断变化，国家电网公司在不断修订的基础上，于 2009 年以国家电网安监〔2009〕664 号文件颁发了现行《国家电网公司电力安全工作规程》（变电部分）和《国家电网公司电力安全工作规程》（线路部分），其目的是为了加强电网企业电力生产现场安全管理，规范各类工作人员的作业行为，保证人身、电网、设备安全。主要包括电力高压设备上工作的基本要求、保证安全的组织措施和技术措施、线路作业时变电站和发电厂的安全措施、带电作业、二次回路上的作业、电气试验、电力电缆工作、线路运行和维护、配电设备上的工作、一般安全措施等内容。对现场生产活动所应采取的安全措施、工作方法、基本要求做出了原则性规定，在国家电网公司系统生产工作中具有普遍约束性和强制性。

第二章

安全生产管理体系

“安全第一，预防为主，综合治理”是电网企业的安全工作方针，电力安全是一项复杂的系统工程，是一项法规性、政策性和技术性很强的工作，涉及企业的方方面面，必须通过全面、全员、全方位、全过程的管理，才能保证安全生产。为此，国家电网公司依据国家有关规定，建立了保证安全生产的各项管理制度和技术性规范标准，自上而下建立起了以各级行政正职（安全第一责任人）为核心的安全生产责任制，建立健全了有系统、分层次的安全生产保证体系和安全生产监督体系，并充分发挥其作用，依靠全体员工共同做好安全生产工作。

目前，电网企业的安全生产组织管理体系形式为“一个责任制，两个体系”。一个责任制，就是以行政正职为核心的各级安全生产责任制。两个体系，是指电力安全生产的保证体系和监督体系。“一个责任制，两个体系”构成了电网企业安全管理的有机整体，两个体系的协调配合工作，是电网企业安全生产的保障。

第一节　安全生产责任制

一、建立安全生产责任制的依据

（1）《中华人民共和国安全生产法》（中华人民共和国主席令第70号）总则第4条规定：生产经营单位必须遵守本法和其他有关安全生产的法律、法规，加强安全生产管理，建立健全安全生产责任制度，完善安全生产条件，确保安全生产。

（2）《电力法》第19条规定：电力企业应当加强安全生产管理，坚持“安全第一，预防为主”的方针，建立健全安全生产责任制。

（3）国务院《关于进一步加强企业安全生产工作的通知》第1条工作要求：深入贯彻落实科学发展观，坚持以人为本，牢固树立安全发展的理念，切实转变经济发展方式，调整产业结构，提高经济发展的质量和效益，把经济发展建立在安全生产有可靠保障的基础上；坚持“安全第一，预防为主，综合治理”的方针，全面加强企业安全管理，健全规章制度，完善安全标准，提高企业技术水平，夯实安全生产基础；坚持依法依规生产经营，切实加强安全监管，强化企业安全生产主体责任落实和责任追究，促进我国安全生产形势实现根本好转。

（4）国家电网公司《安全生产工作规定》第4条规定：公司系统实行以各级行政正职为安全第一责任人的各级安全生产责任制，建立健全有系统、分层次的安全生产保证体系和安全生产监督体系，并充分发挥作用。

二、安全生产责任制的概念和作用

安全生产是一项复杂的系统工程，它涉及各类人员、各个生产岗位、各个环节。只有每个人、每个岗位、每个环节都做到了安全，才能保证整个系统的安全。安全生产责任制是企业岗位责任制度的重要组成部分，也是企业管理中的一项基本制度，是企业所有安全生产规章制度的核心。

1. 安全生产责任制的概念

安全生产责任制是按照“安全第一，预防为主，综合治理”的方针，根据“谁主管、谁负责”、“管生产必须管安全”的原则，对各级领导、职能部门、有关工程技术人员及在岗员工在工作中应做的工作和应负的安全责任、相应的权限，作出具体而又明确规定的一种管理制度。

安全生产责任制的内容，概括地说，就是企业各级领导，应对本单位的安全生产工作负总的责任；各级工程技术人员、管理人员和班组人员在各自职责范围内对安全工作负责。应该特别指出，安全生产责任制尤其强调各级领导的责任。安全生产责任制是否真正地建立并执行，关键取决于各级领导的思想认识。如果领导干部对安全生产的认识明确，就能切实负起安全责任，教育和带领职工群众搞好安全生产。若领导不能正确认识安全生产，安全生产责任制就很难建立，即使建立起来也是“花架子”。

2. 落实安全生产责任制的作用

（1）安全生产责任制的实行，有利于企业各类人员之间的分工协作，有利于上级对下属的领导和检查，更能使群众实施有效的监督。

（2）能充分调动各级人员和部门在安全生产方面的积极性和主观能动性，提高全员对安全生产工作极端重要性的认识，对预防事故和减少损失，建立和谐企业安全文化具有重要作用。

（3）通过把安全生产责任落实到每个环节、每个岗位、每个人，能够增强各级管理人员的责任心，使安全管理工作既做到责任明确，又互相协调配合，共同努力把安全生产工作落到实处。

（4）防止安全生产口号化、形式化以及相互推脱的现象发生，有效地增强企业全体员工搞好安全生产的自觉性和责任感。

三、落实电力安全生产责任制的工作要求

所谓电力安全生产责任制，就是根据有关的法律规定，为使电力企业实现安全生产目标，对从事电力生产所有岗位的员工落实安全生产责任的制度化规定，称为电力安全生产责任制。电网企业在实际工作中，要落实好安全生产责任制必须从以下几个方面进行落实。

（一）制订明确的安全责任目标

安全责任目标的制订是落实好安全责任制的首要问题，它不但是落实安全管理责任开始的标志，而且决定整个安全管理过程的进行。制订安全责任目标，必须要注意以下几个方面：

1. 制订安全目标必须有科学依据

不同安全责任目标的制订可能会有不同的具体依据，但就电网企业而言，主要依据是上级安全目标和指示精神、国家有关安全的法律法规要求、安全管理需要解决的问题以及企业自身发展的实际。

2. 安全目标制订应该广泛吸取意见

安全管理目标的制订要经过充分讨论和协商，不应只是企业领导者、安全管理者的事，还应当广泛发动职工共同参与安全管理目标的制订。发动职工参与目标的制订，不仅可以听取职工要求，集中职工智慧，从而增强安全管理目标的科学性，而且有利于安全目标的贯彻和执行。

3. 安全目标制订要具体明确且具可执行性

要落实好安全责任制，首先要制订切实可行的安全责任目标。制订安全责任目标要按照“三级控制”（企业控制重伤和事故；车间控制轻伤和障碍；班组控制未遂和异常）的原则，在企业内部自上而下签订各级人员的安全责任目标，应根据单位全体员工的实际情况，包括专业类别、安全基础、人员素质、设备状况等制订安全目标，安全目标制订得不能过高，过高往往实现不了，挫伤员工的积极性，使得安全责任虚化；过低，员工感觉不到压力，不能真正发挥大家的工作积极性，使得安全责任弱化。尤其到各个生产班组，可把控制异常、未遂及违章行为的次数，分解到每个员工，可以达到“零”目标，即无异常、无未遂、无误操作、无违章、两票合格率达100%等。

（二）制订并落实岗位安全职责

“安全职责”就是把安全责任落到实处的具体行为规则。所有岗位都要制订“安全职责”。不同级别、不同岗位的“安全职责”是不同的，这是因为“三级控制”中每一级的安全目标和控制责任不同，每一级的控制责任都和该级所处的地位、所管辖的工作（设备）范围、所具有的权利紧密相连。因为地位不同、权利大小不同，因而应尽的“安全职责”也不同。“三级控制”工作要求每一级管理人员根据不同的岗位都要制订出相应的“安全责任”，使“安全责任”与职务、责任对应起来，以便在电力生产过程中抓好和做好与本岗位相关的安全控制工作。制订岗位“安全职责”的要求如下：

1. 结合本职工作，制订出“安全职责”

即结合本岗位的业务内容，制订出与本岗位相适应的安全责任。要使自己清楚，为了电力安全生产，本职（本人）该做什么。例如，根据《安全生产法》规定：生产经营单位应当具备国家标准规定的安全生产条件，单位的主要负责人要保证本单位的安全生产投入，用于完善安全生产条件，配备劳动保护用品，确保安全生产。因此，安全第一责任人或主管安全的领导就有采用安全技术和及时决策更换老旧设备设施、工器具等并批准相应资金的“安全职责”；管财务的部门和有关岗位有调配安全生产资金的“安全职责”，绝不能以“未做计划”等为由拒绝调配资金。

2. 严格依照规程、规定，制订安全职责

领导者、管理人员、作业人员在决策、做计划、采取安全控制措施或进行操作、作业时，虽然部门不同、岗位不同、具体实际工作内容不同，但都必须执行《安全生产法》和其他规程规定的企业和工作人员必须遵守的“行为规则”，要把“依法行事”、把完成工作任务同时必须严格执行相关的规程、规定这一责任，订入本岗位的安全职责。实际工作时，则要根据具体工作任务找到相关规程或规定来指导具体的行动，使自己清楚安全生产允许做什么、不许做什么，保证做到遵章指挥、遵章操作，做到“四不伤害”。

3. 依照规律，制订安全职责

安全生产保证体系和监督体系的每一个成员，要结合岗位“工作职责”，从专业、管理、监督等角度制订安全职责。通过寿命管理和实际工作体会，掌握生产系统、设备、设施、安全工器具从开始投入运行到发生异常、障碍、事故的规律及其主要影响因素，把按规律办事和运用可靠经验提前做好预防事故的控制工作，订入安全职责，以此维护电网、设备的健康，保持安全生产的可控局面。

4. 吸取事故教训，加强安全职责

要充分借鉴本单位和兄弟单位的事故教训，认真联系本单位的实际，联系本岗位工作职责范围，把预防同类事故（人员伤亡、电网事故、设备损坏）重复发生的责任补充进去，完善本岗位的安全职责。要把相关的、具体的反事故措施，结合每项工作实际及时补充到本单位或本岗位的反事故措施中去。

对照上述制订岗位安全职责的原则和要求，凡是不符合要求的或缺少的，都要认真修订补充。因为这是一项执行"安全第一，预防为主，综合治理"方针，并实行制度化管理的基础工作，是对每个员工进行安全业绩考核的重要依据。

（三）签订安全责任书

为保证公司系统员工人身安全和健康不受危害，保证电网和设备安全，安全生产责任制要求：各级领导、管理人员、作业人员及所有员工都要落实安全生产责任，安全生产保证体系和安全生产监督体系都要发挥有效的作用，保证安全目标的实现。安全生产责任书就是把履行安全生产"级级有责，人人有责"的法定责任，以保证书（或承诺）的形式确定下来。安全生产责任书的内容：

（1）首先明确要实现本单位或本级的安全生产目标。

（2）本级（或本部门、本岗位）认真履行安全职责的承诺。

例如，本人决心在本年内认真贯彻"安全第一，预防为主，综合治理"的方针，以"高、严、细、实"的工作态度，认真落实安全生产责任制，履职尽责，恪尽职守。确保某年度安全目标的实现。如果不能实现，本人愿意接受××的考核和处罚。

（3）为实现安全目标的各项安全控制工作（或称事故预防工作）即按照岗位职责规范应做的本人职责范围内的工作。

安全生产责任书样本见附录二。

（四）落实安全责任的监督与考核

为切实将安全责任落到实处，一定要做好安全责任的监督与考核。每个部门、每个员工在工作过程中，完成岗位工作职责的同时，必须认真履行本岗位的安全职责，做好各项安全控制工作，直接对安全生产负责。这是安全生产保证体系和监督体系有效运作的要求和体现，也是安全生产责任制的要求。每一级安监机构及安监人员，在职责范围内要加强对各级领导、管理人员、作业人员执行规章制度和履行"安全职责"的有效监督，确实履行安全职责，努力做好安全控制工作。此外，要做好落实安全责任的激励工作，依据安全生产工作奖惩规定，要对在日常安全工作中履职尽责、恪尽职守的人员进行奖励，对不认真履行安全责任的进行处罚，年终要对实现安全目标的单位、集体和个人进行奖励，以此来有效激励员工落实好安全责任制。

第二节　安全生产保证体系

一、安全生产保证体系的概念

为了做好全面、全员、全过程、全方位安全管理工作，把从事企业安全生产的有关人员、设备、管理制度进行有机的组合，并使这种组合在企业生产的全过程中合理的运作，形成合力，在保证安全的各个环节上发挥最大的作用，从而在保证电网安全运行的同时，实现电力安全效益最大化，这种组合就是安全生产保证体系。

安全保证体系的根本任务，一是造就一支高素质的职工队伍；二是提高设备、设施的健康水平，充分利用现代化科学技术改善和提高设备、设施的性能，最大限度地发挥现有设备、设施的潜力；三是不断加强安全生产管理，提高管理水平。

二、安全生产保证体系的要素和组成

安全生产保证体系包含三个主要因素，即人、设备、管理方法。要想在企业中建立一个有效可靠的安全生产保证体系，首先，要抓住人这个主体因素。因为，企业的所有活动基本都是通过人的行为去完成。人在企业的经营活动中占有十分重要的地位，安全生产又是电网企业的核心业务。所以，抓安全生产的管理工作之一就是抓好人的管理，人在安全生产活动的诸多矛盾中，是一个主要矛盾，这个矛盾解决了，其他的矛盾就比较容易解决。其次，设备健康水平的高低是直接影响电网安全、设备安全和人身安全的物质基础，仅仅依靠对人的行为的规范和管理在一定意义上存在一个管理极限，如果没有相应的物质基础做支持，电力安全生产工作的水平会出现波动。最后，要规范人在生产活动中的行为，保证人与设备之间正常运作的必要手段是规程制度和管理方法，管理手段和方法是把人和设备有机串联在一起，并使之合力最大化的魔术师。另外，党群系统思想政治工作保证体系在安全生产保证体系中发挥着重要的作用。

电网企业安全生产保证体系由决策指挥、规章制度、技术管理、设备管理、执行运作、思想政治工作和职工教育等六大保证系统组成。

1. 决策指挥保证系统

决策指挥保证系统是安全生产保证体系的核心，在整个保证体系中起到至关重要的作用。该系统通过决策者正确指挥、建立由安全第一责任者负总责的安全责任制体系、实施严格考核手段，发挥激励机制起到安全生产保证体系的总领作用。

2. 规章制度保证系统

规章制度保证系统是安全生产保证体系的根本。要实现电力安全生产，避免事故发生就必须认真执行各项安全生产规程、标准和制度。只有长期严格地执行，才能形成安全生产制度化、法制化管理的局面。

3. 技术管理保证系统

技术管理保证系统是安全生产保证体系的重要组成部分，该系统要通过加强技术监督与技术管理，采用先进的科技手段，加大科技进步力度，发挥其技术管理的重要作用。同时，还要通过安全技术和生产技能水平的提高，切实有效保障人身、电网和设备安全。

4. 设备管理保证系统

设备管理保证系统是安全保证体系的重点，电网企业设备管理是保证电网安全的重要基础。该系统通过有计划地对电网及设备进行升级改造、落实反措计划、强化设备治理、提高设备完好率、加强可靠性管理、提高系统安全稳定运行水平来实现电网本质化安全管理目标。

5. 执行运作保证系统

执行运作保证系统是安全生产保证体系的基础，该保证系统处于生产的最前沿、管理的末端，无论是正确的决策，还是先进技术装备的应用，都必须通过该系统来落实。在该系统通过建立班组安全生产运转机制、实施标准化作业、严格现场管理、开展安全生产技术培训、提高技术水平和防护能力来切实保证各项安全措施和规章制度的实施和有效落地。

6. 思想政治工作和职工教育保证系统

该系统是实现党、政、工、团齐抓共管的安全管理理念的重要载体。通过对职工开展安全思想教育、安全文化建设和安全意识培养及培训，切实养成职工在生产现场自觉遵章守纪的良好道德规范，从而实现安全生产由“要我安全”到“我要安全”直至“我会安全”的终极安全目标。

从分析上述六个保证系统的要素看，安全保证体系的有效运转，要充分发挥各系统保证作用，必须通过对各要素的有效管理，把管结果变为管因素、管过程，从而建立起适应电网企业发展的保证机制，形成集约化管理保证体系。

安全生产保证体系强化、细化，其核心点在于突出“以人为本”的管理思想，强调手段、方法的现场效应和作用，使安全生产处于“受控、在控”状态。掌握安全生产保证体系中六个保证系统的具体构成，理解六个保证系统要素的相互关系，对解决安全生产中的实际问题，使整个保证体系得到有效运转，有着十分重要的意义。

三、安全生产保证体系的功能

1. 决策指挥保证系统

其主要功能是根据国家和上级安全生产的方针政策、法律法规，制订企业安全、环境、质量方针和目标，健全安全生产责任制，对安全生产实行全员、全面、全方位、全过程的闭环管理，发挥激励机制作用，保证安全经费的有效投入，重视员工的安全教育，审核批准企业安全文化创建方案和目标等。其主要任务有：

(1) 负责组织健全安全生产责任制体系，对安全生产实行闭环管理。

(2) 负责组织制订并监督实施安全生产目标管理和考核工作，每年初应根据企业经营总目标，制订年度安全工作目标和实现安全目标的措施。通过安全目标和实施措施的分解与展开，形成安全目标三级体系。

(3) 制订相应的实施措施，约束员工的行为。

(4) 负责组织制订企业安全生产文化建设的方案和目标。

2. 技术管理保证系统

其主要功能是加强技术监督和技术管理，应用、推广新的技术监测手段和装备，落实安全技术和劳动保护措施计划，改进和完善设备、人员防护措施。其主要任务有：

(1) 制订以保人身安全、电网安全、设备安全为主题的长期技术进步规划和近期计划，从而有计划地对老旧设备进行技术改造，解决危及人身安全、电网安全和设备安全稳定运行的难题。

(2) 积极探索安全工作新方法，不断改进安全工器具和安全设施，提高安全工作水平。把传统的安全工作经验与现代的管理方法很好结合起来，建立安全生产的新机制，为实现安全生产创造良好的条件。

(3) 按照“三个百分之百”安全管理思想要求对运行管理和维护检修工作进行严格管理，开展标准化作业，时时事事都按规范化、标准化、程序化的要求进行工作。

3. 规章制度保证系统

其主要功能是建立和完善企业的各项规章制度，实行安全生产法制化管理，从严要求，从严考核，杜绝“有法不依、执法不严”现象，认真执行“四不放过”原则，用重锤敲响警钟，做到警钟长鸣。其主要任务有：

（1）完善适合企业安全生产需要的各项规程制度，认真贯彻执行国家和上级颁发的各项法律、法规，必要时应结合企业的具体情况制定实施细则或补充规定，从而实现安全生产制度化、法制化管理。

（2）坚持从严要求，从严考核，执行规程制度不走样。在贯彻执行规程制度上，一是要通过各种有效的教育培训，提高职工执行规程制度的自觉性和法制观念，严防“有法不依、执法不严”的现象；二是要坚持一切从严，一贯从严的原则，在制定规程制度的同时，要制定相应的考核办法（细则），严格要求，严格考核，从而形成良好的安全生产约束机制。

（3）认真执行“四不放过”。对一切事故和不安全现象都要按“四不放过”的规定，进行调查分析，找出原因，吸取教训，落实防范措施。

4. 设备管理保证系统

其主要功能是加强设备管理，不断提高设备安全运行水平；强化设备缺陷管理，提高设备完好率；落实反事故措施计划，保证设备安全运行；应用新技术、新设备、新工艺，提高设备装备水平。其主要任务有：

（1）加强设备管理，不断提高设备的安全运行水平。设备状况完好是企业实现安全生产的重要物质基础。设备状况完好不只是保设备、保电网安全，也是保人身安全的重要基础。因此，企业要建立以生产技术部门为主体，有关部门、人员参与的管理网络，实施设备的全过程管理，保证设备安全运行。

（2）强化设备缺陷管理，尽快消除隐患，提高设备完好率。设备管理中的一个重要环节是设备缺陷管理，要建立以技术监督数据为依据，以可靠性统计分析为补充，以发现缺陷为重点，以及时消除缺陷为目的的设备缺陷管理体系。在编制安全技术措施计划、反事故措施计划和大修、更新、改造计划时，要充分考虑事故发生的规律，把威胁安全生产的缺陷列入计划，提高设备的健康水平。

5. 执行运作保证系统

其主要功能是加强班组建设，健全班组规范化安全管理机制；实行规范化、标准化、程序化管理，提高运行检修工作质量；严格现场管理，强化安全纪律，有效治理作业性违章；开展安全技术、业务技能培训，提高员工技术水平和防护能力。其主要任务有：

（1）坚定不移地在实际工作中落实各项规章制度，并把规章制度在班组层面上细化、具体化、实用化。

（2）安全生产实行规范化、标准化、程序化管理，提高运行与检修工作质量。运行管理、检修作业以及设备标志、记录图表、技术档案、备品配件、环境整洁等都应有统一的标准和要求。

（3）加强班组建设，扎牢安全生产第一道防线，为保证安全生产必须建立稳固的基础，这个基础就是加强班组建设。

6. 思想政治工作和职工教育保证系统

其主要功能是负责领导干部安全思想、安全纪律教育和考核，针对企业安全生产工作组织有针对性的竞赛和宣传活动，开展职业安全和健康监督、检查，进行员工爱岗敬业、职业道德教育和岗位技能培训。其主要任务有：

（1）开展职工安全思想教育。

（2）开展企业安全文化建设。

（3）不断改进培训方法、丰富培训内容，提高职工安全生产技能。

安全保证体系是电力安全生产管理的主导体系，是保证电力安全生产的关键。当前，各级电网企业安全保证体系是较为完善和有效的，从公司领导到各部室、车间、班组，形成了一个纵向到底的安全保证体系，这个体系的有效运作，对保证电力系统的安全生产起到了至关重要的作用。

第三节　安全生产监督体系

一、安全生产监督体系的建立

国家电网公司《安全生产工作规定》第4条“公司系统实行以各级行政正职为安全第一责任人的各级安全生产责任制，建立健全有系统、分层次的安全生产保证体系和安全生产监督体系，并充分发挥作用。”在第四章安全监督一章中对安全监督形式、机构设置和人员配置、三级安全网的建立做出明确的规定，基本上规定了安全生产监督体系的基本要素。

国家电网公司《安全生产监督规定》第3条“公司系统应自上而下建立健全安全生产监督组织机构和制度，形成完整的安全生产监督体系，并与安全生产保证体系共同保证安全生产目标的实现”。确立了安全生产监督体系建立的依据。

按照安全生产监督制度的要求，在企业安全第一责任人负总责的前提下，企业内部建立自上而下安全生产监督组织机构，建立由企业安全监督人员、工区安全员、班组安全员组成的三级安全网，通过各项完善的安全监督制度进行整体运作的安全监督管理机制称为安全生产监督体系。

二、安全监督体系的功能

电网企业实行内部安全监督制度，自上而下建立机构完善、职责明确的安全监督体系。各级企业内部设有安全监察部，它是企业安全监督管理的独立部门，主要生产性车间设有专职安全员，其他车间和班组设有专（兼）职安全员，企业安全监督人员、车间安全员、班组安全员形成三级安全网络。安全监督组织机构、安全监督网络、安全监督制度，构成完整的安全生产监督体系。

首先，在电网企业内部的电力生产的安全监督，根据资产和管理关系，实行母公司对子公司、总公司对分公司的安全生产监督；在企业内部实行上级对下级的安全生产监督；代管企业对被代管企业依据协议实行安全生产监督。

其次，电网企业的安全生产除接受公司系统的内部监督外，按照行业管理的要求，还要接受电力监管部门的监督。《电力监管条例》第19条："电力监管机构具体负责电力安全监督管理工作。国务院电力监管机构经商国务院发展改革部门、国务院安全监督管理部门等有关部门后，制订重大电力生产安全事故处置预案，建立重大电力生产安全事故应急处置制度"。《电力安全事故应急处置和调查处理条例》规定："国务院电力监管机构应当加强电力安全监督管理，依法建立健全事故应急处置和调查处理的各项制度，组织或参与事故的调查处理"。上述《条例》明确规定了电力企业安全生产应接受电力监管部门的安全监督管理和电网停电事故调查。

最后，电网企业的安全生产，还应接受所在地政府有关部门的监督。《中华人民共和国安全生产法》第9条："国务院负责安全生产监督管理的部门依照本法，对全国安全生产工作实施综合监督管理；县级以上地方各级人民政府负责安全生产监督管理的部门依照本法，对本行政区域内安全生产工作实施综合监督管理"。《国务院关于进一步加强企业安全生产工作的通知》第12条："强化企业安全生产属地化管理。安全生产监管监察部门、负有安全生产监管职责的有关部门和行业管理部门要按照职责分工，对当地企业包括中央、省属企业实行严格安全生产监督检查和管理……"。上述法律和文件精神明确规定了电力企业安全生产应接受所在地政府安全监督管理部门的监督管理。

因此电力生产的安全监督，具有双重职能。一方面职能是运用上级赋予的职权，对电力生产和建设全过程的人身和设备安全进行监督，并具有一定的权威性、公正性和带有强制性的特征。所谓全过程的安全监督，其一就是指覆盖的范围应达到"横向到边，纵向到底"，不但要对生产实行安全监督，对基建、农电、集体企业的安全工作都要实行监督；其二是生产过程中包括发、输、变、配、用电各个环节，从设计、安装、运行、检修、直至设备、设施更新的每一阶段，都要根据国家和上级颁发的有关法规、规定、标准、规程制度进行安全监督。

电力生产安全监督的另一方面职能，就是要协助领导抓好安全管理工作，开展各项安全活动，做好自己职责范围内的安全统计、分析、安全目标管理、考核等工作。要积极推广先进的安全管理方法和安全生产技术。要充分利用学会、协会、专家组织或其他中介机构和社会组织，对安全生产状况提供诊断、分析、评价等服务。根据《安全生产监督规定》的内容要求，安全生产监督体系和安全生产保证体系应充分发挥各自的作用，并密切配合共同保证安全目标的实现。

三、安全监督网的建立与健全

根据《安全生产工作规定》的要求，电力系统内部应自上而下建立完整的安全监督体系，对生产中的人身和设备安全进行监督。这个安全监督体系的重要组成部分之一就是“三级安全网络”，即：企业要建立独立的安全监督机构，主要生产性车间（工区）要设专职安全员，班组要设兼职安全员，形成“三级安全网”，并要正常运作积极开展各项安全工作。

企业的安全监督机构，在人员的素质、数量以及专业配置方面应满足职责的要求。要按规定深入现场有重点进行监督、检查，做好日常的安全管理工作，要抓安全网的建设，定期组织安全网活动，指导车间（工区）、班组的安全工作。

车间（工区）的安全员，除了抓好自己职责范围内的安全管理工作外，主要精力应从事现场的安全管理工作，特别是对一些复杂的工作，要实行全过程的检查及动态跟踪。要抓好班组的标准化作业及危险点分析，抓遵章守纪，制止各种违章作业。

生产班组是构筑安全生产的第一道防线，“三级安全网”中班组是基础。班组安全员要协助班长认真抓好“二会一活动”，即：开好班前、班后会，组织好每周一次的安全活动。要重点抓好反习惯性违章及作业中的危险点控制，使各项工作都能做到“责任到人，监护到位，措施落实”。

企业的“三级安全网”其最终目标要达到：“个人保班组、班组保车间（工区），车间（工区）保企业”，形成一个良好的安全氛围和安全生产的良性循环。

这里需要指出的是，企业的安全监督，必须要分层次，车间（工区）、班组的安全网络，主要应该是抓各项安全生产的管理工作，不能太多强调“监督”；同样，安全目标也必须层层分解不能上、下都一样，应该是越到基层班组，目标越具体，可操作，可贯彻落实。

四、安全监督的任务

1. 安全监督的基本任务

根据国家电网公司《安全生产工作规定》和《安全生产监督规定》的精神，安全监督的基本任务有以下三项：

(1) 根据“安全第一，预防为主，综合治理”的方针，监督、检查国家和上级有关安全生产的法规、标准、规定、规程、制度的贯彻执行。对被监督对象的协议、合同中涉及安全生产方面的内容实行监督。

(2) 对本企业发生的人身、电网和设备事故，在规定职权范围内，进行调查并提出处理意见，按规定向上一级安全监督机构报告情况。

(3) 协助企业领导开展现场安全监督工作，组织各种安全活动，共同保障电网和设备的安全运行及生产过程中的人身安全。

2. 安全监督的具体任务

在日常工作中，安全监督的具体任务主要有十项，其中有部分属安全管理工作。

(1) 监督本企业各级人员安全生产责任制的落实，监督与安全生产有关的各项规程制度及上级指示精神的贯彻执行。审查所属各单位安全监督机构的资质和人员的资格，督促检查所属各单位安监机构、人员、装备等状况，确保符合安全管理与监督工作的要求。

将安全生产责任制落实到每个环节、每个岗位、每个人，是企业能否保证安全生产的关键，因此监督检查责任制的落实是安全监督的一项重要内容。电力企业有一套完整的规章制度，这是安全监督的主要依据，各项生产工作都必须以规程制度为准绳来衡量其是否安全、可靠、经济。因此，监督检查有关安全生产规程制度的贯彻执行，是安监人员的一项主要职责。电力生产的规程制度很多，最基本的就是人们常讲的“三大规程”及“两票三制”，即：运行规程（包括调度）、检修规程、安全规程和操作票、工作票、交接班制、巡回检查制、设备定期试验轮换制。这些规程制度与安全生产关系最大，是监督的重点。同时还要监督各项“技术监督”的执行情况。生产中发生的人身伤亡、人员误操作、主设备损坏以及对外停电事故，很多是不认真执行这些规程制度造成的，特别是与不认真执行“两票三制”有关。因此，各级安全监督人员应监督各项安全生产规章制度、反事故措施和上级有关安全工作指示的贯彻执行，及时反馈在执行中存在的问题并提出完善修改意见，向上级有关安全监督机构汇报本企业安全生产情况。

(2) 监督涉及电网、设备、设施安全的技术状况、涉及人身安全的防护状况。

安监人员要经常深入现场，监督涉及设备、设施安全的技术状况，涉及人身安全的防护状况。具体来讲，就是要监督检查设备的技术状况、运行工况、检修作业中的安全措施和人身防护措施，制止违章作业、违章指挥。对严重威胁设备和人身安全的隐患要及时向上级汇报并下达“安全监督通知书”，要求限期整改，并向主管领导报告。

（3）组织编制本企业安全技术劳动保护措施计划，并监督“两措”计划的实施和安全生产各项资金的使用情况。

安全技术劳动保护措施计划和反事故措施计划，简称“安措”和“反措”（“两措”），是组织动员广大职工贯彻上级安全生产指示，积极开展反事故斗争的重要手段，是有重点、有计划地防范事故，避免人身伤亡，确保设备安全运行的重要措施。因此，有关事故、障碍、异常情况的防止对策，需要消除影响人身和设备安全的重大缺陷，提高安全性能的技术改进措施，以及上级颁发的反事故措施计划等都应订入“两措”计划。由于这项工作涉及面广，故必须在编制企业年度大修、更新、改造工程计划时同时编制。“安措”计划由分管安全工作的领导组织安监部门为主制订，“反措”计划由分管生产的领导组织生技部门为主制订。安监部门要经常监督、检查这两个措施计划的完成情况和实施效果，随时向生产领导报告。只有在执行过程中出现了新问题，才允许经过批准后进行必要的修改，否则都必须保证完成。

（4）监督劳保防护用品及安全工器具的购置、发放和使用。

劳保防护用品是在劳动过程中必不可少的生产性装备，在一般情况下，使用个人防护用品只是一种预防性的辅助措施，但在某些条件下，如果劳动条件差，危害因素大，往往又成为主要的防护措施，故不能被忽视。安全工器具是劳动者在生产过程中必须配置的、确保人身安全的最基本的工具。对于这些物品，安监部门应在采购、选型等方面作定点或定向的指导，严把质量关，要监督采购部门不得购置“三无”产品，并监督正确使用，定期做预防性试验及按规定淘汰更新。

（5）监督本企业及所属企业安全培训计划的落实，组织或配合《电力安全工作规程》的考试和安全网活动。

电力生产人员的思想和技术素质对确保安全生产有直接关系，由于在这方面不相适应造成的事故也不少。因此，安监机构和人员要监督各项生产培训工作的开展，组织或配合进行“安规”的学习与考试及反事故演习等工作。例如，安全规程及运行规程（包括调度规程）的年度考试、新工人独立工作前的考试、电气工作人员工作间断后对“安规”的重新学习与考试、生产人员违章作业后的考试以及各种反事故演习等，都必须进行组织和必要的协助。

（6）参加和协助组织事故调查。

安全监督人员要根据国家电网公司颁发的《安全事故调查规程》的规定，对企业发生的设备和人身事故，在有关领导的直接领导下，并由各有关专业人员参加，积极协助做好事故调查工作。在调查过程中，必须广泛听取各方面的意见，保护事故现场，掌握第一手材料，实事求是，严肃认真，以规程制度为准绳，坚持原则，秉公办事，切忌大事化小、小事化了，真正做到“四不放过”（即事故原因不清楚不放过；事故责任者没有受到处罚不放过；事故责任者和应受教育者没有受到教育不放过；没有采取防范措施不放过）。在调查分析的基础上，明确各类责任（包括领导责任），提出处理的建议。包括对安全生产作出贡献者，提出表扬和奖励的建议。对事故分析发生分歧意见时，在必要的情况下，可直接向上级单位反映，对隐瞒事故或阻碍事故调查的行为，应向本单位领导及上级主管部门报告，取得正确的支持与解决。同时，要做好日常的安全考核、事故统计、分析、上报工作，并对防范措施的实施进行监督。

（7）参与电网规划、工程和技改项目的设计审查、施工队伍资质审查和竣工验收以及有关科研成果鉴定等工作，监督在新建、改建或扩建工程建设中贯彻“三同时”原则的情况。

根据国家有关规定，凡是新建、扩建、更新、改造工程以及重大的技改项目，都必须有保证安全生产和消除有毒、有害物质的设施。这些设施都要与主体工程“三同时”，即同时设计、同时施工、同时投产，不得削弱。安监部门就要参与这些工程的设计审查和竣工验收工作。对设备、材料、技术、装备、劳动条件、运行操作、安全设施、防护措施等，凡不符合规定的，应提出意见要求解决。对外包工程，要建立发包工程的安全管理制度，严格审查承包单位的资质，严格控制承包单位的承包范围，严禁承包单位再行转包，并要签订好工程承包合同，明确各自应承担的安全责任。安监人员要进行重点的监督、检查，发现问题，及时纠正。

（8）做好安全资料的积累工作。

积累好历年的安全资料，是安监人员要做好的一项重要基础工作。要积累的资料很多，主要有历年、历月发生的事故、障碍及严重未遂事故资料；历年的安全大检查资料；各种“安措”、“反措”资料；安全生产奖惩资料和各类生产人员考试资料；本企业使用的各种规章制度；上级有关安全生产的方针、政策、指示、通报等。要做到准确、齐全，便于随时使用。

(9) 对安全生产作出贡献者提出给予表扬和奖励的建议或意见，对事故负有责任的人员，提出批评和处罚的建议或意见。

建立安全生产激励机制是促进电力企业干部和员工主动做好安全工作的有效手段。建立激励机制要掌握正激励与负激励相结合的原则，即奖励和处罚相结合的原则。随着职工素质的不断提高，针对不同层次的员工，把握好奖罚的分寸和奖罚的形式是非常必要的，一味的经济奖罚并不见得行之有效，如何利用企业安全文化来促进员工安全思想素质的提高是现代安监人员思考的问题。

(10) 组织开展好各项安全例行工作。

根据《安全生产工作规定》，安全例行工作有：班前、班后会，安全日活动，安全分析会、安全监督及安全网例会，安全大检查、安全性评价，安全简报，安全信息反馈等。这些工作，安监部门都要按规定认真组织，积极开展，注重效果，防止形式主义。

电网企业的安全监督体系，是企业履行《安全生产法》及行业《安全生产工作规定》的具体体现，也是电力企业发展、实践所形成的经验积累。安全监督贯穿于电力规划设计、设备安装、调试、运行维护直至报废的全过程，对从事生产活动的人员及设备状况实施监督检查权，在电力安全生产工作中发挥着重要的作用。

实践证明，电网企业内部安全监督机制，是适应电力生产发展需要的一种有效管理方式，是科学、有效的管理体系。目前，电网企业均已建立起了一支执法公正、作风正派、技术熟练、经验丰富、敢于管理、善于监督的安全监督队伍，由此形成完善的、系统性的三级安全监督网络，已经渗透到电力系统各层次的管理环节和生产作业现场。通过安全监督体系的有效运作和各级安监人员的不懈努力和辛勤劳动，电力生产“安全第一，预防为主，综合治理”的观念已经牢固地树立在企业的全体员工思想之中，以《电力安全工作规程》为代表的一系列规程、制度，已经深入人心，并成为开展各项生产活动的行为准则。

第四节　安全生产保证体系、监督体系的关系

在电力企业的管理实践中，不同程度地存在着保证体系和监督体系职责不清、关系不顺的现象。对于一些矛盾较大、困难较多、易得罪人，又不易出成果的工作经常出现互相推诿的现象，对一些既省事、又能联络感情的工作则都愿意去干。而在现场纠正违章，提出考核批评意见以及脏、险、累的工作就不

那么踊跃了。对于事故、障碍、失误的责任就更无人承担，常常出现“职责不清”的情况。尤其是处于边缘状态的工作，更是产生互相推诿的现象。保证体系的建立，科学地明确了企业各类各层次人员的安全责任、到位标准以及相互配合的方式，有效地避免了推诿现象的发生。两个体系有机地结合在一起就如同两个车轮在同步转动，车就能直线前进，否则就只能原地打转。保证体系的建立理顺和规范了与监督体系的辩证关系，从而使安全生产活动顺利进行，有力地促进了企业的发展。

电网企业安全保证体系和安全监督体系，是基于安全生产工作的重要性、社会性与系统性，基于保证安全责任制落实到位的一种管理机制。虽然其共同目标都是保证电力安全生产，但其各自的职责和分工有所不同。安全保证体系的职责是完成安全生产任务，保证企业在完成生产任务的过程中实现安全、可靠，在实施全面、全员、全方位、全过程的闭环管理过程中，落实各项安全职责，使企业生产的每项工作，每个岗位、每个作业人员都时时处处考虑到安全问题，落实好安全保证措施，确保企业安全生产目标的实现。安全监督体系的职责是对生产过程履行监督检查权，直接对企业安全第一责任者或安全主管领导负责，监督安全保证体系在完成生产任务过程中严格遵守各项规章制度、落实安全技术措施和反事故技术措施，以保证企业生产的安全可靠。安全保证体系和安全监督体系都是为实现企业的安全生产目标而建立和工作的，是从属于安全生产这一系统工程中的两个子系统，两个体系协调、有效地运作，共同保证企业生产任务的完成和安全目标的实现。在这方面有两层意思，其一是安全和生产是一个整体的两个方面，是不能分割的，这两个体系都必须保证企业安全生产目标的实现；其二是这两个体系是密切配合，但又是独立存在的，不能相互混淆，各自的任务是不同的。

因此，这两个体系是不能相互代替的。现在有的企业，凡是安全工作都交给安监部门去做，认为安监部门应是“包打天下”。这实质上是职责不清，不利于保证体系作用的发挥，也不利于共同保证安全目标的实现。

第三章

安全管理例行工作

安全管理例行工作是电网企业日常安全管理工作的一部分，具有基础性、重复性、制度性的特点，它是电网企业安全管理中必不可少的重要内容，同时也是电网企业进一步加强安全管理的重要抓手之一，必须积极开展和长期坚持。国家电网公司《安全生产工作规定》和《安全生产监督规定》中明确要求，电网企业日常安全例行工作主要有以下几方面内容：安全分析会、安全监督及安全网例会、班前会和班后会、班组安全日活动、安全检查、安全性评价、安全简报、隐患排查。

安全管理例行工作开展的好坏，直接影响整个企业安全管理的基础，应该得到企业各相关部门的高度重视。在企业的各类生产活动中，必须把它摆到重要的位置，积极、认真的开展好这些工作，努力提高质量和效果。

第一节　安全分析会

电网企业安全管理的内容包括人身安全、电网安全、设备安全三方面，工作重点是防止人身伤亡、电网、设备事故的发生。要控制、预防事故就必须随时掌握本企业安全生产现状，综合分析安全生产形势，及时了解生产过程中各个方面可能存在的危险因素、事故隐患，研究采取预防事故的对策，确定下阶段安全生产工作的重点和应采取的预防事故的措施、对策，以利于企业安全生产不断地推进发展，确保电力生产的安全稳定。月度安全分析会作为安全管理的一种例行工作，是强化安全管理、促进安全生产的重要载体，也是管理层、执行层进行相互沟通的有效途径。

一、召开安全分析会议的目的和作用

电网企业定期召开安全分析会议的目的，是组织对某一阶段的安全生产形势进行综合分析，及时总结事故教训，分析本企业当前存在的薄弱环节和影响安全生产的问题，总结安全生产方面成功的经验，研究确定下一阶段安全生产

工作的方向和应采取的预防事故的措施、对策，以利于企业安全生产不断地推进发展，确保电力生产的安全稳定。

电网企业定期召开安全分析会议，有以下几方面的作用：

(1) 学习上级有关安全方面文件精神，综合分析安全生产形势，及时总结事故教训及安全生产管理上存在的薄弱环节，研究采取预防事故的对策，安排部署下一阶段的安全生产工作。

(2) 总结、分析安全生产情况，部署安排工作，便于企业加强安全生产管理，保证正常的安全工作秩序。

(3) 对事故教训进行总结分析，制订措施开展排查治理活动。

(4) 定期组织承担安全保证体系和安全监督体系职责的有关部门和专业人员共同研究安全工作，有利于加强各系统横向的交流和联系。

(5) 通过安全分析会议，分析落实安全责任，便于落实各级人员安全生产责任制。

二、安全分析会周期

(1) 国家电网公司、国家电网公司各分部、省电力公司，应每季度召开一次安全分析会议。

(2) 输变电、供电、发电及施工企业应每月召开一次安全分析会议。

(3) 车间等基层工区级单位，应每月召开一次安全分析会议。

三、参加安全分析会的人员

公司安全分析会议由公司主要负责人（安全第一责任人）组织并主持召开。公司的有关领导、生产、基建、农电、营销、集体企业等部门及生产车间的负责人参加会议，企业其他安全生产委员会成员参加。

车间安全分析会议由车间第一负责人（安全第一责任人）组织并主持召开，车间有关领导、安全员、专责、班长参加。

第二节　安全监督及安全网例会

为进一步强化安全监督的作用，充分发挥安全生产监督体系的作用，提高安全监督人员在工作中的责任感和使命感，解决安全监督过程中存在的问题，各级部门应定期召开安全监督和安全网例会。

一、召开安全监督例会及安全网例会的目的

《安全生产工作规定》中要求国家电网公司、国家电网公司各分部、省电力公司要定期召开安全监督例会，发电、供电及施工企业要定期召开安全网例会，其主要目的就是增强安全生产监督体系的组织活动能力，充分发挥安全生产监督的职能，提高企业的安全生产水平。

二、安全监督及安全网例会召开的周期

根据《安全生产工作规定》，国家电网公司、国家电网公司各分部、省电力公司应每半年召开一次安全监督例会；发电、供电及施工企业应每月召开一次安全网例会。

三、参加安全监督及安全网例会的人员

国家电网公司、国家电网公司各分部、省电力公司召开的安全监督例会，由公司安监部门负责人主持，输变电、供电、发电及施工企业安监负责人参加。

输变电、供电、发电及施工企业应每月召开一次安全网例会，由企业安监部门负责人主持，安全网有关人员参加。

四、召开安全监督网及安全网例会的要求

（1）研究年度安全监督系统工作计划和安全技术劳动保护措施计划的编制及执行。

（2）分析安全生产形势，总结事故教训，查找安全生产的薄弱环节，研究制订反事故措施、对策。

（3）研究安全检查表，组织开展安全大检查活动和反事故活动。

（4）分析执行安全生产法规、标准、规定、规程、制度过程中存在的问题，研究制订开展反违章活动方案。

（5）总结、交流加强安全管理的工作经验，安排下一阶段安全工作。

（6）研究、推广安全生产先进经验和科技成果。

第三节　班前会和班后会

班前班后会是生产班组实施工作任务前后进行的安全生产组织活动形式。班前会是指工作班在开工（接班）前，由班长（值班长）根据当天的工作内容，结合人员情况进行任务分配，提出重点、难点、班组成员在工作中应注意的事项；针对工作内容提出危险点预控措施，对不同工作分别进行技术交底，并确认每一个工作班成员都知晓。班后会是在工作结束后，由班长总结当日工作情况，讲评当日工作任务完成情况、“两票”执行情况、系统变动情况、安全措施落实和施工质量情况，特别要查找不安全因素，批评忽视安全、违章作业等不良现象，对人员安排、检修工艺、安全事项等提出改进意见，并举一反三，制订相应的防范措施，避免同类错误在今后的工作中发生。

一、召开班前会和班后会的目的

班前班后会是加强班组安全建设的关键环节，特点是时间短、内容紧凑、针对性强。开好班前班后会，是生产班组保证安全生产的有效措施之一；是规范作业人员行为，推进电力生产精细化管理，实现安全可控、在控、能控的有效措施之一；也是从源头上杜绝习惯性违章，从思想上提高安全意识的重要保证，要正确对待和认真落实。

二、班前会主要内容

根据各工种工作性质的不同，其召开班前会的侧重点也不同，主要内容突出“三交”、“三查”（交代工作任务、交代安全措施、交代注意事项；检查作业人员精神状态、两穿一戴、现场安全措施）。做到“四清楚”（作业任务清楚、危险点清楚、现场的作业程序清楚、安全措施清楚）。主要内容有：

（1）讲述工作任务，当前工作进度，综合考虑本班组工作人员的技术水平、经验及健康状况等进行任务分配，指派工作负责人、专职监护人等，并向每个工作人员交代清楚安全注意事项，对安全工作提出明确要求。

（2）交代当前系统运行方式、设备运行环境，两票使用情况，工作中应注意的事项。

（3）了解本班组人员身体和精神状态，对情绪不良人员的工作应给予妥善安排。

（4）在安排工作任务的同时，应根据任务难易程度、生产现场和设备系统运行状况，提出可能发生的危险情况，做好危险点因素分析，做好预控措施。

（5）检查安全工器具和安全防护用品配备情况，是否符合工作现场的要求。

（6）采用多种形式对班组成员进行安全教育或安全忠告，如结合当天作业性质，学习相似的可能发生的事故案例教训，做好各种突发事故的预想。

（7）听取大家对当天工作提出的安全方面的建议和要求。

三、班后会主要内容

由班长组织，在一天工作结束后召开，主要总结讲评当班工作和安全情况，表扬好人好事，批评工作中违章现象，提出改进意见，主要内容包括：

（1）各作业组人员汇报当天完成的工作情况及安全情况。

（2）评价当天作业中安全作业条件，防护用品、安全工器具使用情况，安全措施执行情况，人员安排情况，找出问题和差距，总结经验。

（3）说明当前系统接线方式、设备运行情况。

（4）评价当天作业中执行安全工作规程、“两票”执行情况，对安全工作表现好的同志给予表扬。

（5）对出现的不安全问题、不规范行为或违章现象给予严厉的批评和纠正，并按规定对违章者给予处罚。

第四节　安全日活动

安全日活动是班组安全管理的重要内容之一，是班组总结分析安全生产情况，班组成员学习安全生产规章制度，查找安全生产薄弱环节，落实安全生产措施的重要途径。

一、班组安全日活动的重要作用

班组是企业的细胞，班组工作人员是生产活动的主体，是执行规章制度的主体。如果每个班组安全管理基础都牢固，班组每一个工作人员都具有较高的安全意识和较强的安全责任心，在工作中能严格执行规程制度和安全措施，能主动吸取本单位和外单位的事故教训，联系实际及时采取防范措施，正确使用安全工器具、防护用品，确保安全工作，那么企业的安全生产就有了可靠的保证。因此，加强班组的安全管理和安全教育工作至关重要。

国家电网公司颁发的《安全生产工作规定》第八章例行工作中第56条对开展好“安全日活动”作出明确的要求：“班（组）每周或每个轮值进行一次安全日活动，活动内容应联系实际，有针对性，并做好记录。车间领导应参加并检查活动情况。”多年以来，“安全日活动”作为班组安全工作的重要载体被坚持下来，对提高人员安全意识、提高安全技能、夯实安全基础起到了重要作用。

二、安全日活动的主要内容

（1）学习上级和本单位的安全会议、安全文件、与本专业相关的安全规章制度。

（2）学习系统内外事故通报，结合实际举一反三，提出防范措施。

（3）总结分析一周来的安全生产工作，通报本周工作中的违章现象，进行点评，安排布置下周安全生产工作。

（4）结合实际工作，针对现场工作中遇到的安全技术问题进行讨论和分析，列出工作中的危险点，习惯性违章现象等，提出解决措施。

（5）本单位发生的未遂、异常、违章等事件的专题分析。

（6）安全技术培训，包括事故预想、反事故演习、安规培训等。

三、开展好班组安全日活动的几项要求

安全日活动的目的，是为了及时学习、贯彻上级安全生产的指示精神，吸取事故教训，提高安全意识，提高安全技能，落实安全措施，确保安全生产。因此对安全日活动要提出明确的要求：

（1）活动主要内容，应该是学习贯彻上级有关安全指示和反事故措施要求；吸取本单位和兄弟单位的事故教训；结合工作需要和存在问题，有重点地学习规程、规定；总结本班组一周来安全工作的经验教训，研究安排下周的安全措施要求等。每次的活动内容要有所侧重。

（2）在分析总结上周或上个月安全情况时，应包括人身、设备发生哪些不安全事件，存在哪些不安全因素、隐患及违章行为等。对违章行为要分析违反了哪条安全规定，违章的原因是什么，加深对违章危害性认识，提出整治措施。对好的做法和好人好事要肯定和表扬。

（3）每次学习的内容，必须紧密联系本班组的实际。要敢于揭露不安全问题，勇于改进工作；总结工作时要坚持实事求是的原则，采取批评违章违纪行为与表扬奖励相结合，依靠全班组人员把各项安全措施落到实处。

（4）要加强对安全日活动的组织和管理。安监部门应加强安全日活动的组织指导，紧密联系班组工作，提前规划安排学习内容，及时传达上级精神，并加强监督和考核。

（5）要保证每次安全日活动的时间，应以不少于 2h 为宜。

（6）认真做好安全日活动记录。

第五节　安　全　检　查

安全检查是指对生产过程及安全管理中可能存在的隐患、有害与危险因素、缺陷等进行查证，以确定其存在状态，以及可能转化为事故的条件，以便制订整改措施，消除隐患和有害与危险因素，确保生产安全的一项管理活动。

一、安全检查的目的

安全检查是安全管理工作的重要内容，是消除隐患、防止事故、改善劳动条件的重要手段。通过安全检查能及时了解和掌握安全工作情况，及时发现问题，并采取措施加以整顿和改进，同时又可总结好的经验，进行宣传和推广。

二、安全检查的一般原则

按照“自查、互查、督查相结合”以及“边检查、边整改”原则，组织开展常规（季节性）安全检查和专项安全检查（督查），按照“制订检查大纲，

组织实施检查，通报检查情况，督促落实整改”环节，实施安全检查的闭环管理。

三、安全检查的类型

(1) 定期安全检查：是通过有计划、有组织、有目的的形式来实现的。检查周期根据生产单位的实际情况确定，如次/年、次/季、次/月等，又如春季、秋季安全大检查。

(2) 经常性安全检查：是采取个别的、日常的巡视方式来实现的，如设备的定期巡视检查等。

(3) 季节性及节假日前安全检查：由各级生产单位根据季节变化，按事故发生规律对易发的潜在危险，突出重点进行季节检查，如春季防雷设施、防雨设施、防火设施措施检查；夏季防汛、防雷、防暑降温措施检查；电网迎峰度夏（冬）前设备专项核查、重要活动保电安全检查。

(4) 专业（项）安全检查：是对某个专项问题或在施工（生产）中存在的普遍性安全问题进行的单项定性检查，如反违章、隐患排查治理、安全专项活动检查等。

(5) 综合性安全检查：是由主管部门对下属各生产单位进行的全面综合检查，必要时可组织进行系统的安全性评价。

四、安全检查的内容

安全检查的内容以查思想、查管理、查隐患、查整改、查事故处理为主。本着突出重点的原则，对于危险性大、易发事故、事故危害大的生产系统、部位、装置、设备等重点检查。电力生产企业的安全生产检查内容，主要包括安全生产管理工作检查和现场安全检查两个方面。

（一）安全生产管理工作检查

(1) 检查各级安全生产责任制是否健全并落实到位，是否建立了检查考核办法，是否已确立检查考核的职能部门。

(2) 是否制订了年度安全生产目标和保证实现目标的措施，各车间是否制订了“三级控制”的措施。

(3) 年度“两措”计划是否经各级领导批准，资金、物资、责任单位是否落实，职工劳动安全防护措施落实情况。

(4) 检查安全生产第一责任者落实安全职责到位情况：是否亲自批阅上级有关安全生产文件和事故通报，是否做到每月主持召开一次安全情况分析会，及时解决安全生产中存在的问题，是否做到每月深入现场、班组检查生产情况，是否主持或参加重大设备事故、人员伤亡事故或性质严重的一般事故的调查分析。

（5）各级领导、工程技术人员及安全监察人员坚持监督到位、到岗制度执行情况；生产现场安全工作的组织措施和技术措施的落实情况；“两票三制”执行情况。

（6）三级安全网是否定期组织召开会议，是否随机构、人员变动及时调整、充实并公布。

（7）各级安全活动是否正常开展，是否结合本单位的事故、障碍、异常及当前工作提出安全措施，是否及时学习系统内事故通报等；安监人员和车间领导是否坚持参加班组安全活动；是否做到对班组安全记录签署评价意见，提出要求。

（8）单位的事故档案是否齐全、规范并符合《安全事故调查规程》的要求。

（9）安全工器具是否配备齐全、正确使用，并按规定存放；劳动环境、安全设施规范化符合规定，各类标记正确、完善。

（10）是否建立违章档案、整改通知书档案；是否按照要求建立违章曝光台等。

（二）现场安全检查

（1）现场检查主要围绕电气设备、电力设施状况开展检查，检查内容应结合季节特点。

（2）现场“两票三制”的落实情况，标准化作业和危险点分析控制情况，现场个人安全防护措施落实情况，以及现场各项防人身、防误操作措施落实情况。

（3）设备各种隐患、缺陷进行检查和及时消除情况。

（4）检查防止触电、高处坠落、机械伤害、烧烫伤、中毒等反事故措施的执行落实情况。

（5）检查安全工器具、起重机械及器具、电焊用具等管理和定期试验情况。

（6）现场重点部位的防火、防爆安全检查和消防器材安全检查。

（7）春季安全检查以防雷设施、防雨设施、防小动物措施、防火措施等内容为重点。

（8）夏季安全检查以防汛、防雷、防暑降温、防火等内容为重点。

（9）秋（冬）季安全检查以防火防爆、防寒防冻、防污闪、防小动物措施等内容为重点。

（三）安全检查的工作要求

（1）安全检查是督促安全工作落实的重要抓手，应在工作中逐级落实安全责任，突出安全检查的有效性和针对性，规范安全检查的组织、实施、通报和问题整改。

（2）安全检查应坚持边查边改，对检查发现的问题，及时告知被查单位，要求落实整改，必要时下达整改通知书，限期落实整改。

（3）检查结束后应形成检查情况通报，总结好的做法和经验，指出存在的问题和不足，提出整改意见和建议。

第六节　安全性评价

根据《安全生产工作规定》，企业应结合生产管理范围和安全工作需要组织开展各种层次的安全性评价。

一、基本原则

电网企业的安全性评价工作一般以2～3年为周期，按照“制订评价方案，开展自评价，组织专家查评，实施整改方案”过程，建立闭环动态管理工作机制，实现安全性评价工作的持续改进和提高。

二、评价内容

（1）评价应覆盖电网安全生产工作的各个环节、各个方面，系统梳理电网安全隐患和薄弱环节，全面评估各专业领域安全风险，制订落实治理方案和措施。

（2）评价标准应随生产发展和技术进步及时进行修订，企业应结合实际对评价标准所列项目和内容进行适当补充和调整，上一轮评价中发现的重大问题及整改措施纳入本轮评价之中。

（3）评价主要包括输电网安全性评价、城市电网安全性评价、电网调度系统安全生产保障能力评估、水（火）电厂安全性评价、升压站安全性评价、设备评估等。

三、评价方法

（1）采取自评价和专家查评相结合的方式进行，企业组织自评价，上级单位（或委托中介机构）组织专家查评。

（2）企业成立安全性评价领导小组，由分管生产的领导任组长，部门负责人和专业负责人参加，落实各级人员职责和专业分工。

（3）组织编写自评价工作计划书，将评价项目逐级分解，负责到人；充分发挥员工和专业人员的主动性、积极性，鼓励发现问题并组织讨论；将发现问题和评价结果进行汇总，查找分析问题根源，提出整改措施建议；形成自评价报告，经领导小组审核通过。

（4）在企业自评价基础上，根据企业提出的申请，由上级单位或委托中介机构组织进行专家查评，帮助企业对自评价工作进行深入诊断和分析，对安全生产状况和存在问题进行深入把握。

（5）专家查评的组织形式、评价内容、计划安排、查评报告等应符合规范化要求，专家组成员在查评过程中应与企业深入交流和沟通，在重大问题的评价和整改措施建议上应取得与企业的一致意见。

四、整改要求

（1）企业应根据安全性评价结果，制订整改计划和方案，将整改项目和任务逐项分解，明确责任部门、责任人和完成期限。

（2）整改工作纳入企业统一管理，重大问题优先整改，从项目、资金、人员、进度等各个方面，保证整改计划和方案的实施。

（3）整改计划和方案应报上级单位备案。

第七节　安全简报、通报、快报

《安全生产工作规定》第八章“例行工作”第61条要求：“公司系统各有关单位应定期或不定期编写安全简报、通报、快报，综合安全情况，分析事故规律，吸取事故教训。安全简报至少每月一期”。

编写安全简报、通报、快报，是进行安全生产信息交流，事故信息反馈，总结安全工作经验，吸取事故教训，改进安全管理方法，提高安全生产水平的一项十分重要的日常工作。

一、安全简报

（1）安全简报是综合分析安全生产信息的一种形式，一般要求一个月编发一期。

（2）安全简报主要是报道以下信息：

1）某一阶段安全生产情况分析，如某一个月人身安全情况、设备安全情况，并与上一年同期比较，可以看出安全生产情况发展趋势。

2）某一阶段安全工作情况小结，如报道主要安全工作的信息，上级安全工作指示，本单位安全工作要求，交流好的工作经验等。

3）某一阶段发生的事故、未遂、障碍等不安全情况、应吸取的教训和防范措施对策。如有的单位对事故、障碍、异常等，按所属单位进行分别编号，便于了解发生的单位和次数。

4）分析安全生产工作方面存在的主要问题，如开展安全检查活动中发现的主要问题等。

5）安排、布置下一个阶段安全工作任务。

6）所属各单位安全情况统计。

（3）安全简报的一般格式：

1）编发安全简报的单位、第几期、编发日期、简题。

2）突出主要的受控安全指标，如无人身死亡、无重大设备事故的连续安全记录等。

3）安全情况分析。

4）安全工作情况。

5）发生的事故、障碍等。

6）下一阶段安全工作安排。

7）安全统计表。

二、安全通报

（1）安全通报，一般是对某一个事件作详细的报道，如报道某一个事故调查分析的情况；报道某一次安全生产会议情况和有关领导的讲话；报道安全生产上某一个突出的先进事迹等。

（2）编写事故通报的一般格式：

1）编发安全通报的单位、第几期、编发日期。

2）安全通报的简题。

3）事故经过和处理过程。

4）事故原因分析。

5）事故中暴露出的问题。

6）事故责任分析和处罚。

7）防止事故重复发生的措施对策。

8）事故调查有关附件。如照片、影像、故障录波图、医疗鉴定报告等。

三、安全快报

（1）安全快报，一般是在某一个或某一些事故、事件发生之后，即使尚未完全调查清楚，为了尽快将信息传递到基层各单位，及时吸取教训，采取措施，防止同类型事故、事件重复发生，而采用的一种快速报道的方式。快报对事故、事件的情况，一般只作简要的报道，力求一个“快”字。

(2）编写安全快报的一般格式：

1）编发安全快报的单位、第几期、编发日期、签发人。

2）安全快报的简题。

3）简要的事故经过。

4）简要的事故原因和暴露出的问题。

5）提出针对性强的具体措施，要求所属各单位举一反三地吸取教训，组织检查活动。

第八节　隐　患　排　查

“安全生产事故隐患排查治理是企业管理的重要内容”，国家安监总局在2007年12月发布了《安全生产事故隐患排查治理暂行规定》，提出“生产经营单位应当建立健全事故隐患排查治理和建档监控等制度”。国资委2008年8月印发的《中央企业安全生产监督管理暂行办法》明确规定：“中央企业应当建立健全生产安全事故隐患排查和治理工作制度”。近年来，国家电网公司认真落实国务院和政府有关部门的部署和要求，要求在国家电网公司系统内部深入开展安全生产隐患排查治理工作。

一、隐患的定义和分级

安全生产事故隐患是指安全风险程度高，可能导致事故发生的作业场所、设备及设施的不安全状态、非常态的电网运行工况、人的不安全行为及安全管理方面的缺失。

上述有关事故隐患的定义，一方面从广度上说明导致隐患的因素，不仅限于静态的设备、设施和装置，而是包括人的不安全行为、物的不安全状态和环境的不安全因素，以及安全管理上的不当或缺失等各方面；另一方面从深度上说明判定隐患的原则，即只有那些风险程度较高、可能引发安全生产事故的情况，才可定性为事故隐患。由于电网企业生产方式的特殊性，电网运行方式、工况的各种变化，电网的非正常运行状态，也可能形成事故隐患。因此，对电网企业而言，可能导致事故发生的非常态电网运行工况也定义为事故隐患。

安全生产工作常说到的违章、风险、重大危险源、设备缺陷等，应理解为和事故隐患存在一定的“交集”，也即，违章、风险、重大危险源等要满足一定的条件（可能导致事故），才成为事故隐患，不能简单等同。

根据可能造成的事故后果，事故隐患分为重大事故隐患和一般事故隐患两个等级。

（1）重大事故隐患是指可能造成人身死亡事故，重大及以上电网、设备事故，由于供电原因可能导致重要电力用户严重生产事故的事故隐患。

（2）一般事故隐患是指可能造成人身重伤事故，一般电网和设备事故的事故隐患。

电力设备缺陷和事故隐患的关系。超出设备缺陷管理制度规定的消缺周期仍未消除的设备危急缺陷和严重缺陷，即为事故隐患。也就是说并非所有的设备缺陷都纳入事故隐患管理，在“设备缺陷管理制度”规定的一个消缺周期内进行了有效控制的设备缺陷不纳入事故隐患管理。鉴于设备危急缺陷和严重缺陷对安全运行的危害较大，因此对不能按期消除的设备危急缺陷和严重缺陷可纳入缺陷管理。对于一般和轻微设备缺陷，无论是否超周期，均不纳入事故隐患管理。

二、工作原则

按照“谁主管、谁负责”和“全方位覆盖，全过程闭环”原则，开展各专业、各领域隐患排查治理工作；按照“预评估、评估、核定”三个步骤，确定事故隐患等级；按照“发现、评估、报告、治理、验收、销号”流程，实施隐患闭环管理；按照“统一领导，落实责任，分级管理，分类指导，全员参与”要求，建立分级事故隐患排查治理工作机制。

三、工作方法和要求

（一）建立隐患排查工作机制

事故隐患排查治理应纳入日常工作中，按照“发现—评估—报告—治理—验收—销号”流程形成闭环管理。建立有领导、有组织、职责明确且规章制度健全的隐患排查治理工作机制。建立机制首先要运用多种工作手段，健全隐患常态排查机制；第二要建立评估标准，完善评估工作机制；第三要落实治理措施，强化防控治理机制；第四加强工作通报督办，严格评价考核机制。

（二）隐患排查

开展隐患排查治理工作的第一步是排查隐患，排查隐患可与日常工作相结合，采用多种手段发现并排查隐患，电网企业最常用的排查手段如下：

（1）借助安全性评价排查事故隐患。按照国家电网公司《输电网安全性评价查评依据》和《城市电网安全性评价查评依据》，结合各单位安全性评价工作实施办法，在开展安全性评价的同时，要求对安全性评价查出的主要问题进行事故隐患排查。

（2）运用电网年度运行方式分析排查事故隐患。供电企业在每年开展电网年度运行方式的同时，应将电网存在的隐患进行梳理分析，形成常态化电网运行隐患排查机制。

（3）通过各类安全检查排查事故隐患。安全检查是多年来现场发现各类问题并经证明是行之有效的安全管理手段，同时也是发现隐患的最为有效的手段，单位可借助春秋季安全大检查、各类专项监督检查和现场安全飞行检查，将排查发现各类安全隐患作为安全检查的一项重要内容，从而使隐患排查实现周期化和动态化相结合。

（4）通过安全生产日常工作排查事故隐患。各单位在日常巡视、检修预试和案例分析等工作中，可发动全体员工开展隐患排查，鼓励基层和一线人员“多发现、多整改”隐患，从而使隐患排查不留疏漏和工作死角。

（三）隐患评估

单位在发现隐患之后，要对排查出的各类事故隐患进行正确评估，进行评估分类，确定等级，填写“重大（一般）事故隐患排查治理档案表”。事故隐患的等级由事故隐患责任单位评估确定。责任单位对发现的事故隐患应立即进行评估，按照“预评估、评估、核定”三个步骤确定其等级。各单位还应开展定期评估，每月、每季度对各级各类事故隐患重新梳理，核查事故隐患登记有无遗漏，核定每个事故隐患定级是否准确，梳理、统计新增事故隐患和已有事故隐患整改完成情况，掌握未完成整改的事故隐患的现状，使事故隐患的管理做到全面、准确、有效。为确保各类隐患定性分类准确，应按照国家电网公司《安全生产事故隐患范例》对发现的隐患进行分级分类，从而确定对该隐患实施治理防控的责任单位或责任人，对于该《范例》中未列出的项目，可在国家电网公司事故隐患范例基础上，结合本单位实际进行细化和补充，或制定本单位隐患评估标准。

（四）隐患治理

事故隐患一经确定，所在单位应立即采取控制措施，防止事故发生，同时编制治理方案。责任单位根据相关规定制订、审批事故隐患治理措施或方案。一般情况下，地市公司负责制订、审批一般事故隐患治理措施或方案，重大事故隐患治理方案由网省公司专业职能部门或网省公司委托地市公司编制，网省公司审查批准。重大事故隐患治理方案应包括：事故隐患的现状及其产生原因；事故隐患的危害程度和整改难易程度分析；治理的目标和任务；采取的方法和措施；经费和物资的落实；负责治理的机构和人员；治理的时限和要求；防止隐患进一步发展的安全措施和应急预案等。事故隐患整改治理完成后，隐患所在单位应及时报告有关情况、申请验收，按规定由相关单位组织进行验收工作。

（五）督办考核

为保证隐患排查治理工作落到实处，网省公司和地市公司安全监察部门根据掌握的事故隐患信息情况，以《安全监督通知书》形式进行督办。应定期对事故隐患排查治理情况进行检查，检查情况及时通报。此外，单位应制订安全生产事故隐患排查治理评价考核实施办法，将事故隐患排查治理工作纳入本单位绩效考核范围，上级单位应在年度内，对重大事故隐患治理工作成绩突出的单位，经核实后给予表扬奖励。同时还要对实施隐患排查治理的工区和个人，实施有效激励，对发现、举报和消除重大事故隐患的人员，给予表扬奖励。对瞒报事故隐患，或因工作不力延误消除事故隐患并导致安全事故的，追究相关单位、人员责任。

（六）工作要求

(1) 事故隐患工作应涵盖电力系统各环节和各专业，它包括发电、输电、变电、配电各环节，以及一次、调度及二次系统、电网规划、信息、施工机具、交通、消防等各专业，还应从管理层面发现和治理隐患。

(2) 事故隐患治理应结合年度基建、技改、大修、专项活动等进行，做到责任、措施、资金、期限和应急预案“五落实”。

(3) 对隐患的发现、评估、治理、验收进行全过程动态监控，实行“一患一档”管理。事故隐患档案应包括隐患简题、隐患内容、隐患编号、隐患所在单位、专业分类、归属职能部门、评估等级、整改期限、整改完成情况等信息。事故隐患排查治理过程中形成的传真、会议纪要、正式文件、治理方案、验收报告等也应归入事故隐患档案。

(4) 事故隐患所在单位对已消除的事故隐患应销号，整理相关资料，妥善存档。未能按期治理消除的事故隐患应重新进行评估，评估后仍为事故隐患的需重新填写“重大（一般）事故隐患排查治理档案表”，重新编号，原有编号销除。

(5) 建立电网运行隐患预警通告机制。因检修、故障等使电网运行方式变化而引起的事故隐患风险，应由相应调度部门发布预警通告，相关部门制订应急预案。

事故隐患排查治理工作流程图，见附录三。

第四章 生产现场安全

第一节 检修施工的“四措一案”

电力企业为了确保工程施工、安全、质量和进度，规范施工人员工作行为和工作程序，通过编制组织措施、技术措施、安全措施、文明施工措施、施工方案（简称“四措一案”），保障工程安全有序开展。

一、“四措一案”的编制范围

凡是在电力一、二次设备（35kV 及以上）上进行大修、技改、基建安装及改扩建施工工程等，应编制“四措一案”。

以下工作可不编制“四措一案”：

（1）对设备年检、预试及除主变压器以外的 110kV 及以下单一设备常规性计划检修有标准化作业书者。

（2）一般性消缺、维护工作，有危险点分析与预控措施卡的。

二、“四措一案”的编制内容

“四措一案”应包括工程概况、组织措施、技术措施、安全措施、文明施工措施和施工方案六个部分的内容。

（一）工程概况

（1）工程名称及地点。如××变电站 220kV Ⅰ母母线隔离开关改造；220kV ××送电线路工程施工等。

（2）建设方、施工方（含分项工程施工方）：如变电检修部检修班；输电部线路检修班等。

（3）工程量：更换的变压器、断路器台数、隔离开关组数、线路长度、杆塔数等。对于工程量较大的应注明设计单位。

（4）工作范围：如 1 号主变压器间隔；220kV××线 48～52 号塔等。

（5）主要设备型号：如变压器、开关、杆塔、导线、地线等型号。

（6）施工工期及工程分项进度计划安排：从××年×月×日至××年×月×日，计划工期天数。

（7）需协调配合事项。

（8）与相关单位签订的合同：如大型设备的运输合同、租借吊装设备合同、部分外委工程合同等。

（二）组织措施

施工组织方案中的组织措施是将与工作有关的人员、部门组织起来，合理分工、明确配合，在统一指挥下共同保证安全、优质、高效地完成工作任务，做到凡事有人负责、协调一致、工作有序。

组织措施主要包括组织机构和职责，组织机构又分工作领导组和专业组。

1. 工作领导组

工作领导组主要由相关部门领导（或相关专责）组成。主要负责总体协调项目施工所需人、财、物，解决施工作业中的疑难问题，整体把握项目施工进度及相关单位（部门）的协调配合工作等。

2. 专业组

（1）专业组组成：专业组由工程负责人（项目经理）、工程技术负责人、各分项工程现场工作负责人、施工小组负责人、工作票签发人、现场安全监督人员、施工人员（含外聘人员、吊车司机、临时工等）等人员组成。

各专业组均应明确负责人、成员及各机构的分工、职责和工作流程。

（2）专业组职责：工程负责人（项目经理）对工程的施工安全、质量、工期及人员组织、调配等全面负责。

工程技术负责人主要负责施工方案的编写，有关技术图纸的收集、整理，施工现场的指挥，施工工艺培训及质量的过程控制，施工现场的安全、质量、进度和协调工作等。

各分项工程现场工作负责人的职责是对分项工程的施工方案的编写，有关技术图纸的收集、整理，施工现场的指挥，施工工艺培训及质量的过程控制，施工现场的安全、质量、进度和协调工作等。

施工小组负责人负责正确安全地组织本小组施工现场的组织工作，并对所有作业人员进行现场交底，让全体施工人员了解工作内容。在施工前负责检查工作班成员精神状态是否良好、人员分工及配置是否合理、检查工作票所列安全措施是否正确完备、是否符合现场实际条件，对工作班成员进行危险点告知，交代安全措施及技术措施。施工过程中严格执行工作票制度，明确工作班人员职责，督促、监护工作班成员执行工作票所列安全措施。

工作票签发人严格按照《电力安全工作规程》规定，审核工作的必要性、安全性，工作票上所填安全措施是否正确完善及所派工作负责人和工作班人员是否适当和充足。

现场安全监督人员协助项目经理搞好施工现场安全工作，认真执行《电力安全工作规程》有关规定，对施工现场被监护人交代安全措施、告知危险点和安全注意事项，监督被监护人员遵守《电力安全工作规程》和现场安全措施，及时纠正施工现场不安全行为等。

材料保管人负责施工所用材料、设备、施工工具的领用及工器具的回收保管等工作。

施工人员都应服从工作负责人的统一指挥和调配，遵守劳动纪律，严格执行《电力安全工作规程》和现场安全措施等规定，了解当天的工作内容及危险点，熟悉作业流程和施工工艺，正确使用工器具及防护用品，不违章作业、不冒险作业，不发生未遂和异常事件。

（三）技术措施

技术措施是保证施工质量的重要手段之一。技术措施应根据工作性质和特点，列写的内容包括主设备施工进度方案、技术资料、备品备件准备、施工工艺和质量标准要求、技术培训、系统特殊运行方式等。

1. 主设备施工进度方案

主要设备的施工进度及有关的准备工作，阶段性应完成的工作任务，各时段应提出的停电计划申请，对施工中被损坏的设施修复时间、责任人等。

2. 技术资料、备品备件准备

各种相关的设计文件、施工图纸及有关资料齐全，施工设备、器材、各类辅材、工具、机械以及通信工具等应满足连续施工和阶段施工的要求，有源设备应通电检查，各项功能正常，设计图纸与实际设备铭牌、技术条件等相符，提出相关单位及专业配合要求，如油、气、仪器设备提供的时间等。

3. 施工工艺和质量标准要求

施工应遵循的技术标准、规程、施工工艺规范和技术要求，施工人员应熟悉工程特点、工艺要求、施工质量标准及验收标准，施工前设备检查（或开箱）技术资料收集，施工中设备测试、试验、校验数据收集，施工后设备测试、试验、校验数据以及技术数据分析，特殊工艺的施工技术要求等。

4. 技术培训

各施工工序在施工技术上应注意的事项和质量管理点，特殊地形，特殊场所，新设备、新工艺的施工方法，必要时与供货厂家提前联系，由厂家提供必要的帮助，质量验收交接要求等。

5. 系统特殊运行方式

检修施工中受影响的设备、保护和自动装置，需要调整的系统运行方式。

（四）安全措施

安全措施是“四措”编写的重点，是执行中的难点。不同的作业内容和场合安全措施的具体内容应有所不同。安全措施总体内容应包括人身安全、车辆安全、设备安全和系统安全。

施工方案中的安全措施在工程、作业过程中总体的要求通常应包含：

（1）现场安全技术交底和班前班后会的安全组织措施和培训要求。

（2）施工分阶段的停电范围和应采取的安全措施及需要现场工作许可人完成的安全措施。

（3）根据施工条件和施工任务，强调施工中必须严格执行的《电力安全工作规程》重点条款。

（4）防止人身触电、误入带电间隔、误登带电设备的具体措施。

（5）施工中交叉作业、多工种、多班组配合作业的各自责任及工器具的配置、使用的安全要求。

（6）部分设备停电工作对相应带电设备、交叉跨越等必须保持的安全距离，禁入带电设备间隔应采取的警告、防护措施及应设的专职监护人及其安全职责。

（7）施工现场防火、防爆、防滑措施。

（8）施工临时用电的安全措施。

（9）对现场临时用工的安全管理措施。

（10）施工过程中的危险点分析和预控措施，如《标准化作业指导书》、《危险点分析和预控措施卡》等。

（11）施工现场生产安全事故应急救援预案，主要对现场可能发生的人身、火灾、交通等事故有事前的应急救援预案。

（12）施工方案中针对具体项目，应编制有针对性的安全措施，通常应包含：

1）防止高处坠落、物体打击、起重伤害的重点措施及注意事项。

2）继电保护及远动、计量等工作防止“三误”事故的措施，继电保护工作安全措施票的要求。

3）主设备检修起重吊装或脚手架搭设等特殊作业应特别交代的安全事项。

4）防止倒杆（塔）、断线等造成人身、设备事故的措施。

5）针对施工实际情况制订的其他安全措施等。

（五）文明施工措施

文明施工措施包括环境保护和文明施工两部分。

1. 环境保护

环境保护是我国的一项基本国策，电力施工建设项目作为污染源在建设过程中，由于场地平整、开挖基坑会引起自然地表的破坏，造成土壤疏松，原有的植被和蓄水保土作用遭到破坏，使施工现场周围环境失去原有状态，引发水土流失。因此工程建设过程中应严格遵守国家及地方有关环境保护法律、标准的要求，应采取必要的防治和预防水土流失措施，减少因工程建设所带来的水土流失造成的危害。其主要防范措施有：

（1）与当地环保部门取得联系，对内进行环保知识宣传，增强施工人员环保意识。

（2）把环境保护措施编制在各级技术交底中，将环境教育纳入教育培训计划。

（3）建立垃圾站，对生活垃圾集中处理，施工废料统一收集，按当地垃圾管理办法进行倾倒或掩埋。

（4）采取合理措施，减少空气污染、水源污染、噪声污染。

（5）施工过程中，注意保护土地植被、树林、农田庄稼，做到少破坏植被。

（6）施工余土、弃渣、废料妥善处理。

（7）积极采取保护野生动物措施。

（8）施工道路修建，对施工期间需修建的道路应利用已有的道路或原有路基上拓宽，拓宽道路必须保持原有水土保护措施。

（9）施工完毕后，做到工完料尽场地清，尽可能恢复原地貌。

（10）对违反环境保护法律、法规和措施并造成环境破坏或污染事故的单位和个人，由项目部组织有关部门人员对事故进行调查处理，追究事故责任。

2. 文明施工

文明施工措施是为了进一步规范施工现场管理，提高作业环境安全水平，保障从业人员安全与健康，保护环境倡导绿色施工，努力做到：安全管理制度化、安全设施标准化、现场布置条理化、机料摆放定置化、作业行为规范化、环境影响最小化，营造安全文明施工的良好氛围，创造良好的安全施工环境和作业条件。其总体要求如下：

（1）施工材料、设备等放置合理，各类材料分区摆放、标识清楚、排放有序，并符合安全防火标准。

（2）施工用机械设备完好、清洁，安全操作规程齐全，操作人员持证上岗，并熟悉机械性能和工作条件。

（3）施工通道、拆迁满足设计要求。施工现场设立文明施工标示牌，明确分工和注意事项。

（4）驻地卫生责任区划分明确，制定并执行清洁卫生制度，无死角并设有标记，便于检查、监督。

（5）宿舍和办公室内清洁、卫生，无水迹，无烟头，无灰尘，无蛛网，无杂物。

（6）施工图纸、记录、验收材料等资料齐全，技术资料归类明确，目录查阅方便，保管妥善，字迹工整。

（7）食堂卫生，伙食管理由专人负责。

（8）关心职工生活，定期为职工进行身体检查，合理安排职工休息，多开展有益的文化活动，丰富职工业余生活。

（9）加强教育，遵纪守法，严禁违法乱纪，禁止酗酒赌博，尊重当地少数民族的风俗习惯，严守群众纪律，和当地群众搞好关系。

（10）严格执行施工操作规程，遵照技术措施施工，不得凭主观意识野蛮施工。

（六）施工方案

施工方案应包含以下内容：

（1）施工前应做的准备工作（工器具、仪器仪表、材料备品具体型号、规格、数量等）。

（2）工程施工工期及工程分项进度计划安排。

（3）施工步骤：应包含每阶段（具体到日期）施工内容、停电范围、施工人员数量、具体工作任务量、危险点分析。必要时可制订施工进度表。

（4）工程施工工序、作业流程。

（5）现场勘查情况。在任何作业现场，施工单位的有关人员都必须进行现场勘察，结合工作内容，针对现场实际，画出施工简图，标明关键安措地点，以及停电范围和带电部位，提出补充措施。

（6）对施工复杂的工作应附图说明。

三、“四措一案”的编制审批

（一）“四措一案”的编写要求

（1）“四措一案”由施工单位负责编制，如工程涉及有施工配合单位的，由配合单位编制相关配合工作的“四措一案”，由施工负责单位汇总并复审。总承包工程的“四措一案”，由总承包单位组织各工程具体施工单位按专业分类编制，总承包单位负责汇总并复审。

（2）施工单位的施工负责人应组织“四措一案”的编制并审核；总承包工程的单位应明确一名工程项目经理或项目负责人，由该工程项目经理或项目负责人组织“四措一案”的编制并审核。施工单位应根据工程项目的现场实际情况，认真编制“四措一案”，确保各项措施正确完备，并对“四措一案”的必要性、正确性、安全性负责。

（3）“四措一案”要根据各项工程中施工作业的特点编制，不能照搬照抄，要将具体工作中的危险点及预控措施和有关注意事项交代清楚。“四措一案”的编制，准备工作要充分，计划布置要严密，各项措施要科学，并应避免口号式的、条条式的笼统内容，必须简明、具体、可操作性强。

（4）“四措一案”的编写要规范（其范本详见附录四）。使用统一的封面格式，主要包括方案名称、编制单位、编制日期等内容。批准页应有编制人、编制单位审核、工程监理单位审核、工程主管部门审核、生技部门审核、安监部门审核、批准人。方案中应设目次，以便于查阅。方案最后还要附方案审核意见表，应包括工程监理单位审核意见、工程主管部门审核意见、生技部门审核意见、安监部门审核意见、公司领导审批意见等。

（二）“四措一案”的审批

1. 审批组织权限和流程

大中型工程及危险度较大的工作由工程主管部门组织有关单位讨论，主要施工单位（总承包单位）编制汇总，并应在工程开工前，按工程监理单位、工程主管部门、技术管理部门、安全监督部门的审批流程先后审核，公司主管领导批准。

小型工程由施工单位组织有关施工班组讨论，主要施工班组编制汇总，并应在工程开工前，报送施工单位技术员、安全员先后审核、施工单位负责人批准，并在工程开工前报工程主管部门、技术管理部门、安全监督部门备案。

凡需报公司审批的工程施工“四措一案”，负责上报单位应在工程开工前，将编制初审后的“四措一案”发送至各有关部门，并以书面形式按审批流程报送有关单位和部门审核、公司领导批准。批准后的“四措一案”应发送至各有关单位执行，同时将签字盖章后的“四措一案”报有关部门备案。

由本施工单位审批的“四措一案”，应在开工前报本单位有关人员审核，经本单位领导批准后执行。批准后的“四措一案”应发送至各有关单位执行，同时按规定备案。

汇总编制单位（班组）、工程监理单位负责审核“四措一案”的全部内容，对“四措一案”的规范性、可操作性、现场实际性重点审查。

2. 审批组织职责

工程主管部门负责重点审核工程概况、组织措施、技术措施、安全措施、文明施工措施、施工方案等内容，主要审查工作任务、工期要求及组织措施是否完备，必要时提出修改补充意见。

技术管理部门负责重点审核组织措施和技术措施，主要审查技术要求和技术措施、施工方案等是否正确完善、是否符合技术规范要求，必要时提出修改补充意见。

安全监督部门负责重点审核组织措施和安全措施，主要审查安全措施是否正确完备、是否符合规程规定，必要时提出修改补充意见。

一、二次运行方式的特殊变更及大型停电检修，涉及系统稳定、影响系统运行的“四措一案”，调度管理部门要对技术措施和方案中涉及一、二次运行方式变化的内容进行重点审核。

批准“四措一案”的公司领导，重点审查各有关单位和部门的审核意见，对方案中的重点措施是否完备、可靠进行审查批准，必要时组织有关人员讨论后批准。

四、“四措一案”的执行

（1）“四措一案”的执行应以批准日期为准。检修施工结束后，“四措一案”应由施工单位同相关资料一并长期保存。

（2）施工单位必须在工程施工开工前，将批准后的“四措一案”分发到施工班组和相关人员。施工现场必须保存有批准后的“四措一案”，以便现场参考使用、待查。

（3）在进入施工现场作业前，工程负责人必须组织所有施工人员认真学习和领会“四措一案”内容，并选学《电力安全工作规程》的有关重点条款。

（4）工程开工前，工程负责人要组织全体施工人员进行施工现场的安全技术交底会，对“四措一案”内容以及选学的《电力安全工作规程》的有关重点条款进行考问，并按“四措一案”的要求具体组织落实；参加安全技术交底的全体人员在对交代的所有内容明确无误并无异议后，签名确认。

（5）施工单位要妥善处理好安全与进度、效益、优质服务等之间的关系。遇有工程工期紧、任务重的情况，要合理组织施工力量，切实将“四措一案”中的要求真正落实到实际施工中，切忌将“四措一案”作为应付上级检查的摆设，以确保整个施工作业现场的安全有序。

（6）组织措施内列出的所有人员有责任互相监督“四措一案”的执行情况。现场安全员及以上管理人员应重点督促所有人员落实“四措一案”。

(7) 各级领导和有关管理部门要落实安全生产责任制内的各自责任，加大对工程施工现场的监控力度，重点监督“四措一案”的现场实际执行，以规范施工作业人员的行为，确保“四措一案”落实到位，防止发生各类事故。

第二节 现场标准化作业

一、现场标准化作业概述

(一) 概念的引入

作为世界标准化作业的原始倡导人，美国管理学家弗雷德里克·泰勒在上世纪首次提出了标准化作业的概念，他认为：

(1) 工人提高劳动生产率的潜力是非常大的，但人的潜力不会自动跑出来，怎样才能最大限度地挖掘这种潜力呢？方法就是把工人多年积累的经验知识和传统的技巧归纳整理并结合起来，然后进行分析比较，从中找出其具有共性和规律性的东西，然后将其标准化，这样就形成了科学的方法。用这一方法对工人的操作方法、使用的工具、劳动和休息的时间进行合理搭配，同时对机器安排、环境因素等进行改进，消除种种不合理的因素，把最好的因素结合起来，这就形成一种最好的方法。

(2) 规模较大的企业，其管理人员应该把一般的日常事务授权给下级管理人员去负责处理，而自己只保留对例外事项、重要事项的决策和监督权。“经理只接受有关超常规或标准的所有例外情况的、特别好和特别坏的例外情况、概括性的、压缩的及比较的报告，以便使他得以有时间考虑大政方针并研究他手下的重要人员的性格和合适性。”

因此，对于常规的工作只需给每一个生产过程中的工序建立一个标准程序。员工只需按照成熟的、固定的工作程序进行作业。这样管理人员既可有足够的精力进行重要事项的决策，也可以保证已经做出的决策不折不扣得到落实。

(二) 目的及含义

1. 现场标准化作业的含义

根据国家电网公司《关于开展现场标准化作业工作的指导意见》，现场标准化作业是将某一项具体作业任务，围绕作业项目的人身安全、设备安全、工艺及质量控制等方面的需要，以安全生产规程、安全管理制度、反事故措施、设备检修工艺导则和施工及验收规范等有关规定为依据，通过危险点分析，以作业过程的组织、技术、安全管理为核心内容，制订相应的安全及质量控制措施，落实责任，并在作业过程中加以执行。

2. 现场标准化作业的目的

现场标准化作业是实现生产全过程控制的手段，它从工作流程上规范了工作人员的行为，形成防错、纠错机制，保证作业过程处于“可控、在控、能控”状态，达到提高工作质量、确保安全生产的目的。开展现场标准化作业是确保现场作业任务清楚、危险点清楚、作业程序清楚、安全措施清楚、安全责任清楚，人员到位、思想到位、措施到位、执行到位、监督到位的有效措施，是生产管理长效机制的重要组成部分，也是实现电力企业安全生产标准化的关键。

3. 现场标准化作业体现全过程控制的理念

全过程控制是指针对现场作业过程中每一项具体的操作，按照电力安全生产有关法律法规、技术标准、规程规定的要求，对电力现场作业活动的全过程进行细化、量化、标准化，保证作业过程处于“可控、在控”状态，不出现偏差和错误，以获得最佳秩序与效果。只有这样，才能保证作业自始至终处于安全高效的状态。

因此，标准化作业是一种现代化安全生产管理的科学实用方法，它不但弥补了安全操作规程本身的不足，而且可以有效地防止人的失误和各种违章行为的出现，有效地防止各类安全和质量事故的发生，给做好安全质量管理带来许多方便，值得重点推广和使用。

4. 主要解决的问题及预期目标（见图 4－1）

通过上述问题的解决，希望最终促进现场安全质量管理，防止各类事故的发生，具体体现在：

（1）作业程序标准化。根据各岗位、工种的作业要求，从生产准备、正常作业到作业结束的全过程，确定正确的操作顺序，使作业人员明确先做什么后做什么。通过对生产程序的管理，落实各级人员的安全职责，明确工作内容和

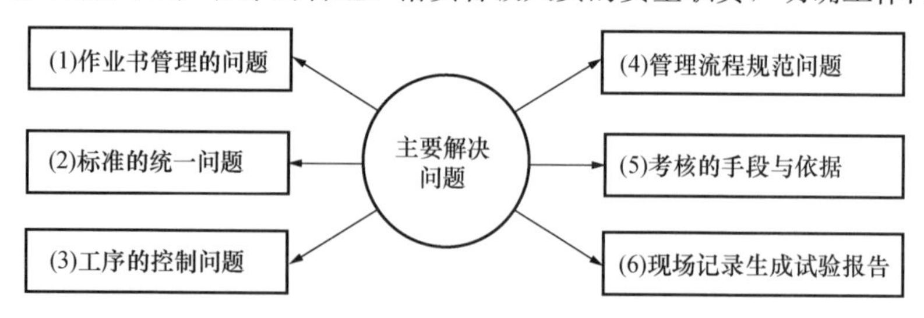

图 4－1　主要解决的问题

要求，从而避免了由于组织措施不到位而导致的事故风险。

（2）现场操作标准化。根据各岗位、工种的作业步骤，从具体操作动作上规定作业人员应该怎样做，达到相关标准，使作业人员行为规范化。

（3）安全作业标准化。涉及操作标准化、设备管理标准化、生产环境标准化、人的行为标准化、物的管理标准化以及相适应的生产环境条件等。严格执行现场标准化作业应能起到反违章的效果。

（4）工器具及设备管理标准化。电力生产中使用的工器具和设备均应达到良好的标准状态。随着时间的推移和生产的进行，工器具及设备出现磨损、老化等问题，需要定期试验检测，不断维护检修和保养，及时更换易损的零部件，以消除物的不安全因素。

（5）质量控制标准化。试验、检修、电气操作等现场作业应达到质量标准，并符合相关规程规定。

（6）文明生产标准化。根据文明生产要求，对作业场所必须具备的照明、卫生条件、原材料及成品、半成品的运送和码放、工具和消防设施管理等涉及的一切与文明生产有关的内容，均应有具体的规定并满足要求。

（7）现场管理标准化。根据生产场地条件，对作业场所的通道、作业区域、护栏防护区域、物料堆放高度和宽度等，均应纳入标准化管理。

二、现场标准化作业书

（一）定义

现场标准化作业书是体现现场标准化作业的具体形式。这里单独进行重点论述。

现场标准化作业书，是指对每一项作业按照全过程控制的要求，对作业计划、准备、实施、总结等各个环节，明确具体操作的方法、步骤、措施、标准和人员责任，依据工作流程组合而成的执行文件。

以××变电站 110kV 南母避雷器预试现场标准化作业书为例说明，它主要构成包括：

（1）基本信息。

（2）人员分工及准备工作：人员分工；准备工作。

（3）器具材料：工器具；相关资料、记录。

（4）作业程序及过程控制。

（5）工作终结。

具体格式及内容可参阅附录五。

（二）编制要求

（1）现场标准化作业书必须在作业准备工作开展前由作业部门负责编制完成，以指导作业的全过程管理。

（2）编制和执行现场标准化作业书是实现现场标准化作业的具体形式和方法。现场标准化作业书应突出安全和质量两条主线，保证安全、质量的可控、在控和能控，达到事前管理、过程控制的要求和预控目标。

（3）各单位进行列入生产计划的各项现场作业时，应结合现场实际情况，编写针对具体工作的现场标准化作业书。

（4）审批程序：单一的检修、试验工作作业书由各单位的作业部门进行审核批准；日常综合性、有交叉作业的检修、试验、定检由各单位生技部、安监部共同批准；新建、大修、技改工程等综合性工作需由生技部、安监部审核，各单位分管领导批准方可执行。

（5）为更好地推进现场标准化作业工作，各单位可以根据实际情况编制现场标准化作业书范本（简称“范本”）。“范本”应符合国家电网公司的有关规定、标准、规范以及各单位的生产实际和各项管理制度的要求，内容应包括现场作业应考虑的典型环节和主要因素。

（6）各类现场作业书都应有编号，且具有唯一性和可追溯性。编号位于封面的右上角。

由编制部门进行统一编号，格式原则为部门名称（简称1～2个汉字）、班组名称（简称1～3个汉字）、年月日、加顺序编号后缀。

例如，某输电部带电作业班2011年6月6日执行的当月第3份作业书，编号为：输电带电班20110606－03。

（7）编制现场标准化作业书应注意的事项：

1）坚持“安全第一，预防为主，综合治理”的方针，体现凡事有人负责、凡事有章可循、凡事有据可查、凡事有人监督的“四个凡事”原则。

2）符合安全生产法规、规定、标准、规程的要求，具有实用性和可操作性。内容应简单、明了，且含义具有唯一性。

3）应针对现场和作业对象的实际，进行危险点分析，制订相应的防范措施，体现对现场作业的全过程控制，对设备及人员行为实现全过程管理，而不是照抄照搬作业指导书。

4）应集中体现工作（作业）要求具体化、工作人员明确化、工作责任直接化、工作过程程序化，并起到优化作业方案，提高效率、降低成本的作用。

（三）标准化作业书的应用

（1）进行现场作业时，必须使用经过批准的现场标准化作业书。

（2）现场标准化作业书在使用前必须进行专题学习和培训，保证作业人员熟练掌握作业程序和各项安全、质量要求。

（3）各单位应在遵循现场标准化作业基本原则的基础上，根据各自实际情况对现场标准化作业书的使用作出明确规定，以方便现场使用为原则，图 4-2 为××供电公司标准化作业现场。

图 4-2 ××供电公司标准化作业现场

（4）在现场作业实施过程中，工作负责人对现场标准化作业书的正确执行负全面责任。工作负责人应亲自或指定专人根据执行情况逐项打钩或签字，不得跳项和漏项，并做好相关记录（能够记录设备实际位置的项目记录实际位置，有具体数据的项目记录实际数据）。有关人员也必须履行签字手续。

对于在杆塔上等高处特殊作业项目，签字可以与作业分开进行，但在开工前作业人员应学习并掌握工作流程和安全、质量要求，作业时地面负责人应及时提醒高处作业人员注意作业行为、掌握工作节奏和进度，作业人员返回地面后应对高处作业质量补充履行签字手续，以保证作业质量达到作业书的要求。

（5）依据现场标准化作业书进行工作的过程中，如发现与现场实际、相关图纸及有关规定不符等情况时，应由工作负责人根据现场实际情况及时修改现场标准化作业书，经现场标准化作业书审批人同意后，方可继续按现场标准化作业书进行作业。作业结束后，现场标准化作业书审批人应履行补签字手续。

（6）依据现场标准化作业书进行检修过程中，如发现设备存在事先未发现的缺陷或异常，应立即汇报工作负责人，并进行详细分析，制订处理意见，并经现场标准化作业书审批人同意后，方可进行下一项工作。设备缺陷或异常情况及处理结果，应详细记录在现场标准化作业书中。作业结束后，现场标准化作业书审批人应履行补签字手续。

（7）作业完成后，工作负责人应对现场标准化作业书的应用情况作出评估，明确修改意见并在作业完工后及时反馈现场标准化作业书编制人。现场标准化作业书编制人应及时作出修订或完善。

（四）标准化作业书的管理

（1）现场标准化作业书一经批准，不得随意更改。如因现场作业环境发生变化、作业书与实际不符等情况需要更改时，必须立即修订并履行相应的批准手续后才能继续执行。

（2）执行过的现场标准化作业书应经评估、签字后存档；运行作业书保存时间不少于一年；检修作业书保存不少于一个检修周期。

（3）现场标准化作业书实施动态管理。各单位应及时进行检查总结、补充完善；作业人员应及时填写使用评估报告，对作业书的针对性、可操作性进行评价，提出改进意见，并结合工作实际进行修改。

（4）对于未使用现场标准化作业书进行的事故抢修、紧急缺陷处理、特巡等突发临时性工作，应在工作完成后，根据工作开展情况，及时补充编写针对类似工作的现场标准化作业书，用于今后类似工作。

三、现场标准化作业的实施

1. 总的原则

（1）开展现场标准化作业应紧抓安全和质量两条工作主线，实现对现场作业的全过程、全方位管理和控制，不断提高现场作业的安全水平和工作质量。

（2）现场标准化作业工作应纳入到安全生产长效管理机制当中，落实管理责任，切实保证现场标准化作业工作深入、广泛、有效地开展。

（3）现场标准化作业工作应与各单位现行的各种现场规程规定、安全管理规定、措施等相互配合，形成一个有机的整体，共同保证现场作业的安全和质量。

（4）现场标准化作业工作作为生产现场安全管理和质量管理的核心，应贯穿现场工作的全过程，对现场工作的各方面进行有效管理，实现现场工作安全和质量的“可控、在控、能控”。

2. 主要适用范围

（1）一次设备：列入年、月度生产计划的变压器、断路器、隔离开关、电压互感器、电流互感器、避雷器、全封闭组合电器、高压柜、电抗器、电容器组大修、改造、安装、试验等，母线及其绝缘子更换，高压计量箱的安装和更换，穿墙套管更换等。

（2）二次设备：列入年、月度生产计划的二次屏柜（含保护、远动、通信、计量)、直流系统定检、更换、安装等。

(3) 输电线路：列入年、月度生产计划的导线、架空地线、拉线、绝缘子、横担更换，立杆，带电作业等。

(4) 配电线路：列入年、月度生产计划的配电线路立杆、放线，配电变压器、柱上断路器、隔离开关、高压计量箱、高压电缆分支箱、环网柜的新装或更换，带电作业等。

(5) 巡视：变电站每周一次的全面巡视，输电、配电、通信线路、机房周期巡视，以及上述所有设备的非事故性特巡。

(6) 电气设备的新建、大修、技改工程验收。

(7) 事故抢修、紧急缺陷处理、特巡等突发临时性工作应尽量使用现场标准化作业书。在条件不允许情况下，可不使用现场标准化作业书，但应按照现场标准化作业要求，在工作开始前进行危险点分析并采取相应的安全措施。

3. 主要环节及流程

按时间段来分，现场标准化作业主要包括工作前、工作中和工作后三个阶段，具体包括：

(1) 工作前的内容包括工作计划、现场查勘、编制审核“四措一案”、编制作业书、学习作业书、作业前准备等。

(2) 工作中的内容包括办理现场工作手续、现场安全质量交底 、现场工作。

(3) 工作后的内容包括竣工验收、场地清理、工作点评、资料归档、评估改进。

标准化作业主要环节及流程见图 4－3。

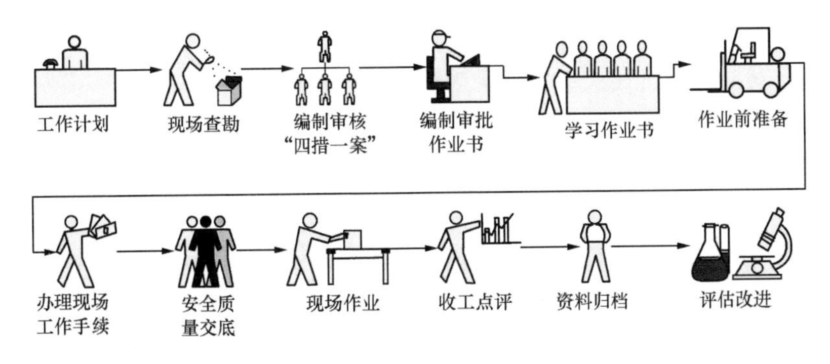

图 4－3 标准化作业主要环节及流程

第三节 反违章工作

反违章工作是指企业在预防违章、查处违章、整治违章等过程中，在制度建设、培训教育、监督检查、评价考核等方面开展的相关工作。国家电网公司反违章工作贯彻“查防结合，以防为主，落实责任，健全机制”的基本原则，发挥安全保证体系和安全监督体系的共同作用，建立行之有效的预防违章和查处违章的工作机制，持续深入地开展反违章，逐步达到控制、减少甚至杜绝违章现象，有效防范各类事故的发生。

一、违章的定义、分类及典型表现

国家电网公司《安全生产反违章工作管理办法》中将违章定义为“违章是指在电力生产活动过程中，违反国家和行业安全生产法律法规、规程标准，违反国家电网公司安全生产规章制度、反事故措施、安全管理要求等，可能对人身、电网和设备构成危害并诱发事故的人的不安全行为、物的不安全状态和环境的不安全因素”。

违章按照可能造成的后果，可分为严重违章和一般违章。

一般违章是指对人身、电网和设备不直接造成危害的违章现象。

严重违章是指对人身、电网和设备有可能造成危害且后果严重、性质恶劣的违章现象。

违章按照性质又分为管理违章、行为违章和装置违章三类。

（一）管理违章

管理违章是指各级领导、管理人员不履行岗位安全职责，不落实安全管理要求，不健全安全规章制度，不执行安全规章制度等的各种不安全行为。管理违章的典型表现：

（1）安全第一责任人不按规定主管安全监督机构。

（2）安全第一责任人不按规定主持召开安全分析会。

（3）未明确和落实各级人员安全生产岗位职责。

（4）未按规定设置安全监督机构和配置安全员。

（5）未按规定落实安全生产措施、计划、资金。

（6）未按规定配置现场安全防护装置、安全工器具和个人防护用品。

（7）设备变更后相应的规程、制度、资料未及时更新。

（8）未按规定严格审核现场运行主接线图，不与现场设备一次接线认真核实。

(9) 现场规程没有及时修订、每年进行一次复查、并书面通知有关人员。

(10) 新入厂的生产人员,未组织三级安全教育或未按规定组织员工进行《安规》考试。

(11) 特种作业人员上岗前未经过规定的专业培训。

(12) 没有每年公布工作票签发人、工作负责人、工作许可人、有权单独巡视高压设备人员名单。

(13) 对事故未按照“四不放过”原则进行调查处理。

(14) 对违章不制止、不考核。

(15) 对排查出的安全隐患未制订整改计划或未落实整改治理措施。

(16) 设计、采购、施工、验收未执行有关规定,造成设备装置性缺陷。

(17) 未按要求进行现场勘察或勘察不认真、无勘察记录。

(18) 不落实电网运行方式安排和调度计划。

(19) 违章指挥或干预值班调度、运行人员操作。

(20) 安排或默许无票作业、无票操作。

(21) 客户受电工程在接电条件审核完成前安排接电。

(22) 大型施工或危险性较大作业期间管理人员未到岗到位。

(23) 对承包方未进行资质审查或违规进行工程发包。

(24) 承发包工程未依法签订安全协议,未明确双方应承担的安全责任。

(二) 行为违章

行为违章是指现场作业人员在电力建设、运行、检修等生产活动过程中,违反保证安全的规程、规定、制度、反事故措施等的不安全行为。行为违章的典型表现:

(1) 进入作业现场未按规定正确佩戴安全帽。

(2) 从事高处作业未按规定正确使用安全带等高处防护用品或装置。

(3) 作业现场未按要求设置围栏;作业人员擅自穿越安全围栏或超越安全警戒线。

(4) 不按规定使用操作票进行电气操作。

(5) 不按规定使用工作票进行工作。

(6) 现场电气操作不戴绝缘手套,雷雨天气巡视或操作室外高压设备不穿绝缘靴。

(7) 约时停、送电。

(8) 擅自解锁进行电气操作。

(9) 防误闭锁装置钥匙未按规定使用。

(10) 调度命令拖延执行或执行不力。

(11) 专责监护人不认真履行监护职责，从事与监护无关的工作。

(12) 电气操作前不核对设备名称、编号、位置，不执行监护复诵制度或操作时漏项、跳项。

(13) 电气操作中不按规定检查设备实际位置，不确认设备操作到位情况。

(14) 停电作业装设接地线前不验电，装设的接地线不符合规定，不按规定和顺序装拆接地线。

(15) 漏挂（拆）、错挂（拆）标示牌。

(16) 工作票、操作票、作业卡不按规定签名。

(17) 开工前，工作负责人未向全体工作班成员宣读工作票，不明确工作范围和带电部位，安全措施不交代或交代不清，盲目开工。

(18) 工作许可人未按工作票所列安全措施及现场条件，布置完善工作现场安全措施。

(19) 作业人员擅自扩大工作范围、工作内容或擅自改变已设置的安全措施。

(20) 工作负责人在工作票所列安全措施未全部实施前允许工作人员作业。

(21) 工作班成员还在工作或还未完全撤离工作现场，工作负责人就办理工作终结手续。

(22) 工作负责人、工作许可人不按规定办理工作许可和终结手续。

(23) 进入工作现场，未正确着装。

(24) 检修完毕，在封闭风洞盖板、风洞门、压力钢管、蜗壳、尾水管和压力容器人孔前，未清点人数和工具，未检查确无人员和物件遗留。

(25) 不按规定使用合格的安全工器具、使用未经检验合格或超过检测周期的安全工器具进行作业（操作）。

(26) 不使用或未正确使用劳动保护用品，如使用砂轮、车床不戴护目眼镜，使用钻床等旋转机具时戴手套等。

(27) 巡视或检修作业，工作人员或机具与带电体不能保持规定的安全距离。

(28) 在开关机构上进行检修、解体等工作，未拉开相关动力电源。

(29) 将运行中转动设备的防护罩打开；将手伸入运行中转动设备的遮栏内；戴手套或用抹布对转动部分进行清扫或进行其他工作。

(30) 在带电设备周围使用钢卷尺、皮卷尺和线尺（夹有金属丝者）进行测量工作。

(31) 在带电设备附近使用金属梯子进行作业；在户外变电站和高压室内不按规定使用和搬运梯子、管子等长物。

(32) 进行高压试验时不装设遮栏或围栏，加压过程不进行监护和呼唱，变更接线或试验结束时未将升压设备的高压部分放电、短路接地。

(33) 在电容器上检修时，未将电容器放电并接地或电缆试验结束，未对被试电缆进行充分放电。

(34) 继电保护进行开关传动试验未通知运行人员、现场检修人员。

(35) 在继保屏上作业时，运行设备与检修设备无明显标志隔开，或在保护盘上或附近进行振动较大的工作时，未采取防掉闸的安全措施。

(36) 跨越运转中输煤机、卷扬机牵引用的钢丝绳。

(37) 吊车起吊前未鸣笛示警或起重工作无专人指挥。

(38) 在带电设备附近进行吊装作业，安全距离不够且未采取有效措施。

(39) 在起吊或牵引过程中，受力钢丝绳周围、上下方、内角侧和起吊物下面，有人逗留和通过。吊运重物时从人头顶通过或吊臂下站人。

(40) 龙门吊、塔吊拆卸（安装）过程中未严格按照规定程序执行。

(41) 在高处平台、孔洞边缘倚坐或跨越栏杆。

(42) 高处作业不按规定搭设或使用脚手架。

(43) 擅自拆除孔洞盖板、栏杆、隔离层或因工作需要拆除附属设施时不设明显标志并及时恢复。

(44) 进入蜗壳和尾水管未设防坠器和专人监护。

(45) 凭借栏杆、脚手架、瓷件等起吊物件。

(46) 高处作业人员随手上下抛掷器具、材料。

(47) 在行人道口或人口密集区从事高处作业，工作地点的下面不设围栏、未设专人看守或其他安全措施。

(48) 在梯子上作业，无人扶梯子或梯子架设在不稳定的支持物上，或梯子无防滑措施。

(49) 不具备带电作业资格人员进行带电作业。

(50) 登杆前不核对线路名称、杆号、色标。

(51) 登杆前不检查基础、杆根、爬梯和拉线是否正常。

(52) 组立杆塔、撤杆、撤线或紧线前未按规定采取防倒杆塔措施或采取突然剪断导线、地线、拉线等方法撤杆撤线。

(53) 动火作业不按规定办理或执行动火工作票。

(54) 特种作业人员不持证上岗或非特种作业人员进行特种作业。

（55）未履行有关手续即对有压力、带电、充油的容器及管道施焊。

（56）在易燃物品及重要设备上方进行焊接，下方无监护人，未采取防火等安全措施。

（57）易燃、易爆物品或各种气瓶不按规定储运、存放、使用。

（58）水上作业不佩戴救生设施。

（三）装置违章

装置违章是指生产设备、设施、环境和作业使用的工器具及安全防护用品不满足规程、规定、标准、反事故措施等的要求，不能可靠保证人身、电网和设备安全的不安全状态和环境的不安全因素。装置违章的典型表现：

（1）高低压线路对地、对建筑物等安全距离不够。

（2）高压配电装置带电部分对地距离不能满足要求未采取措施。

（3）金属封闭式开关设备未按照国家、行业标准设计压力释放通道。

（4）待用间隔未纳入调度管辖范围。

（5）电力设备拆除后，仍留有带电部分未处理。

（6）变电站无安防措施。

（7）易燃易爆区、重点防火区内的防火设施不按规定要求设置。

（8）设备一次接线与技术协议和设计图纸不一致。

（9）电气设备无安全警示标志或未根据有关规程设置固定遮（围）栏。

（10）开关设备无双重名称。

（11）线路杆塔无线路名称和杆号，或名称和杆号不唯一、不正确、不清晰。

（12）线路接地电阻不合格或架空地线未对地导通。

（13）平行或同杆架设多回路线路无色标。

（14）在绝缘配电线路上未按规定设置验电接地环。

（15）防误闭锁装置不全或不具备“五防”功能。

（16）机械设备转动部分无防护罩。

（17）电气设备外壳无接地。

（18）临时电源无漏电保护器。

（19）起重机械，如绞磨、汽车吊、卷扬机等无制动和止回装置，或制动装置失灵、不灵敏。

二、违章的原因分析

（一）人员是违章的首要因素

有的管理者不熟悉相关的法律法规和规定、制度，对安全管理人员配备标准、培训要求不清楚，只注重物的不安全状态对安全的影响，忽视了人的不安全行为的研究和管理；有的安全管理人员责任心不强，没有严格执行规章制度。同时，有的管理者和被管理者存在侥幸麻痹思想，有的员工盲目自信，迷信自己的技术和经验，忽视工作的动态性和不确定性，有的员工没有预感到危险，盲目作业，对于安全培训过程中的再三强调置之不理，粗干、蛮干，从而导致违章。部分新员工，工作经验少，安全意识较差。这些不安全的行为，在很多情况下往往直接作用于已经存在的隐患而造成事故。

易违章出事的20种人：一是违章作业的“大胆人”；二是冒险蛮干的“危险人”；三是冒冒失失的“莽撞人”；四是盲目听从的“糊涂人”；五是吊儿郎当的“马虎人”；六是心存侥幸的“麻痹人”；七是投机取巧的“大能人”；八是满腹委屈的”气愤人”；九是遇到难事的“忧愁人”；十是心神不定的“心烦人”；十一是急于求成的“草率人”；十二是凑凑合合的“懒怠人”；十三是手忙脚乱的“急性人”；十四是固执己见的“怪癖人”；十五是满不在乎的“粗心人”；十六是身体欠佳的“疲惫人”；十七是好奇爱动的“年轻人”；十八是初来乍到的“新工人”；十九是变换工作的“改行人”；二十是随意单干的“负责人”。以上20种人是易发生违章现象的人群。工作中要时刻抓住“人”这个关键因素，根据不同的作业任务、时间、地点、环境和人物对违章现象对症下药，科学采取措施，消除违章，防范事故。

（二）物的不安全状态是造成违章现象的直接原因

所有的物的不安全状态，都与人的不安全行为或人的操作、管理失误有关。通过分析，在物的管理方面，主要存在的问题有：有的岗位和设备对机械能、电能、热能、化学能、声能、光能等能量发生意外释放没有预防控制方法；部分新设备在制造时对能量意外释放没有屏蔽或约束措施，存有本质不安全状态；部分现场和设备没有防护措施，人员意外的进入不安全场所导致伤害；有的设备或建筑场所把关不严，没有严格落实安全技术措施的标准；现场执行安全技术措施时，违反或没有执行消除、预防、减弱、隔离、连锁、警告的安全技术措施优选顺序，在操作时不能实现“机宜人、人适机、人机匹配”系统合理匹配原则。

（三）安全管理不到位是违章的决定因素

首先是安全管理制度尚不健全，有的领导、部门管理人员没有明确各自承担的责任和义务，只是对基层管理指标、责任进行了要求。其次是有的安全管理人员素质尚达不到要求，提高这部分人员的素质是实现安全的重要保证。其三是安全管理模式达不到工作要求。要改变重事故处理轻事故预防模式，做到安全管理的重心前移，对待问题、隐患、违章的重视程度和整治力度，要像对待抢险那样刻不容缓、全力以赴；其四是引进的科技应用技术在安全管理方面还比较薄弱。

（四）现场监督检查不到位是制约反违章的重要因素

通过对部分现场安全管理情况分析，部分安全监督管理人员技术素质及管理方式等方面，还存在部分问题：一是部分监督人员监督检查没重点，盯住了劳保护具穿戴等相对静态和容易辨识的表观违章行为，不善于通过观察分析和预判，及时发现纠正隐藏在直接作业过程中动态的和隐蔽性较强的潜在不安全行为；二是工作方法欠妥当，说服教育不及时，检查效果差；三是个别监督人员工作定位不准、责任心不强、工作不积极，不严格按照标准和制度办事，以至于有些违章不能及时纠正。

三、违章的防控措施

（一）建立工作机制

1. 完善安全规章制度， 健全组织机构

根据国家安全生产法律法规和公司安全生产工作要求、生产实践发展、电网技术进步、管理方式变化、反事故措施等，及时修订补充安全规程规定等规章制度，从组织管理和制度建设上预防违章。各单位应成立反违章工作领导机构，负责制订本单位反违章工作目标、重点措施、奖惩办法和考核规则，并为反违章工作开展提供人员、资金和装备保障。组建反违章纠察队，实施本单位反违章工作，各级安监部门是本单位反违章工作领导机构办公室，负责反违章工作的归口管理，对反违章工作进行监督、评估、考核。

2. 健全安全培训机制

分层级、分专业、分工种开展安全规章制度、安全技能知识、安全监督管理等培训，从安全素质和技能培训上提高各级人员辨识违章、纠正违章和防止违章的能力。充分调动基层班组和一线员工的积极性、主动性，紧密结合生产实际，鼓励员工自主发现违章，自觉纠正违章，相互监督整改违章。安全教育要有针对性，要与典型事故案例相结合，不断剖析事故根源，做到举一反三。

3. 执行违章 “说清楚”

对查出的每起违章，应做到原因分析清楚，责任落实到人，整改措施到位。对反复发生的同类性质违章，以及引发安全事件的违章，责任单位要到上级单位“说清楚”。

4. 建立违章曝光制度

在网站、报刊等内部媒体上开辟反违章工作专栏，对事故监察、安全检查、专项监督、违章纠查等查出的违章现象，予以曝光，形成反违章舆论监督氛围。

5. 开展违章人员教育

对严重违章的人员，应集中进行教育培训；对多次发生严重违章或违章导致事故发生的人员，应进行待岗教育培训，经考试、考核合格后方可重新上岗。

6. 推行违章记分管理

根据违章种类和违章性质等因素，分级制订违章减分和反违章加分规则，并将违章记分纳入个人和单位安全考核以及评选先进的依据。

7. 开展违章统计分析

以月、季、年为周期，统计违章现象，分析违章规律，研究制订防范措施，定期在安委会会议、安全生产分析会、安全监督（安全网）例会上通报有关情况。

8. 深入开展反违章活动

各级领导应带头遵守安全生产规章制度，积极参与反违章，按照“谁主管、谁负责”原则，组织开展分管范围内的反违章工作，督促落实反违章工作要求。各级规划、设计、物资、生技、农电、基建、营销、调度等安全生产保证体系部门，按照“谁组织、谁负责，谁实施、谁负责”原则，负责本专业管理范围内的反违章工作。各单位要总结反违章活动工作经验，根据国家及公司安全工作部署，深入开展安全生产专项活动，组织开展“无违章企业”、“无违章班组”、“无违章员工”等创建活动，大力宣传遵章守纪典型，广泛交流反违章工作经验，形成党政工团齐抓共管氛围。各单位每位员工都应自觉遵守安全工作规程规定，深刻认识到“违章就是事故之源，违章就是伤亡之源”，积极主动参与反违章，建立反违章工作的群众基础。

9. 大力开展标准化作业

在作业系统调查分析的基础上，将现行作业方法的每一操作程序和每一动作进行分解，以科学技术、规章制度和实践经验为依据，以安全、质量、效益为目标，对作业过程进行改善，从而形成一种优化作业程序，逐步达到安全、准确、高效、省力的作业效果。作业实现了标准化，自然就减少甚至控制了违章。

（二）开展监督检查

（1）各单位应加强反违章工作监督检查，建立上级对下级检查、同级安全生产监督体系对安全生产保证体系进行督促的监督检查机制。

（2）反违章监督检查应通过事故监察、安全检查、专项监督、违章纠查等形式，采取计划安排、临时抽查、突击检查等方式组织开展。

（3）根据实际需要，应安排或聘请熟悉安全生产规章制度、具备较强业务素质、反违章工作经验且责任心强的人员，组成反违章监督检查专职或兼职队伍。

（4）各单位制定反违章监督检查标准，明确监督检查内容，规范监督检查流程，建立反违章监督检查标准化工作机制。

（5）配足反违章监督检查必备的设备（如照相、摄像器材，望远镜等），保证交通工具使用，提高监督检查效率和质量。

（6）反违章监督检查一旦发现违章现象，应立即加以制止、纠正，说明违章判定依据，做好违章记录，必要时由上级单位下达违章整改通知书，督促落实整改措施。

（7）建立现场作业信息网上公布制度，提前公示作业信息，明确作业任务、时间、人员、地点，主动接受反违章现场监督检查。

（三）严格奖惩制度

（1）各单位应按照精神鼓励与物质奖励、批评教育与经济处罚相结合的原则，以奖惩为手段，以教育为目的，建立完善反违章工作考核激励约束机制。

（2）各单位对反违章工作成效显著，或及时发现纠正违章现象、避免安全事故发生的部门、工区、班组和个人，应给予通报表扬和物质奖励。

（3）各单位建立无违章个人、班组、工区、部门和企业标准，定期开展评选工作，对达到标准要求的，可授予年度“无违章个人、班组、工区、部门、企业”称号，给予通报表扬和物质奖励。

（4）各单位对反违章工作组织不力、效果不好的部门、工区以及违章班组、个人，应给予通报批评、经济处罚、待岗教育等形式的处罚。

（5）各单位应将本单位及相关部门反违章工作纳入安全生产绩效考核。

四、习惯性违章的特点及防控措施

违章不一定会导致事故，但事故一定是违章造成的。违章是发生事故的起因，事故是违章导致的后果。许多人往往忽略违章带来危险的可能性，而习惯违章。习惯性违章作业使人有章不循，对事故失去警惕性，最终必然导致事故发生，直接危害职工生命及电网的安全经济运行，有损于国家和企业的利益，对自己、对他人、对企业、对国家都危害甚大。

（一）习惯性违章的定义

习惯性违章大多属于行为违章范畴。所谓习惯性违章，是指那些固守旧有的不良作业传统和工作习惯，违反安全工作规程的行为。通俗点讲是那些在操作中沿袭不良习惯和错误做法而在现场作业或施工过程中违反安全规章制度的行为。

（二）习惯性违章的特点

1. 习惯性违章具有一定的顽固性

习惯性违章是一种习惯性的动作方式，它具有顽固性的特点。只要操作人员的不良习惯动作不纠正，习惯性违章行为就会反复发生，直到发生事故。例如在杆塔上往下抛扔工器具、材料时砸伤了地面工作人员，现场指挥却批评杆塔上人员“你为什么不看看下面再扔!”安全规程上规定是“必须用绳索将物件放下、严禁抛扔”。显然，指挥者与操作者都犯了习惯性违章行为的错误。所以，反习惯性违章并不是件易事，只有严格执行“安规”，加强学习，努力克服不良习惯才能得以纠正违章。

2. 习惯性违章有一定的潜在性

一些习惯性违章行为往往不是当事者有意所为，而是习惯成自然的结果。在事故案例分析中发现，尽管事故责任者上杆塔后按规定系了安全带并固定在可靠的铁构架上，但在对接塔件连接时，习惯地用手指去摸两对接塔件的眼位，结果由于铁件的移动切掉了插入的手指。这说明事故当事人在长期的作业中养成了这种不良的习惯性违章动作，也因未发生过事故，所以直到发生事故才明白自己的违章行为多么可怕。我们要杜绝习惯性违章就需要拿出毅力来控制自己，持之以恒，才能达到理想效果。

3. 习惯性违章具有一定的历史继承性

从一些有习惯性违章行为的职工身上进行分析，他们的一些习惯性违章行为并不是自己“发明”的，而是从一些老职工身上“学”来的。看到老职工习惯性的违章操作“既省力，又没出事”，自己也盲目地效仿。所以，我们所有的职工都要引以为戒，从克服自身的习惯性违章行为做起，帮助身边的职工纠正不良的习惯性违章行为，割断“一脉相承”的历史继承性，彻底纠正一切习惯性违章行为。

4. 习惯性违章具有一定的排他性

我们经常发现一些职工对安全规程学不进或不遵守，只是遇到“安规”考试时，为取得上岗证而临时学一下，甚至考试时找别人的试卷抄一下，“混”个合格。事后，还是“我行我素”。这些人总以为安全规程可有可无，一直认定自己的习惯性方式“管用”、“有效”，所以他们坚持顽固守旧的不良传统，不愿意接受新的工艺和操作方式。所以习惯性违章具有一定的排他性。我们必须更新观念，破除陈旧观念，变旧的不良习惯为遵章守规的良好习惯，才能真正减少、控制甚至杜绝违章，确保安全。

（三）习惯性违章的心理现象分析

1. 侥幸心理

伤害事故是一种小概率事件。一次或多次不安全行为不一定会导致伤害，一些职工偶尔习惯性违章没有受到伤害，就认为自己运气好，不会出事故，或者得出了“这种行为不会造成事故”的结论。要想确保事故为零的目标，就必须杜绝违章行为和消除一切事故隐患，从源头上遏制事故。实际工作中，这一规律却被部分人曲解了，认为一两次违章没有什么，不一定发生事故，于是对违章行为习以为常，慢慢地就形成了习惯性违章。

2. 蛮干心理

其表现为嫌麻烦，怕费劲，图方便，明知故犯，不遵守安全规程，无视安全管理制度，在不采取任何安全措施或安全措施不全的情况下冒险作业。如高空作业必须系安全带，但一些员工图省事，不系安全带。虽然一般情况下侥幸没有出事，但在一定条件下就有可能引发事故。

3. 从众心理

每次违章并不是必定会发生事故，这就给人们造成一种错觉，好像事故是偶然的，违章违纪其实并没有什么危险。特别是一些新参加工作的员工，由于安全教育培训不足，未能掌握基本的安全知识，以致安全意识不强，安全技术素质差，对违章违纪的危害性和危险性认识不足，缺乏安全防护技能，看见别人违章了没有发生事故，也就跟着学，随大流，在特定的范围内也就形成了习惯性违章见惯不怪的不良风气。

4. 无所谓心理

部分员工安全意识淡薄，自我保护意识差，不执行安全规程，经常凭经验、按习惯工作，对违章行为持无所谓态度，过高看重行为后果的价值，而又过低估计自己失败的可能性，认为一两次违章不会发生事故，久而久之，也就形成了习惯性违章行为。

5. 盲目无知心理

盲目无知心理往往反映在新职工、新转岗的职工和部分文化程度较低的职工身上。这些人员平时不注意加强学习，对每项工作程序应该遵守的规章制度不了解或一知半解，对工作中的各种不安全因素和各种违章行为的危险性认识不足，工作起来凭本能、热情，作业中糊里糊涂违章，糊里糊涂出事，根本不知道错在哪里。

6. 逞能心理

一些职工熟悉岗位技能、有工作经验，理论上有一套，操作知识也都知道，产生骄傲自满思想，认为有关作业规定和程序对自己来说都是不必要的“小菜一碟”，别人不敢违章，自己“技高胆大”，违章操作才显“英雄本色”，结果造成事故。

7. 取巧心理

有的职工脑子活，为了抢时间赶工作进度，图省时省劲，投机取巧，简化操作过程、减少施工工序等，置安全措施于不顾，从而造成违章。

8. 麻木心理

个别职工因长期、反复从事同一工作，工作热情减退，积极性不高，工作应付了事，安全处于被动状态。发现安全工器具有问题也不及时更换或修理，使安全设备缺乏可靠性；发现他人违章也不制止，认为就算发生不幸也轮不到我头上，久而久之就有可能发生事故。

（四）习惯性违章的主要防控措施

（1）加强职工的技术培训，提高全员的业务技术水平，使照章办事成为每个职工的自觉行为。要提高职工的现场工作技能。目前生产现场操作普遍具有技术含量高，技能要求全面的特点。针对个别职工在某个专业方面操作技能上的不足，举办操作规程、现场安全用电操作基础知识、消防灭火知识等专业培训班，提高现场作业人员的工作技能，彻底纠正那些过去由于对操作规程不了解、不熟悉，长期不认真执行规程和错误执行的操作方法，防止因不懂规程、盲目操作而引起的习惯性违章作业。

（2）健全安全生产管理制度。制定可行的规章制度，使全员有章可循，真正树立我为人人、人人为我的良好职业道德。

（3）充分发挥安全监督网作用，落实安全检查制度。安全生产制度要靠好的监督机制来保证执行，除各类安全大检查外，还应要求各级安全监督人员经常到现场检查安全措施落实情况，检查“两票三制”执行情况，对现场工作人员讲解安全注意事项。工作人员每次开工前对作业的安全措施进行检查，检查工器具的完好情况，检查劳保用品的佩戴情况，检查现场安全围栏、安全警告牌是否设置妥当。这样从外部和内部两方面进行安全检查，才能及时发现及改正问题。

（4）加强班组安全管理，组织好班组安全活动。班组每周定期组织安全活动，学习安全生产规章制度和安全通报、简报，表扬安全生产方面的好人好事，批评违章现象。结合本班组具体情况，对各类不安全情况进行分析、讨论，制订防范措施。针对别人发生的事故，要举一反三，检查自己的行为，制订出防范措施，防止同类事故的发生。

(5) 加强安全生产教育，强化职工的安全意识。开展好安全教育，可以增强职工遵章守纪的自觉性。企业应采用多种形式进行安全生产教育和反习惯性违章宣传，制订安全学习计划，组织学习安全生产法律、法规和有关安全生产制度。在现场和班组粘贴安全标语、安全漫画、安全宣传图片等安全生产宣传资料，不定期组织职工参观安全事故教育展览。注重被违章处罚人员的安全教育，对青年职工结合岗位培训，加强其对习惯性违章的认识。对老职工则引导其克服盲目工作，增强其遵守安全规程的自觉性。对胆大妄为的职工应劝告其珍惜自己和他人的生命，保障财产安全，防止悲剧的发生。对待每一项工作任务，每位职工要从自己做起，养成严格认真的好作风，坚持“四不伤害”原则，严格执行各类安全生产规章制度。

(6) 严格执行安全考核制度，加大习惯性违章查处力度。要求各级管理人员要严格执行制度，对习惯性违章行为敢抓敢管，做到“宁听骂声，不听哭声”。在处理习惯性违章现象时，不仅要通报批评，还要小题大做，从重处罚。要使工作人员具有“违章即下岗”的危机感、紧迫感，坚决控制习惯性违章现象的蔓延。

第四节　作业现场安全风险管控

一、风险管理的概念和目的

(一) 风险的概念

按照风险管理基本理论，所谓风险，是指某一特定危险情况发生的可能性和后果（严重程度）的组合；危险是指可能导致伤害或疾病、财产损失、工作环境破坏或这些情况组合的根源或状态，也称为风险因素、危险点或事故隐患。

风险因素又可以称为危险因素、危险源，是指在现场作业中有可能对人造成伤亡、影响人的身体健康甚至导致疾病的地点、部位、场所、工器具或动作等。只要进行现场作业，就一定会存在危险因素。事故的发生与危险因素直接相关。

安全管理的实质是风险管理。安全事故的发生，归根结底是由于人的不安全行为、物的不安全状态、环境的不安全因素所致，这些因素的存在就是安全风险、就是事故隐患。安全管理的目的就是要分析、辨识和控制这些隐患和风险，最大限度地减少风险失控导致事故发生。

（二）作业现场安全风险

作业现场安全风险管理主要指单位、班组、个人等结合专业特点和工作实际，辨识作业现场存在的危险源，有针对性地落实预防措施，控制作业违章、误操作、人身伤害等安全风险，保障作业全过程的安全。作业安全风险管理的关键是危险源辨识和预控。作业现场风险辨识（危险源辨识）是安全风险管理的基础，是首要环节。国家电网公司《反事故斗争二十五条重点措施》要求“加强全员安全教育，强化安全意识，增强安全素质。掌握安全规程，提高危险识别和防范能力。”为有效防止事故的发生必须教育和引导基层生产单位、班组及员工结合专业特点和工作实际，辨识作业现场存在的危险源，有针对性地落实预防措施，控制作业违章、误操作、人身伤害等安全风险，保障作业全过程的安全。

实施安全风险管理，建立风险预警机制，积极推行作业危险点分析预控，是建立安全生产长效机制、规避和化解安全事故风险、提升企业安全工作水平的根本途径。

（三）安全风险管控的目的

实施安全风险管控的目的是建立健全符合企业实际的安全预控机制，整体提高企业安全管理水平。牢固树立“任何风险都可以控制”的理念，坚持“以人为本、实事求是、注重实效、稳步推进”的基本原则，贯彻“分专业、分层次、抓培训、理流程、建机制、抓落实”的工作思路，充分认识实施安全风险管控、建立安全风险管控体系的长期性、艰巨性，密切结合企业安全生产实际和安全管理基础，以工程、系统、企业等为管理对象，分别实施危险源辨识、风险分析、风险评估、风险控制，从而达到控制风险、预防事故、保障安全的目的。

正确理解安全风险管控、是对以往安全工作和现有的安全管理手段的总结、提炼、延伸，是突出预防为主、实施过程控制、改进管理绩效的科学手段，而不是另搞一套。实施风险管控要处理好风险管控与现有危险点分析、标准化作业、安全性评价等方法之间的关系，结合日常安全工作，学会自觉运用风险管控的方法，达到发现危害、控制风险、预防事故、保障安全的目的。

二、作业现场安全风险的分类

根据生产作业安全风险形成的主要原因，将其分为管理类风险和作业行为类风险两类。

（一）管理类风险

管理类风险主要指计划编制、作业组织、现场实施阶段相关领导和管理人员由于管理不到位，致使关键环节、关键节点失控而造成安全事故的风险。主要包括：

(1) 计划编制过程中因考虑不周全导致发生计划遗漏、重复停电、不均衡、时期不当、计划冗余和电网运行风险等。

(2) 作业组织过程中因管理不到位发生任务分配不合理、人员安排不合适、组织协调不力、方案措施不全面、安全教育不力等。

(3) 现场实施过程中，因领导干部和管理人员未按照到岗到位标准深入现场检查、监督、指导和协调等。

（二）作业行为类风险

作业行为类风险主要指现场实施阶段由于管理人员、关键岗位人员、具体作业人员违反《电力安全工作规程》等规程规定或行为不规范而造成安全事故的风险。主要包括：

(1) 发生触电、高处坠落、物体打击、机械伤害等人员伤害事故风险。

(2) 发生恶性电气误操作，一般电气误操作，继电保护及安全自动装置的人员误动、误碰、误（漏）接线，继电保护及安全自动装置的定值计算、调试错误，以及验收传动误操作等人员责任事故风险。

三、开展作业现场安全风险管控的方法和手段

开展作业现场风险管控首先要查找作业现场存在的风险，然后是对作业现场的风险进行辨识和评估，最后才能根据辨识和评估出的风险制订相应的防范措施，发布相应的预警信息，提醒相关单位对现场安全风险采取有效的控制，从而避免风险控制失败发展成为事故。

（一）作业现场风险辨识

1. 开展作业现场风险辨识的方法

开展作业现场风险辨识，辨识危险因素，就是把运行系统、设备和设施存在的缺陷和危险因素以及工作过程中人的不安全行为（包括习惯性违章）查找出来。以防止电网运行方式安排不当，在临时方式、过渡方式、检修方式等特殊方式下由于控制措施不合理，以及外力破坏而造成电网停电的风险。以防控人身触电、高处坠落、物体打击、机械伤害、误操作等典型事故风险为重点，从管理类和作业行为两方面分析和识别生产作业活动动态风险。

2. 制订作业现场风险辨识控制表

制订作业现场风险辨识控制表就是把整个现场作业的过程、工作环节列举出来，对每个过程、环节加以识别和分析，查找包含存在的影响电网、设备及人身安全因素、危险源点和其他可能影响安全的薄弱环节，拟订需提醒有关部门（单位）注意和重视的防范安全风险的措施和事项。

作业现场风险辨识控制样表示例见附录六。

（二）风险评估

风险评估的主要任务是以防止人身伤害和人员责任事故为主线，从生产环境、机具与防护、人员素质、现场管理、安全生产综合管理等方面，全面评估施工现场安全生产条件、安全管理和安全控制状况，客观评价安全风险程度，后果严重程度，发生的可能性，有效控制人身伤亡、设备损坏、供电中断等事故风险。重点工作有：

（1）生产单位、班组对所属生产设备、设施、环境、工器具等方面的静态安全风险开展全面识别；对现场作业风险运用风险分析、作业标准化、安全措施交底以及员工自主风险辨识控制等手段进行有效控制。

（2）供电企业组织对生产单位、班组的人员素质和安全管理风险开展识别，对作业现场进行监督查评，建立风险管理数据库，为企业风险评估提供基础资料。

（三）发布风险预警信息

（1）对于可能发生人身伤害事故和有人员责任的电网和设备事故的作业安全风险，建立安全预警机制，加强对生产过程风险预控。

（2）风险预警实行分类、分级管理，形成以企业、车间、班组为主体的风险预警管理体系。

（3）风险预警内容由主题、事由、时段、风险分析、控制建议措施、各部门（单位）响应措施等组成。

（4）建立风险预警跟踪机制，加强风险预警执行情况的检查和指导。

例如，生产单位负责对其上报的设备停电计划风险进行控制，对实施其停电计划过程中有可能带来的风险发布预警信息。

生产作业风险预警通知书样例见附录七。

（四）风险控制

企业应结合风险类别和管理职责，落实不同的风险控制措施，如对人员违章等行为性安全风险，主要从加强培训教育和考核、提高安全意识和技能方面落实措施；对组织措施不落实、管理制度不完善等管理性安全风险，主要从增加安全投入、加快电网建设、实施技术改造等方面落实措施。

1. 分层控制

主要任务是以防控人身触电、高处坠落、机械伤害和误操作等典型事故风险为重点，组织开展输电、变电、配电和调度等专业领域典型作业项目的危险因素辨识，制订并落实风险控制措施。重点工作如下：

（1）各供电企业组织生产单位、班组，针对作业人员、设备、环境、工器具、劳动防护和作业过程开展示范分析，找出作业过程的全部危险因素，建立各专业作业风险辨识范本，作为开展作业安全风险控制的参考依据。

（2）生产单位、班组依据作业风险辨识范本，结合具体作业安排，现场勘察结果以及风险库资料，分析提炼本次作业的主要危险因素，制订作业风险分析及控制表（或作业风险分析预控卡），对照控制措施要求，在作业全过程实施预先风险控制，并根据环境、人员等工作条件变化及时做出调整。

（3）各单位总结分析作业风险管理中发现的问题，对“两票”、“四措一案”、标准化作业书、危险点分析预控措施等现场作业控制制度、文件进行有效整合和规范，使作业风险控制措施简洁、实用、可靠、有效，避免作业安全控制措施重复和繁琐。

2. 分类控制

企业应结合风险类别和管理职责，落实不同的风险控制措施。如对人员违章等行为类安全风险，主要从加强培训教育和考核、提高安全意识和技能等方面落实措施；对组织措施不落实、管理制度不完善等管理类安全风险，主要从加强和完善安全管理机制方面落实措施。风险控制措施如下：

（1）相关部门和单位按照工作职责和流程管理，针对生产作业风险，从计划、组织、实施阶段拟订指导性预防措施，包括工作方案、措施制订、人员组织、资源调配等情况。

（2）组织学习工作方案，开展安全交底，组织现场勘察，制订并落实具体控制措施。

（3）严格执行“两票三制”，明确工作内容、工作范围、安全措施、主要风险、防范措施等。

（4）强化现场组织协调，工作负责人、专责监护人切实履行职责，有序开展工作。

（5）领导干部和管理人员到岗到位，指导现场工作，及时协调和解决现场工作出现的情况和问题。

（6）加强现场监督，及时指出和制止违章，执行违章考核。

四、作业现场安全风险管控流程

（一）作业组织过程风险控制

作业组织主要风险包括作业计划编制因考虑不周全导致发生计划遗漏、重复停电、不均衡、时期不当、计划冗余和电网运行风险等。作业组织过程中因管理不到位发生任务分配不合理、人员安排不合适、组织协调不力、方案措施不全面、安全教育不力等。作业现场实施过程中因领导干部和管理人员未按照到岗到位标准深入现场检查、监督、指导和协调等。

生产管理部门在任务安排时，要严格执行月、周工作计划，系统思考人员配备、设备材料、工具物品的合理调配。综合分析时间与进度、质量与安全的关系，合理布置日工作任务，明确现场作业风险控制措施，确保风险控制措施落实到位。在进行资源调配时，须满足现场实际工作需要，考虑班组承载力，合理安排作业力量。提供必要的设备材料、备品备件、车辆、机械、作业机具以及安全工器具、安全防护装备等，满足现场风险控制措施需要。同时应组织协调好停电手续办理，落实动态风险预警措施，做好外协单位或需要其他配合单位的联系工作。

生产单位在制订现场组织方案时，应根据现场勘察结果制订施工“四措”、现场作业书。危险性、复杂性和困难程度较大的作业项目方案，应结合现场实际，经本单位分管生产领导（总工程师）批准后执行。接到风险预警信息后，应按照风险辨识结果，结合现场实际情况，落实防范措施，控制现场作业风险。现场工作实施前，工作负责人应组织作业人员（含外协人员）、相关管理人员进行交底，明确工作任务、作业范围、安全措施、组织措施、技术措施、作业风险及管控措施。

（二）现场实施过程风险控制

现场实施过程中主要风险包括电气误操作、继电保护“三误”、触电、高处坠落、机械伤害等。

作业人员在作业前经过安全交底并掌握风险控制方案。危险性、复杂性和困难程度较大的作业项目，作业前必须开展现场勘察，填写现场勘察单，明确需要停电的范围、保留的带电部位、作业现场的条件、环境及其他作业风险和注意事项。

运行人员进行电气操作时严格执行操作票制度，解锁操作应严格履行审批手续，并实行专人监护。工作许可人在布置安全措施时，应根据工作票的要求在工作地点或带电设备四周设置遮栏（围栏），将停电设备与带电设备隔开，并悬挂安全警示标示牌。严格执行工作票制度、工作许可制度、工作监护制度、工作间断和终结制度，正确使用工作票、动火工作票、二次安全措施票和事故应急抢修单。

工作负责人组织召开开工会，交代工作内容、人员分工、带电部位和现场安全措施，告知风险预警通知、危险点及防控措施，落实风险防范措施。安全工器具、作业机具、施工机械检测合格，特种作业人员及特种设备操作人员持证上岗。对多专业配合工作要明确总工作协调人，负责多班组各专业工作协调。负责作业、交叉作业、危险地段、有触电危险等风险较大的工作要设立专责监护人员。严格执行安全规程，严格现场安全监督，严格作业现场接地线使用管理，不走错间隔，不误登杆塔，不擅自扩大工作范围。全部工作完毕后，拆除临时接地线、个人保安接地线，恢复工作许可前设备状态。

作业计划现场实施时，相关领导干部和管理人员根据具体工作任务和风险度高低到岗到位。

作业风险管控流程图见附录八。

五、建立风险管控机制

实施风险管理的目的是建立健全符合企业实际的风险管控机制。牢固树立“任何风险都可以控制”的理念，充分认识实施安全风险管理、建立安全风险管理体系的长期性、艰巨性，密切结合企业安全生产实际和安全管理基础，注重简便性、时效性、可操作性，杜绝形式主义。

（一）建立分层次的风险防控机制

按照各自管理职责的工作特点，不同管理层次负责控制不同程度和类型的作业安全风险，逐级落实安全责任。各单位以防止作业组织过程风险为首要任务，重点防控大面积停电事故风险。生产单位、班组重点控制作业实施过程中的违章、误操作、人身伤害等各类作业安全风险。

（二）建立分专业的风险防控机制

发挥安全保证体系和安全监督体系的共同作用，结合各自管理职责和工作特点，形成专业配合并各负其责的安全风险防控机制。安监部门负责牵头制订安全风险管理总体方案和工作计划，组织开展宣贯培训和风险评估，监督落实风险防控措施；调度、生产、营销、农电、基建等部门按照“谁主管、谁负责”的原则，负责管理范围内的电网、供电、人身、设备等各类安全风险的辨识、分析和防控工作，落实各自职责和义务。

（三）建立持续改进的工作机制

建立完善有效的安全风险管理体系，关键在于持之以恒、常抓不懈、不断改进。要按照管理体系的 PDCA 循环模式，认真组织制订各阶段工作计划和实施方案，严格按照计划和方案开展工作，注重加强过程监督和偏差纠正，在总结提炼的基础上，采取切实有效的措施，实现下一轮工作的持续改进，不断提高企业安全管理水平。

第五节 两 票 三 制

一、两票三制的概述

“两票三制”是电力安全生产保证体系中最基本的制度，是在安全生产实践的不断探索总结出来的成功经验。国家电网公司《安全生产工作规定》规定：“输变电、供电、发电企业及在输变电、供电、发电企业内工作的其他组织、个人必须按规定严格执行‘两票三制’和设备缺陷管理等制度”。这里所说的“两票”是指工作票、操作票；“三制”是指交接班制度、巡回检查制度、设备定期试验轮换制度。

“两票三制”的作用绝不仅仅是在人为责任事故发生之后，进行案例分析和追查事故责任的依据，其核心作用是在加强安全规程规定培训的基础之上，通过明确各级人员的安全职责，强化工作责任心、安全意识、自我保护意识，认真执行作业前技术和安全交底，规范作业人员行为，在整个作业的过程中落实各项安全措施，有效防范触电、高处坠落等人身伤亡事故和各类人员责任事故。各级人员是否严格执行“两票三制”是衡量和考核电力企业生产安全基础工作的重要内容。

二、工作票

（一）工作票的概念

工作票是指批准在电气设备上进行工作的凭证，是工作人员履行工作许可、监护、工作间断、转移及终结手续的书面依据，是不同于口头命令或电话命令的书面命令形式。因此，在电气设备上工作，应填用工作票或事故应急抢修单。事故应急抢修单也属工作票范畴。

（二）工作票的分类

在电气设备上的工作，依据其使用工作地点不同，可分为两类，即在变电设备上的工作和电力线路上的工作。

1. 变电设备上的工作， 工作票方式有六种

(1) 变电站（发电厂）第一种工作票。

(2) 电力电缆第一种工作票。

(3) 变电站（发电厂）第二种工作票。

（4）电力电缆第二种工作票。

（5）变电站（发电厂）带电作业工作票。

（6）变电站（发电厂）事故应急抢修单。

2. 电力线路上的工作，工作票方式有六种

（1）电力线路第一种工作票。

（2）电力电缆第一种工作票。

（3）电力线路第二种工作票。

（4）电力电缆第二种工作票。

（5）电力线路带电作业工作票。

（6）电力线路事故应急抢修单。

（三）工作票的使用

1. 工作票的内容

工作票的内容一般包括工作票编号、工作负责人、工作班成员、工作地点和工作内容，计划工作时间、工作终结时间，停电范围、安全措施，延期、中断，工作许可人、工作票签发人等。

工作票（包含动火工作票）签发人、工作负责人、工作许可人的基本要求应符合"安规"中规定的基本条件，应每年对上述人员进行考核审查并书面公布。

2. 工作票的填写

（1）工作票由工作负责人填写，也可以由工作票签发人填写。工作票的填写与签发可采用电子签名，其他应采用人工签名。

（2）已签发的工作票，未经签发人同意，不得擅自修改。

（3）工作票应使用统一格式，统一使用 A4 纸。应使用黑色或蓝色的钢（水）笔或圆珠笔填写，也可用计算机生成或打印，内容应正确，填写应清楚，不得任意涂改。如有个别错、漏字需要修改，应使用规范的符号，字迹应清楚。每份工作票签发方和许可方修改均不得超过 2 处，但设备名称、编号、接地线位置、日期时间、动词等不得改动。错、漏字修改应使用规范的符号，字迹应清楚。填写有错字时，更改方法为在写错的字上划水平线，接着写正确的字即可。审查时发现错字，将正确的字写到空白处圈起来，将写错的字也圈起来，再用线连接。漏字时将要增补的字圈起来连线至增补位置，并画"∧"符号。工作票不允许刮改。禁止用"……"、"同上"等省略填写。

3. 工作票的签发

工作票由设备运行（管理）单位签发，也可由经设备运行（管理）单位审

核合格且经批准的修试及基建单位签发。本单位之外的电气、基建施工企业进入公司系统内所辖生产区域、设施（设备）上进行工作时，应向运行管理单位提交本企业年度公布的工作票签发人、工作负责人名单的有效文件，经核准后在运行管理单位备案。运行管理单位应在备案人员名单内办理相应的工作票“双签发”和工作票许可等手续。外协（施工）单位进入公司系统生产区域、设施（设备）上进行工作时，工程管理单位应对外协施工单位的工作票签发人、工作票负责人审核，并报运行管理单位安监部门审查批复。运行管理单位应在批复人员名单内办理工作票“双签发”和工作票许可等手续。承、发包工程中，工作票应实行“双签发”形式。签发工作票时，双方工作票签发人在工作票上分别签名，各自承担“安规”中工作票签发人相应的安全责任。

4. 工作票的办理

(1) 第一种工作票应在工作前一日（预先）送达运行人员，可直接送达或通过传真、局域网传送，但传真传送的工作票许可应待正式工作票到达后履行。临时工作可在工作开始前直接交给工作许可人。第二种工作票、带电作业工作票及事故应急抢修单可在进行工作的当天预先交给工作许可人。

(2) 值班人员收到工作票后，应及时审查其安全措施是否完备、是否符合现场条件和“安规”规定。经审查不合格者，应要求重新办理。

(3) 变电工作票许可时，工作许可人在完成现场安全措施后，应会同工作负责人到现场再次检查所做的安全措施，对具体的设备指明实际的隔离措施，证明检修设备确无电压。对工作负责人指明带电设备的位置和注意事项。工作许可人和工作负责人在工作票上分别确认、签名。

(4) 线路工作票许可时，工作许可人应在线路可能受电的各方面（含变电站、发电厂、环网线路、分支线路、用户线路和配合停电线路）都拉闸停电，并挂好操作接地线后，方能发出许可工作的命令。

(5) 持线路或电缆工作票进入变电站进行架空线路、电缆等工作，应增填工作票份数，由变电站或发电厂工作许可人许可，并留存。未经调度许可的线路或电缆工作票，变电站不得先行许可。

(6) 工作票许可手续完成后，工作负责人、专责监护人应向工作班成员交代工作内容、人员分工、带电部位和现场安全措施，进行危险点告知，并履行确认手续，方可开始工作。

(7) 工作票一式两份。一份由工作许可人收执，另一份应保存在工作地点，由工作负责人收执。

(8) 对于大型技改、集中检修等施工技术措施复杂的工作，一张工作票所列工作地点超过两个，或由多个工作单位（班组）多专业一起工作，宜采用总工作票和分工作票。总、分工作票格式上与第一种变电工作票一致。分工作票一式两份，由总、分工作负责人分别收执。

（9）在变电站工作时，每日开工和收工：

1）每日收工，工作人员全部撤离工作现场，清扫工作地点，开放已封闭的通路，工作负责人填写收工记录并将工作票交回运行值班人员。收工后未经值班人员许可，工作人员不得擅自进入工作现场。次日复工时，工作负责人应经值班人员许可，取回工作票，重新复核安全措施无误后方可工作。

2）收工后若运行方式变化引起工作现场安全措施变动时，运行值班负责人应封闭工作现场，并提前通知工作负责人办理工作票终结手续。

3）集控管理的变电站，工作现场条件未发生变化时，可在集控中心办理收工开工手续或通过电话办理收工开工手续，并注明办理方式（当面、电话），工作负责人和工作许可人各收执工作票。

（10）第一、二种工作票和带电作业工作票的有效时间，以批准的检修期为限。第一、二种工作票需办理延期手续，应在工期尚未结束以前由工作负责人向运行值班负责人提出申请（属于调度管辖、许可的检修设备，还应通过值班调度员批准），由运行值班负责人通知工作许可人给予办理。第 、二种工作票只能延期一次。带电作业工作票不准延期。

5. 工作票的其他要求

（1）一张工作票中，工作票签发人、工作负责人和工作许可人三者不得互相兼任。一个工作负责人不能同时执行多张工作票，工作票上所列的工作地点，以一个电气连接部分为限。

（2）工作票有破损不能继续使用时，应补填新的工作票，并重新履行签发许可手续。

（3）工作票有破损不能继续使用时，应补填新的工作票，并重新履行签发许可手续。

（4）对未执行的工作票，在其编号上加盖“未执行”章，在备注栏说明原因。

（5）已终结的工作票、事故应急抢修单应保存1年。

（四）工作票的评价

工作票填写有下列情况之一者应视为不合格：

（1）工作票类型使用错误。

（2）工作票未按规定编号，工作票遗失、缺号，已执行的工作票重号。

(3) 工作成员姓名、人数未按规定填写。

(4) 工作班人员总数与签字总数不符又不注明原因。

(5) 工作任务不明确。

(6) 所列安全措施与现场实际或工作任务不符。

(7) 装设接地线的地点填写不明确或不写接地线编号。

(8) 工作票项目填错或漏填。

(9) 字迹不清，对所用动词、设备编号涂改，或一份工作票涂改超过两处。

(10) 工作班人员、工作许可人、工作负责人、工作票签发人未按规定签名。

(11) 工作票中工作现场简图未按规定绘画或绘画错误。

(12) 工作延期未办延期手续，工作负责人、工作班成员变更未按照规定履行手续。

(13) 不按规定加盖“未执行”、“已执行”印章。

(14) 每日开工、收工没按规定办理手续；工作间断、转移和工作终结不按规定办理手续。

(15) 工作票终结未拆除的接地线或未拉开的接地开关等实际与票面不符未说明原因。

(16) 不按规定填写电压等级者。

(17) 有违反《安规》和上级有关规定的均应视为不合格。

三、操作票

(一) 操作票的概念

操作票是运行人员将设备由一种状态转换到另一种状态的书面操作依据。操作票中的操作步骤具体体现了设备转换过程中合理的先后操作顺序和需要注意的安全事项，认真执行操作票制度是实施电气操作的基本安全要求，是防止运行人员发生误操作事故的重要措施。

(二) 操作票的分类

按其性质及应用范围，分为电气操作票、综合操作命令票和逐项操作命令票三种。

1. 电气操作票

变电站根据调度下达的综合操作指令票的操作任务，或者逐项操作指令票的操作项目，自行按现场运行规程或典型操作票填写的作为现场进行电气操作的依据称为电气操作票。但正式操作必须得到调度发布的操作指令后才进行，并严格履行操作人、监护人、运行值班负责人等的审核签字手续。

2. 综合操作命令票

当某一倒闸操作的全部过程，仅在一个变电站或发电厂进行，不涉及其他单位时，可使用综合操作命令票。

3. 逐项操作命令票

当某一倒闸操作的全部过程，要在两个及以上的操作单位进行，调度应对发电厂、变电站下达逐项操作命令票。

（三）操作票的使用

除事故应急处理、拉合断路器的单一操作外的倒闸操作，均应使用操作票。事故处理的善后操作应使用操作票。

1. 操作票填写注意事项

（1）操作票（命令票）应用蓝色或黑色钢（水）笔或圆珠笔逐项填写。用计算机开出的操作票应与手写票面统一；操作票票面应清楚整洁，不得任意涂改。修改时按照有关规定执行，但操作任务、设备编号、动词、序号及时间不许涂改。

（2）操作票（命令票）填写时间应按照24h制，所列时间均手工如实填写。操作票应按编号顺序使用。

（3）断路器、隔离开关、接地开关、接地线、连接片、切换把手、保护直流、操作直流、信号直流、电流回路切换连接片（每组连接片）等均应视为独立的操作对象，填写操作票时不允许并项，应列单独的操作项。

2. 操作票项目术语

（1）断路器（二次自动开关）：断开、合上。

（2）隔离开关：拉开、推上。

（3）熔丝：取下、装上。

（4）接地线、绝缘隔板（罩）：装设、拆除。

（5）保护及自动装置连接片：退出、投入。

（6）手车开关：将××扳手车拉至××位置。

（7）高压熔丝：拉开、合上。

（8）三位置隔离开关（合、分、地三位置联动开关）：接地时：将×××合于接地位置；解除接地状态时：将×××拉至分闸位置。

（9）多位置切换开关：将××切换开关由××位置切至××位置。

（10）电缆肘头：拔出、插入。

3. 应填入操作票的项目

(1) 应拉合的设备 [断路器、隔离开关、接地开关(装置)等],验电,装拆接地线,合上(安装)或断开(拆除)控制回路或电压互感器回路的自动开关、熔断器,切换保护回路和自动装置及检验是否确无电压等。

(2) 拉合设备 [断路器、隔离开关、接地开关(装置)等] 后检查设备的位置。

(3) 进行停、送电操作时,在拉、合隔离开关,手车式开关拉出、推入前,检查断路器确在分闸位置。

(4) 在进行倒负荷或解、并列操作前后,检查相关电源运行及负荷分配情况。

(5) 设备检修后合闸送电前,检查送电范围内接地开关已拉开,接地线已拆除。

(6) 对于无法进行直接验电的设备,可进行间接验电。即通过设备机械位置指示、电气指示、带电显示装置、仪表及各种遥测、遥信等信号的变化来判断。判断时,应有两个及以上的指示,且所有指示均已同时发生对应变化,才能确认该设备已无电;若进行遥控操作,则应同时检查隔离开关的状态指示、遥测、遥信信号及带电显示装置的指示进行间接验电。

4. 操作票检查项目的填写

(1) 断路器断开(合上)后:检查×××断路器三相确已断开(合上)。

(2) 进行停、送电操作时,在拉、合隔离开关,手车式开关拉出、推上前:检查×××断路器确在分闸位置。

(3) 在进行倒负荷或解、并列操作前后:检查相关设备运行正常;检查负荷分配情况。

(4) 隔离开关、接地开关拉开(推上)操作后:检查×××隔离开关三相确已拉开(合上)。

(5) 手车开关(拉出)推上操作后:检查确已拉出(合上);

(6) 操作熔丝装上后:检查×××操作熔丝接触良好。

(7) 检修后的设备恢复备用前,间隔的接地线(接地开关)全部拆除后:检查×××安全措施已全部拆除(必须写明设备编号或间隔编号)。

(8) 对无需操作但必须检查运行状态的断路器或隔离开关:检查×××断路器(隔离开关)三相确在合闸(断开)位置。

(9) 二次并列前:检查一次系统并列。

(10) 合上(断开)TV 二次联络自动开关后:检查×××kV 电压互感器

切换装置变化正常。

（11）拉、合 TV 一次隔离开关（手车），应先检查 TV 二次在断开位置。

（12）对于分相操作的断路器、隔离开关，在检查位置时，应分项填写检查 A、B、C 三相的位置。

（13）电气设备操作后的位置检查应以设备实际位置为准，无法看到实际位置时可通过设备机械位置指示、电气指示、带电显示装置、仪表及各种遥测、遥信等信号的变化来判断。判断时，应有两个及以上不同原理的状态指示，且所有指示（每种原理检查 1 项）均已同时发生对应变化，才能确认该设备已操作到位。检查项目应能直接反映设备的某种特性或状态，不能将只采用一相数据而不能反映三相数据的参数作为对三相检查的依据。以上所有的检查项目都应填写在操作票中作为检查项目。

如对于开关，检查项为：检查×××断路器三相位置指示断开（合上）、遥信变为断开（合上）、遥测电流为××A，确认断路器三相已断开（合上）。

如对于组合电器的隔离开关，检查项为：检查×××隔离开关三相位置指示断开（合上）、遥信变为断开（合上）、带电指示装置显示无电压、确认隔离开关三相已断开（合上）。

（14）其他需要检查的项目。

5. 操作票的执行

（1）操作票填写完毕后，经审核和模拟操作，无误后，方可到现场进行操作。操作票在执行中不得颠倒顺序，也不能增减步骤、跳步、隔步，如需改变应重新填写操作票。在操作中每执行完一个操作项后，应在该项后面划执行符号“√”。整个操作任务完成后，在操作票（最后一项上）上加盖“已执行”章。

（2）执行后的操作票应按值移交，每月由专人进行整理收存。一般要求对已执行的操作票保存一年。

（3）未执行的操作票应在编号上加盖“未执行”章，作为有效票处理。

（4）操作中断（含设备出现异常无法继续操作）时，应在备注栏记录中断时间和中断原因，若因此而引起操作任务变更时，则应按新的操作任务重新填写操作票。原来执行的操作票在终止项上加盖“已执行”章。操作中因故中断时间较长，还应填写间断开始时间（即上一项执行完毕时间）和恢复操作时间（下一项开始时间），并在备注栏写明中断原因。

（5）操作票因故作废应在“操作任务”栏内盖“作废”章，若一个任务使用几页操作票均作废，则应在作废各页均盖“作废”章，并在作废操作票页

“备注”栏内注明作废原因，当作废页数较多且作废原因注明内容较多时，可自第二张作废页开始只在“备注”栏中注明“作废原因同上页”。

（四）操作票的评价

操作票填写、执行中有下列情况之一者统计为不合格票：

（1）不按规定填票、审查、核对；

（2）执行前操作票未预先编号；

（3）操作类型不填写或填写错误；

（4）操作任务不明确，不正确使用双重编号和调度术语；

（5）不属于一个操作任务的填用一份操作票；

（6）操作、检查项目遗漏、顺序错误、不该并项的并项，操作票字迹不清、更改不符合要求；

（7）装、拆接地线地点填写不明确，未填接地线编号或填写错误；

（8）未按照规定在操作票上记录时间；

（9）设备名称、编号、拉、合等关键词修改者；

（10）操作人、监护人、值班负责人未按规定签名，伪造或代替签名者；

（11）已执行的操作票遗失、缺号。

（五）工作票、操作票的统计

（1）值班负责人应在每日交班前对本值所履行的工作票、操作票进行检查。

（2）班（站）长和班（站）安全员应对班（站）所履行的工作票、操作票全过程进行检查、考核。

（3）各部门安全员应经常深入班（站）对工作票、操作票执行情况进行检查考核，统计合格率报安全监察部。

（4）各单位安全监察部每月对工作票、操作票执行情况进行抽查，并对工作票、操作票合格率进行考核、通报。凡在检查中发现履行工作票、操作票有违反《安规》和上述有关规定者，均视为不合格。

（5）工作票、操作票合格率的统计方法：

月合格率＝（已执行的总票数－不合格的总票数）/（已执行的总票数）×100%

四、交接班制度

（一）交接班制度的目的

调度和变电站运行部门进行的交接班工作是保证电网和设备不受人员变动因素的影响，能够不间断连续安全可靠运行的基本条件。

（二）交接班制度的基本要求

交接班制度要求接班人员应熟悉现场情况并有能力在接班后立即正常开展运行工作后方可接班。在交接过程中进行必要的设备巡检和记录查阅以便于接班人员掌握电网和设备的运行状态，了解休班期间在工作范围内的各种情况变化。进行交接班工作必须严格执行有关规定，依照顺序对交接内容（交代运行方式、操作任务、设备检修情况、发生的异常和设备缺陷、安全用具情况、领导和调度命令等）进行全面准确地交接，组织召开班前会、班后会，认真填写交接班记录。

（三）交接班标准程序

（1）交接班人员分列两排，面对面站立，由交班值班长按值班记录进行宣读交接。

（2）接班人员应认真听取交接内容，无疑问后，由接班值班负责人进行分工，然后会同交班人员分别到现场检查，检查应全面到位，不留死角。

（3）接班值班负责人首先核对模拟图板（检查核对监控机上的接线图、信号等情况），全面了解一、二次设备的运行方式，试验中央信号，检查各级母线电压、设备负荷及交直流系统运行情况。检查控制室内的控制、保护二次回路设备和主变压器等主要设备，必要时亲自检查全部设备。审查各种记录、工作票、操作票等。

（4）其他接班人员负责检查设备运行情况及工器具、备品备件、钥匙、安全用具、车辆、环境卫生等，并将检查情况汇报值班长。

（5）检查完毕后，各自应向值班长汇报检查情况。检查中发现的问题须详细向交班人员询问清楚。

（6）完成以上工作后由接班值班长在交接班记录簿上签名，交接班方告结束。

（7）交接班时发现接班人员酗酒或神志不清时不得交班，同时向站（班）长汇报。

（8）接班后，值班负责人应组织本班人员开好班前会，根据系统设备运行及天气等情况，提出本班运行中应注意的事项和事故预想，并布置本班工作，内容如下：

1）对班内的电气操作、设备维护及其他工作进行分工，对上班预开的操作票，审核其正确性。

2）合理安排白班夜班值班人员，应明确监盘及操作人员。

3）对设备存在的薄弱环节、重要缺陷及重负荷设备加强监视。

4）落实上级布置的工作及其他管理工作。

（四）交接班的主要内容和检查重点

1. 交接班主要内容

（1）接班人员上次下班到本次接班期间的工作情况；

（2）管辖站的运行方式、系统潮流、负荷情况、值班日志等；

（3）电气操作执行情况及未完成的操作任务；

（4）当班收到、许可、终结的工作票情况；

（5）管辖站的设备缺陷、异常运行、事故处理情况；

（6）使用中的接地线（接地开关）及装设地点；

（7）管辖变电站一、二次设备的工作情况；

（8）继电保护、自动装置动作和投退变更情况；

（9）管辖变电站电量核算及电能表运行情况；

（10）安全工具、劳动保护及防护用品、工具、仪表、钥匙等使用情况；

（11）记录、图纸、规程、技术资料使用和变动情况；

（12）PMS 系统、微机闭锁系统工作情况；

（13）集控系统、综合报警（防火、防盗及图像监控）系统工作情况；

（14）上级有关通知、指令、工作任务等情况；

（15）通信工具、巡检操作车的情况；

（16）生产办公场所、室内外卫生情况。

2. 接班人员重点检查的内容

（1）查阅上次下班到本次接班的值班记录及有关记录，核对运行方式变化情况；

（2）了解所辖站缺陷及异常情况；

（3）核对接地线编号和装设地点；

（4）检查通信系统良好，计算机系统运行正常；

（5）核对监控机上的接线图、遥测数据、信号等情况；

（6）管辖站负荷潮流情况；

（7）检查、试验监控系统语音告警装置；

（8）上一班维护工作及完成情况；

（9）检查钥匙使用、保管情况；

（10）各类收文、通知的登记及保管情况；

（11）检查办公及生活室内外卫生；

（12）检查通信工具、随车工具、应急灯具状态；

（13）检查车辆情况。

（五）交接班其他规定

（1）如因交班没有交清情况而发生故障，交班与接班人员负有同等责任。

（2）值班人员应该按照现场交接班制度的规定进行交接，未办完交接手续之前，不得擅离职守。

（3）交接班前后各 30min 内，一般不进行重大操作。

（4）在处理事故或电气操作时，不得进行交接班。

（5）交接班时发生事故，应停止交接班，由交班人员处理，接班人员在交班值班长指挥下协助工作。

五、巡回检查制度

（一）巡回检查的目的

巡回检查制度是及时发现设备缺陷及时进行处理的前提，是确保电网和设备安全经济运行的重要环节。

（二）巡回检查的基本要求

巡回检查制度要求值班人员对运行和备用设备及周围环境，按照运行规程的规定，定时、定点按巡视路线进行巡回检查。巡回检查要按规定按时进行检查，巡视到位、检查仔细，对检查中发现的缺陷认真记录并及时通知检修人员进行处理，从而确保检查的质量。

（三）巡回检查工作的主要内容

（1）变电站应编制巡视标准化作业书，并严格执行。

（2）对各种值班方式下的巡视时间、次数、内容，各单位应作出明确规定。

（3）值班人员应按规定认真巡视检查设备，提高巡视质量，及时发现异常和缺陷，及时汇报调度和上级，杜绝事故发生。

（4）变电站的设备巡视检查，一般分为正常巡视（含交接班巡视）、全面巡视、熄灯巡视和特殊巡视。

（5）正常巡视的内容，按本单位《变电运行规程》规定执行，编制本站设备标准化正常巡视、全面巡视检查记录卡。

（6）全面巡视内容主要是对设备全面的外部检查，对缺陷有无发展作出鉴定，检查设备的薄弱环节，检查防火、防小动物、防误闭锁等有无漏洞，检查接地网及引线是否完好。

（7）熄灯巡视主要检查本班所管设备有无过热、放电、电晕情况。还应对所管设备主导流连接部位使用红外线测温仪器有选择地进行测温，每月测量一遍，并做好记录。在高温、重负荷情况下应增加红外测温次数。

（8）遇有以下情况，应进行特殊巡视，其内容如下：

1）大风前后的巡视：引线摆动情况及有无搭挂杂物，检查线夹有无异常，必要时采用相机拍照检查。

2）雷雨后的巡视：瓷套管有无放电闪络现象，避雷器、计数器动作情况，检查房屋是否有漏水现象，各端子箱、机构箱有无进水，设备构架有无倾斜，地基有无下沉，电缆沟有无积水。

3）冰雪、冰雹、雾天的巡视：瓷套管有无放电，打火现象、重点监视污秽瓷质部分；根据积雪融化情况，检查接头发热部位，及时处理冰棒。

4）气温突变时：检查注油设备油位变化、设备有无渗漏油及各种设备压力变化情况。

5）异常情况下（主要指过负荷或负荷剧增、超温度运行、设备过热、系统冲击、跳闸后、有接地故障等）：增加巡视次数，监视设备负荷、油温、油位、接头、主变压器冷却系统，特别是限流元件有无过热、异音等，加强远红外测温监视；重点检查各附件有无变形、引线和接头有无松动及过热、保护有无异常，送电后检查开关内部声音是否正常。

6）设备缺陷近期有发展时：应增加巡视次数，并认真检查，了解缺陷的发展情况，采取相应的措施，作好事故预想。

7）法定节假日：监视负荷及设备状况，对重要设备进行重点巡视，加强保卫等。

8）上级通知有重要供电任务时。

（9）站长应定期进行（参加）巡视。严格监督、考核各班的巡视检查质量。

（四）巡回检查的其他规定

（1）对周期性的巡回检查，应通过实践订出科学的符合实际的岗位巡回检查路线。

（2）巡回检查时，值班人员应携带必要的维护工具。各种巡视检查除了眼看、耳听、鼻嗅、手摸（外壳不带电、无接地故障时）设备外，必要时应使用望远镜、测温仪。

（3）对采用特殊方式运行的系统和设备以及有缺陷的设备，运行中应进行重点检查，并随时掌握缺陷的发展趋势。新设备投入试运行或采用新的运行方式，自然条件变化时，应根据设备异常情况和运行方式的变化，相应增加巡回检查次数。

(4) 经本单位批准允许单独巡视高压设备的人员巡视高压设备时，不准进行其他工作，不准移开或越过遮栏。

(5) 高压设备发生接地时，室内不准（得）接近故障点 4m 以内，室外不准（得）接近故障点 8m 以内。进入上述范围人员应穿绝缘靴，接触设备的外壳和构架时，应戴绝缘手套。

(6) 巡视室内（配电）设备，应随手关门。

(7) 高压室的钥匙至少应有 3 把，由运行人员负责保管，按值移交。1 把专供紧急时使用，1 把专供运行人员使用，其他可以借给经批准的巡视高压设备人员和经批准的检修、施工队伍的工作负责人使用，但应登记签名，巡视或当日工作结束后交还。

(8) 巡视高压设备时，不得移开或越过遮栏，并不准进行任何操作；若有必要移动遮栏，必须有监护人在场，并保持设备不停电时的安全距离。

(9) 巡视室内 SF_6 设备，应先通风 15min 才可进入。

(10) 巡视人员向值班负责人汇报巡视结果及发现问题，经值班负责人核实后按照公司缺陷管理规定向有关人员汇报，并将缺陷内容记入设备巡视记录、值班记录、设备缺陷记录。

六、设备定期试验和轮换制度

（一）设备定期试验及轮换的目的

定期试验及轮换制度是“两票三制”中不应忽视的一项工作，是检验运行及备用设备是否处于良好状态的重要手段。变电站定期对设备及备用设备、事故照明、消防设施进行试验和切换使用，防止设备因长期停用发生绝缘受潮、锈蚀、卡涩而无法随时投入运行。

备用的设备与运行设备一样是“运用中的设备”，通过备用与运行设备的轮换可以及时发现缺陷，及时处理，使之处于良好的备用状态，否则一旦运行设备发生故障，在无备用或少备用设备的情况下，运行人员处理事故时调节余地小，往往会导致事故扩大。

（二）设备定期试验及轮换的一般要求

(1) 变电站内设备除应按有关规程由专业人员根据周期进行试验外，运行人员还应按照要求，对有关设备进行定期的测试和试验，以确保设备的正常运行。

(2) 对于处在备用状态的设备，应定期投入，进行轮换运行，保证备用设备处在完好状态。

(3) 重要的定期试验与切换工作除有操作人、监护人外，部门分管领导、专工应到现场指导。

(4) 对影响运行较大的校验工作，应考虑安排在低负荷时进行，并做好事故预想，制订安全措施。

(5) 在做定期试验和切换工作中，如发现问题应停止操作，恢复原运行方式并进行分析，找出原因提出对策，然后经值班长同意后方可继续试验和切换工作。

(6) 运行值班人员对试验、切换的结果，应记录在专用记录簿内，对试验、切换中发现的缺陷应填写设备缺陷单，联系检修维护部门消除，消除后应做好记录。

(7) 因故不能进行切换、试验工作，应经部门分管主任批准。如重要切换、试验工作恰逢法定假日，应提前或顺延进行，并做好记录。

(8) 调度管理设备的定期切换由调度指挥，运行人员完成。

(9) 根据季节、气候条件完成其他必须进行的切换试验工作。

(三) 设备定期试验制度

(1) 应每日对变电站内中央信号系统进行试验，试验内容包括预告、事故音响及光字牌。集控站应每日对监控系统的音响报警进行试验。

(2) 在有专用收发讯设备运行的变电站，运行人员每天应按有关规定进行高频通道的对试工作。

(3) 蓄电池定期进行测试并进行记录。

(4) 变电站事故照明系统每月试验检查一次。

(5) 运行人员应在每年夏季前对变压器的冷却装置进行试验。

(6) 电气设备的取暖、驱潮电热装置每年应进行一次全面检查。

(7) 装有微机防误闭锁装置的变电站，运行人员每半年应对防误闭锁装置的闭锁关系、编码等正确性进行一次全面的核对，并检查锁具是否卡涩。

(8) 对于变电站内的不经常运行的通风装置，运行人员每月应进行一次投入运行试验。

(9) 变电站内长期不调压或有一部分分接头位置长期不用的有载分接开关，有停电机会时，应在最高和最低分接间操作几个循环，试验后将分接头调整到原运行位置。

(10) 直流系统中的备用充电机应半年进行一次启动试验。

(11) 变电站内的备用站用变（一次不带电）每年应进行一次启动试验，试验操作方法列入现场运行规程；长期不运行的站用变压器每年应带电运行一段时间。

（12）变电站内的剩余电流动作保护器每月应进行一次试验。

（13）变电站内长期不操作的断路器，当有停电机会时，应试断合几次，操作后调整到原运行位置。

（四）设备定期轮换制度

（1）备用变压器（备用相除外）与运行变压器应半年轮换运行一次，不能轮换的长期备用变压器，应带电运行不少于 2h。

（2）母线并列运行，电压互感器正常一组运行，一组备用者，每月轮换一次。

（3）一条母线上有多组无功补偿装置时，各组无功补偿装置的投切次数应尽量趋于平衡，以满足无功补偿装置的轮换运行要求。

（4）因系统原因长期不投入运行的无功补偿装置，每季应在保证电压合格的情况下，投入一定时间，对设备状况进行试验。电容器应在负荷高峰时间段进行；电抗器应在负荷低谷时间段进行。

（5）强油（气）风冷、强油水冷的变压器冷却系统，各组冷却器的工作状态（即工作、辅助、备用状态）应每季进行轮换运行一次。将具体轮换方法写入变电站现场运行规程。

（6）对 GIS 设备操作机构集中供气站的工作和备用气泵，应每季轮换运行一次，将具体轮换方法写入变电站现场运行规程。

（7）对变电站集中通风系统的备用风机与工作风机，应每季轮换运行一次，将具体轮换方法写入变电站现场运行规程。

第五章

电力安全技术

第一节　预防触电事故技术

人体是导体，当人体接触到具有不同电位两点时，由于电位差的作用，就会在人体内形成电流，这种现象就是触电。触电事故往往会造成人员的伤亡和设备的损坏，严重破坏安全生产。

一、电流对人体的伤害

触电伤害的主要形式可分为电击和电伤两大类。

电击是电流对人体内部产生的伤害。当电流通过人体内部器官时，会破坏人的心脏、肺部、神经系统等，使人出现痉挛、呼吸窒息、心室纤维性颤动、心跳骤停甚至死亡。

电伤是电流通过体表时，会对人体外部造成局部伤害，即电流的热效应、化学效应、机械效应对人体外部组织或器官造成伤害，如电灼伤、金属溅伤、电烙印。

电流对人体伤害的程度与通过人体电流的大小、电流通过人体的持续时间、电流通过人体的途径、电流的种类等多种因素有关。一般来讲，电击对人体的伤害比电伤严重得多。触电死亡事故中的绝大多数是由于电击造成的。

二、触电原因的分析

（一）触电类型

人身触电事故的发生，一般不外乎两种情况：一是直接触电，是指人体直接触及或过分靠近电气设备的带电部分；二是间接触电，是指人体碰触平时不带电，但因绝缘损坏而带电的大地、金属外壳或金属构架等。

1. 直接触电

（1）单相触电。当人体直接碰触带电设备其中的一相时，电流通过人体流入大地，这种触电现象称为单相触电。对于高压带电体，人体虽未直接接触，但由于超过了安全距离，高电压对人体放电，造成单相接地而引起的触电，也属于单相触电。这种触电是最常见的触电方式。

（2）两相触电。人体同时接触带电设备或线路中的两相导体，或在高压系统中，人体同时接近不同相的两相带电导体，而发生电弧放电，电流从一相导体通过人体流入另一相导体，构成一个闭合电路，这种触电方式称为两相触电。发生两相触电时，作用于人体上的电压等于线电压，这种触电是最危险的。

（3）其他类型的直接触电。

1）剩余电荷触电。电气设备的相同绝缘和对地绝缘都存在电容效应。由于电容器具有储存电荷的性能，因此在刚断开电源的停电设备上，都会保留一定量的电荷，称为剩余电荷。如果这时有人触及停电设备，就有可能遭受剩余电荷的电击。

2）感应电压触电。由于带电设备的电磁感应和静电感应作用，能使附近的停电设备上感应出一定的电位，其数值的大小决定于带电设备电压的高低、停电设备与带电设备接近程度等因素。感应电压往往是在电气工作者缺乏思想准备的情况下出现的，因此，具有相当大的危险性。在电力系统中，感应电压触电事故屡有发生，甚至造成伤亡事故。

3）静电触电。静电电位可高达数万至数十万伏，可能发生放电，产生静电火花，引起爆炸、火灾，也可能造成对人体的电击伤害。

4）电弧触电。电弧是气体放电的一种现象。电弧的电阻很小，人体接触电弧时的对地电压和接触带电体的基本一致。电弧造成的触电不仅会使人受到电击，而且会对人体造成严重烧伤。

2. 间接触电

（1）跨步电压触电。当电气设备发生接地故障，接地电流通过接地体向大地流散，在地面上形成电位分布时，若人在接地短路点周围行走，其两脚之间的电位差，就是跨步电压。由跨步电压引起的人体触电，称为跨步电压触电。

跨步电压的大小受接地电流大小、鞋和地面特征、两脚之间的跨距、两脚的方位以及离接地点的远近等很多因素的影响。进入接地点 20m 以内行走，就有可能发生跨步电压触电。

（2）接触电压触电。当人体的两个部分（通常是手和脚）同时接触漏电设备的外壳和周围地面时，人体两部分之间的电位差就是接触电压。由于受到接触电压作用而导致的触电现象称为接触电压触电。

（二）触电的原因和规律

从大量的触电事故分析及生产实践经验中，总结出触电事故的原因和触电事故发生的规律。

1. 触电事故的原因

(1) 电气设备设计、制造和安装不合理。包括使用质量不合格的电气设备，防误装置不合格，接地设计安装不合格等。例如，由于设计和实际安装情况不相符，在更换变电站10kV母线TV过程中，某供电公司工作班成员触碰到带电的避雷器上部接线桩头，发生严重的触电事故。

(2) 违章作业。包括无票作业或工作票终结后作业，未按规定验电并接地后作业，私自进行解锁操作，使用不合格的绝缘工器具或使用绝缘工器具不规范，作业前未认真核对设备名称、编号、色标是否正确，低压电动工具和临时电源没有装设剩余电流动作保护器，在高低压同杆架设的线路电杆上检修低压线路，剪修高压线附近树木而接触高压线，在高压线附近施工，或运输大型货物、施工工具和货物碰击高压线，带电接临时电源，在带电情况下拆装电缆等，用湿手拧灯泡，特殊作业场所不按规定安全电压等。

(3) 运行维护不良。包括未按规定的周期和项目对电气设备进行预防性试验，运行维护过程中造成绝缘损伤或受潮，电气设备、电缆或电线漏电后未及时发现或发现后未及时采取有效措施，大风或外力作用破坏电力线路后未能及时发现和处理等。

(4) 安全意识不强。包括作业前未进行有效的现场勘查，对安全距离是否足够、可能来电的设备用户设备是否会倒送电及有无感应电等情况未采取有效的预控措施。作业过程中监护人不到位，监护不认真未严格执行监护制度等。

从以上触电原因分析中可以看出，绝大多数触电事故都是可以避免的。

2. 触电事故的规律

大量的统计资料表明，触电事故的发生是具有规律性的。触电事故的规律为制订安全措施，最大限度地减少触电事故发生率提供了有效依据。根据国内外的触电事故统计资料分析，触电事故具有以下规律。

(1) 触电事故季节性明显。一年之中，二三季度是事故多发期，尤其在6—9月最为集中。其原因主要是这段时间正值炎热季节，人体穿着单薄且皮肤多汗，相应增大了触电的危险性。另外，这段时间潮湿多雨，用电设备的绝缘性能有所降低。

(2) 低压设备触电事故多。低压触电事故远多于高压触电事故，其原因主要是低压设备远多于高压设备，而且，缺乏用电安全知识的人员多是与低压设备接触。因此，应当将低压方面作为防止触电事故的重点。

(3) 携带式设备和移动式设备触电事故多。主要是因为这些设备经常移动，工作条件较差，容易发生故障。另外，这些设备在使用时往往需用手握紧进行操作。

(4) 误操作事故多。主要是由于防止误操作的技术措施和管理措施不完备造成的。

三、预防触电的技术措施

为防止人身触电事故，除了加强安全管理，提高现场管理人员和作业人员的安全意识，督促其认真执行安全规章制度之外，还应该采取必要的技术措施。减少和避免触电事故的技术措施主要有绝缘防护、保护接地、保护接零、装设漏电保护和使用安全电压等。

(一) 绝缘防护

绝缘是指利用绝缘材料对带电体进行封闭和隔离。各种线路和设备都是由导电部分和绝缘组成的。良好的绝缘是保证其正常工作的前提，也是防止触电发生的主要措施之一。绝缘材料的性能降低或丧失将导致设备漏电、短路，从而引发设备损坏及人身触电事故。

选用绝缘材料必须与电气设备的工作电压、工作环境和运行条件相适应。不同的设备或电路对绝缘电阻的要求不同。例如，新装或大修后的低压设备和线路，绝缘电阻不应低于 0.5MΩ；高压线路和设备的绝缘电阻不低于 1000MΩ/V。

必要时，电气设备或线路可以采取双重绝缘的措施。双重绝缘是指在工作绝缘之外还有一层加强绝缘。当工作绝缘损坏以后，加强绝缘仍可以保证绝缘，不致发生金属导体裸露造成触电事故。

(二) 保护接地和保护接零

保护接地和保护接零电气设备的保护接地和保护接零是为防止人体触及绝缘损坏的电气设备所引起的触电事故而采取的有效措施。保护接地是将电气设备的金属外壳与接地体相连接。应用于中性点不接地的三相三线制系统中。保护接零是将电气设备的金属外壳与变压器的中性线相连接。应用于中性点接地的三相四线制系统中。

(三) 装设剩余电流保护装置

剩余电流保护装置能够在发生触电事故时，在规定时间内自动切断电源起到保护作用。

剩余电流保护装置适用于 1000V 以下的低压系统，凡有可能触及带电部件或在潮湿场所装有电气设备时，均应装设剩余电流保护装置，以保障人身安全。主要作用是为了防止由漏电引起触电事故，能够监视或切除一相接地故障。

目前我国剩余电流保护装置有电压型和电流型两大类，用于中性点不直接接地和中性点直接接地的低压供电系统中，装设剩余电流动作保护器对人身安全的保护作用，远比保护接地和保护接零保护优越。目前，剩余电流动作保护器已得到广泛应用。

（四）使用安全电压

使用安全电压是为了防止因触电而造成的人身直接伤害。安全电压是指为了防止触电事故而采用的由特定电源供电的电压系列。这个电压系列的上限值，在正常和故障情况下，任何两导体间或任意导体与地之间均不得超过交流（50～500Hz）有效值 50V。

一般情况下，人体允许电流可按摆脱电流考虑。在装有防止剩余电流动作速断保护装置的场合，人体允许电流可按 30mA 考虑。在容易发生严重二次事故的场合，应按不引起强烈反应的 5mA 考虑。

我国安全电压额定值的等级分别为 42、36、24、12V 和 6V。当电气设备需要采用安全电压来防止触电事故时，应根据使用环境、人员和使用方式等因素选用不同等级的安全电压额定值。例如，危险及特别危险环境里的局部照明灯、危险环境里的手提灯、危险及特别危险环境里的携带式电动工具，应采用 36V 及以下的安全电压。对于潮湿而触电危险性较大的环境里，如金属容器、矿井、隧道里的手提灯，应采用 12V 及以下的安全电压。

（五）现场临时用电安全措施

电力作业现场经常使用临时电源或线路，使用中应重点注意以下问题：

（1）临时用电线路应使用的电缆线，绝缘良好，无破损，沿边角设置，禁止乱拉乱放。保证各电源箱柜门能够完全关闭。

（2）电缆截面必须满足最大负荷要求，必须装设剩余电流动作保护装置。插座、隔离开关等开关，如有破损且可能引起使用过程中触电的，禁止使用。接电源时，必须牢固可靠，使用完毕，必须及时拆除，恢复原状。

（3）在户外使用临时移动电源的必须有防雨措施。在有易燃、易爆场所使用临时电源，必须严格遵守有关易燃易爆场所的管理规定，做好严格的防火和防爆措施。

（4）箱（板）应设置在高度 1.5m 左右位置，牢固、整洁、完好、防雨、易操作，熔丝配置应与负荷相适应。

（5）灯具设置高度不低于 2.5m，人员易碰处的灯具，应有防护网罩。潮湿场所、金属容器内、照明灯具应使用 12V 及以下的安全电压。

（6）线路架设时应先安装用电设备一端，再安装电源侧一端；拆除时与此相反。严禁利用大地作中性线（或零线）。

（7）用电设备应装有各自专用的开关，实行一机一个控制开关的方式；严禁用同一个开关直接控制两台及以上的用电设备（含插座）。

（8）现场的电源接入点，必须牢固的接入 380V 检修电源箱或 220V 插座。禁止使用无插头的电源线直接塞入插座，或接在其他电源上。电源线绝缘必须完整，连接头应使用绝缘胶布包扎完整。在室外或有水湿的地方使用的电源线必须无接头，跨越路面的电源线必须有防压措施，电源开头与电气设备必须有防潮措施。

（9）熔断器等各种过流保护器、剩余电流动作保护装置，必须按规程规定装配，保证其动作可靠。

（六）预防雷电和静电触电的技术措施

雷电和静电有许多相似之处。例如，雷电和静电都是相对于观察者静止的电荷聚积的结果；雷电放电与静电放电都有一些相同之处；雷电和静电的主要危害都是引起火灾和爆炸等。但雷电与静电电荷产生和聚积的方式不同、存在的空间不同、放电能量相差甚远，其防护措施也有很多不同之处。

1. 预防雷电触电的技术措施

雷暴时，由于带电积云直接对人体放电，雷电流入地产生对地电压，以及二次放电等都可能对人造成致命的伤害。因此，必须结合电力系统运行的特点以及工作人员的作业要求，制订出切实可行的人身防雷措施。

（1）雷暴时，非工作必须，应尽量减少在户外或野外逗留；在户外或野外最好穿塑料等不浸水的雨衣。如有条件，可进入有宽大金属构架或有防雷设施的建筑物、汽车或船只；如依靠建筑屏蔽的街道或高大树木屏蔽的街道躲避，要注意离开墙壁或树干 8m 以外。

（2）应尽量离开小山、小丘、隆起的小道，离开海滨、湖滨、河边、池塘旁，避开铁丝网、金属晒衣绳以及旗杆、烟囱、宝塔、孤独的树木附近，还应尽量离开没有防雷保护的小建筑物或其他设施。

（3）在户内应注意防止雷电侵入波的危险，应离开照明线、动力线、电话线、广播线、收音机和电视机电源线、收音机和电视机天线，以及与其相连的各种金属设备，以防止这些线路或设备对人体二次放电。调查资料表明，户内 70% 以上对人体的二次放电事故发生在与线路或设备相距 1m 以内的场合，相距 1.5m 以上者尚未发生死亡事故。由此可见，雷暴时人体最好离开可能传来雷电侵入波的线路和设备 1.5m 以上。应当注意，仅仅拉开开关对于防止雷击是起不了多大作用的。

（4）雷雨天气，还应注意关闭门窗，以防止球雷进入户内造成危害。

2. 预防静电触电的技术措施

所谓静电，并非绝对静止的电，而是在宏观范围内暂时失去平衡的相对静止的正电荷和负电荷。静电现象是十分普遍的电现象，可能给人以静电电击，还可能引起爆炸或火灾。

静电电击不是电流持续通过人体的电击，而是静电放电造成的瞬间冲击性的电击。一般静电能量是有限的，不能达到使人致命的界限。但是，不能排除由静电电击导致严重后果的可能性。例如，人体可能因静电电击而坠落或摔倒，造成二次事故。静电电击还可能引起工作人员紧张而妨碍工作等。

静电的消除主要包括以下几个方面的内容：

（1）选用合适的材料和进行有效地工艺改进。尽量选用不容易产生静电的材料，减少静电荷的产生。如选用导电性好的材料或涂上导电性材料。通过工艺改进可以有效地降低静电放电量。例如，摩擦是产生静电的主要原因，那么，就可以通过降低流体速度减少摩擦产生的静电量。比如适当降低变压器潜油泵的转速可以有效降低油流放电的强度。

（2）采用静电接地。接地是静电防护中最有效和最基本的技术措施。良好的接地可以将静电荷迅速释放，避免电荷积累造成强放电危害人身安全。必要时可使用导电性地面或导电性地毯，采用防静电手腕带或脚腕带与接地电极连接，消除人体静电。

（3）穿用静电防护服装。可穿导电工作鞋防止人体在地面上作业时产生的静电荷积累。穿用防静电工作服、帽、手套、指套等也可以减少静电的产生、提高静电释放的速度以防止静电积累。

（4）对作业环境采用防静电控制措施。由于随着湿度的增加，绝缘体表面上形成薄薄的水膜，能使绝缘体的表面电阻大大降低，能加速静电的泄漏。因此，尽可能的维持足够高的作业环境湿度，控制室内湿度不低于65%。保持作业场所的清洁，减少空气中的含尘量，这些都是防止人体附着带电的有效措施。

第二节 预防起重搬运事故技术

起重和搬运是电力安装、检修和维护作业中常见的作业方式之一。起重搬运作业是具有势能高、移动性强、范围大、工作环境和条件复杂等特点的间歇性周期作业，也是一种需要多人协调配合的特殊工种作业。整个作业过程需要起重作业管理人员、起重机指挥人员、操作人员、起重工的通力协作完成。起重一般采用起重工具和机械设备，如千斤顶、汽车起重机等。起重机械的应用对于提高作业效率，降低劳动强度等方面起着重要作用。同时，起重搬运的作业方式和起重机械的结构特点，使起重机具和起重作业方式本身就存在着诸多危险因素，安全问题尤其突出。因此，起重作业危险性较高。起重作业事故往往是危害很大的人身伤亡和设备损坏事故。

预防起重和搬运伤害应重点做好的工作有：起重作业要有专人指挥；分工应明确；信号应简明、统一、畅通；起重机械、索具、工具检验合格，并处于良好状态，具有足够的起重载荷；起重机械的刹车制动装置、限位装置、安全防护装置、信号装置应齐全灵活；起重物应选用合适的捆绑和起吊方法；起重作业时应避免与临近带电体的最小距离超过规定值等危险动作。

一、预防起重事故安全技术

（一）起重事故的主要类型和原因

1. 失落事故

起重机失落事故是指起重作业中，吊载、吊具等重物从空中坠落所造成的人身伤亡和设备毁坏的事故。失落事故是起重机械事故中最常见的，也较为严重的。

常见的失落事故有以下几种类型：

（1）脱绳事故。脱绳事故是指重物从捆绑的吊装绳索中脱落溃散发生的伤亡毁坏事故。

造成脱绳事故的主要原因是重物的捆绑方法与操作不当，造成重物滑脱；吊装重心选择不当，造成偏载起吊或吊装中心不稳造成重物脱落；吊载遭到碰撞、冲击、振动等而摇摆不定，造成重物失落等。

（2）脱钩事故。脱钩事故是指重物、吊装绳或专用吊具从吊钩钩口脱出而引起的重物失落事故。

造成脱钩事故的主要原因是吊钩缺少护钩装置，护钩保护装置机能失效，吊装方法不当及吊钩钩口变形引起开口过大等原因所致。

（3）断绳事故。断绳事故一般分为起升绳破断和吊装绳破断两种类型。

造成起升绳破断的主要原因多为超载起吊拉断钢丝绳；起升限位开关失灵造成过卷拉断钢丝绳、斜吊、斜拉造成乱绳挤伤切断钢丝绳；钢丝绳因长期使用又缺乏维护保养造成疲劳变形，磨损损伤等达到或超过报废标准仍然使用等。

造成吊装绳破断的主要原因多为吊装角度太大（超过60°），使用吊装绳抗拉强度超过限值而拉断吊装钢丝绳，品种规格选择不当，或仍使用已达到报废标准的钢丝绳捆绑、吊装重物，造成吊装绳破断。吊装绳与重物之间接触无垫片等保护措施，因而造成重物棱角割断钢丝绳而出现吊装绳破断事故。

（4）吊钩破断事故。吊钩破断事故是指吊钩断裂造成的重物失落事故。

造成吊钩破断事故原因多为吊钩材质有缺陷，吊钩因长期磨损断面减小已达到报废极限标准却仍然使用，或经常超载使用造成疲劳破坏以致断裂破坏。

2. 坠落事故

坠落事故主要是指在起重作业过程中，人员、吊具、吊载的重物从空中坠落所造成的人身伤亡或设备损坏事故。常见的坠落事故有以下几类：

（1）从机体上滑落摔伤事故。这类事故多发生在高空的起重机上进行维护、检修作业中，检修作业人员缺乏安全意识，抱着侥幸心理不穿戴安全带，由于脚下滑动、障碍物绊倒或起重机突然启动造成晃动，使作业人员失稳从高空坠落于地面而摔伤。

（2）机体撞击坠落事故。这类事故多发生在检修作业中，因缺乏严格的现场安全监督制度，检修人员遭到其他作业的起重机端梁或悬臂撞击，从高空坠落摔伤。

（3）维修工具零部件坠落砸伤事故。在高空起重机上从事检修作业中，常常因不小心，使维修更换的设备零部件或维护检修工具从起重机机体上滑落，造成砸伤地面作业人员和机器设备等事故。

3. 触电事故

触电事故是指从事起重作业或其他作业人员，因违章或其他原因遭受的电气伤害事故，主要是在作业现场有裸露的高压输电线、母线等带电体，由于现场安全指挥监督混乱，常有自行式起重机的悬臂或起升钢丝绳摆动接近或触及带电体，进而造成操作人员或吊装司索人员遭到触电伤害。

4. 挤伤事故

挤伤事故是指在起重作业中，作业人员被挤压在两个物体之间，所造成的挤伤、压伤、击伤等人身伤亡事故。

造成伤亡事故的主要原因是起重作业现场缺少安全监督指挥管理人员，现场从事吊装作业和其他作业人员缺乏安全意识或从事野蛮操作等人为因素所致。发生挤伤事故多为吊装作业人员和从事检修维护人员。

5. 机毁事故

机毁事故是指起重机机体因为失去整体稳定性而发生倾覆翻倒，造成起重机机体严重损坏以及人员伤亡事故。常见机体毁坏事故包括断臂、倾翻、多台起重机相互撞毁等事故。

6. 其他事故

其他事故包括因误操作、起重机之间的相互碰撞、安全装置失效、野蛮操作、突发事件、偶然事件等引起的事故。

（二）起重作业人员的安全要求

起重作业人员包括起重指挥人员、起重机司机和起重挂钩工（以下简称起重工)。起重工作是一项技术性强，危险性大，需要多工种人员精心组织、互相配合、相互协调、统一指挥的特殊工种作业，起重作业人员属特种作业人员，必须身体健康，经过安全技术培训、劳动部门考核合格并发给操作合格证后，方可从事与合格证种类相符合的起重作业。所有作业人员在起重作业过程中应当严格执行起重设备的操作规程和有关的安全规章制度。

1. 起重指挥人员的安全要求

起重指挥人员是起重作业的组织者和协调者，特别对于复杂物体和复杂环境条件下的起重作业，更需要指挥人员协同起重机司机和起重工共同完成起重工作。由于指挥人员失误造成的事故也很多。

（1）起重指挥人员必须熟悉所指挥起重机械的技术性能，必须掌握标准的《起重吊运指挥信号》，并经培训考试合格方可担任起重指挥。

（2）起重指挥人员不能干涉起重机司机对手柄或旋钮的选择。

（3）指挥人员要负责载荷重量的计算和正确选择索具、吊具。

（4）指挥人员要预想可能发生的危险并采取必要的措施。

（5）指挥人员要佩戴明显的标志和特殊颜色的安全帽。

（6）指挥人员发出的指挥信号要清晰、准确。

（7）指挥人员指挥起吊前，应先进行全面检查，确认作业危险区内无人后，方可下令起吊。指挥人员应与被吊物体间保持一定的安全距离，才可指挥起吊。

（8）当指挥人员的位置不能同时看见起重机司机和重物时，应站到能看见司机的一侧，并增设中间指挥人员传递信号。或者站到重物一侧，使用对讲机等通信工具，否则不能保证安全。在高空用对讲机（手机）指挥高架吊车时，要有防止对讲机突然断电的应急措施。

（9）指挥起重机在雨、雪等恶劣气候条件下作业时，应先经过试吊，检验制动器灵敏可靠后，才可正常起吊。

（10）在开始指挥起吊负载时，用微动信号指挥，负载离开地面约 10mm 时，停止起升，悬吊 10min 进行检验，确认安全无误后，再指挥负载以正常速度起升。

(11) 当两台或两台以上起重机同时在近距离的区域工作时，指挥使用的音响信号应有明显区别，或用旗语、对讲机等其他方法指挥，以免司机混淆指挥信号而发生危险。

(12) 当指挥人员跟随重物运行进行指挥时，应随时指挥起重机司机避开人员和障碍物。

(13) 当多人绑挂同一负载时，指挥起吊前，应先做好呼唤应答确认各点绑挂正确后，方可由指挥人员一人指挥起吊。

(14) 用两台起重机抬吊同一重物时，指挥人员应双手分别指挥两台起重机，以确保同步吊运。

(15) 在带电设备区域内使用汽车吊、斗臂车时，车身应使用不小于 $16mm^2$ 的软铜线可靠接地。在道路上施工应设围栏，并设置适当的警示标志牌。长期或频繁地靠近架空线路或其他带电体作业时，应采取隔离防护措施。

(16) 起重机停放或行驶时，其车轮、支腿或履带的前端戒外侧与沟、坑边缘的距离不准小于沟、坑深度的1.2倍；否则应采取防倾、防坍塌措施。

(17) 作业时起重机应置于平坦、坚实的地面上，机身倾斜度不准超过制造厂的规定。不准在暗沟、地下管线等上面作业；不能避免时，应采取防护措施，不准超过暗沟、地下管线允许的承载力。

(18) 作业时，起重机臂架、吊具、辅具、钢丝绳及吊物等与架空输电线及其他带电体的最小安全距离不得小于对应电压等级的安全距离，若小于安全距离时，应停电进行。

2. 起重司机的安全要求

(1) 起重机司机必须进行安全教育和安全技术培训，并由地方劳动部门或指定单位考核发证后才许持证操作起重机。

(2) 取得特种作业操作证的起重机司机必须每两年进行一次复审，未按期复审或复审不合格者，其操作证自行失效，不再具有操作起重机的资格。

(3) 取得一种或几种起重机合格证的驾驶人员，在承担另一种新型起重机的驾驶前，应经过该新起重机的单独测验和训练，取得合格证后方可正式驾驶。

(4) 起重机司机开动起重机前，必须注意起重机两侧和地面上人员的安全，应先按音响信号示意，再开动起重机。

(5) 各式电动起重机，在工作中一旦停电，应将启动器全部恢复至零位，再将电源开关拉开。工作完毕或休息时，也应将控制开关恢复零位，并将总开关拉开。

(6) 起重机传动装置在运转中变换方向时，应经过停止稳定后再开始逆向运转，禁止直接变换运转方向。运转速度不宜变换过大，加速或减速应逐渐进行，否则将产生很大的动载荷而使起重机发生危险。

(7) 起重机的主副钩换用时，在主副钩达到相同高度后，只应操作一个吊钩的动作。不得双钩同时操作，以免只注意一个吊钩的位置和动作而忽视了另一个吊钩的动作，从而发生危险。

(8) 起重机停放或行驶时，其车轮或履带外侧与沟坑边缘的距离不得小于沟坑深度的1.2倍，否则必须采取防塌措施。

(9) 起重机司机操作前应对制动器、吊钩、钢丝绳及安全装置进行检查，发现异常情况应在操作前排除，排除不了的，不允许带病操作。

(10) 起重机司机不得采用短接限位开关，强行闭合接触器等方法，使起重机安全保护装置失效，从而达到超载、超限等特殊目的。

(11) 起重机司机必须熟练掌握起重指挥信号。在指挥信号不明确，或对指挥人员的意图有疑问时，不能盲目操作，必须核对清楚后，再行操作。

(12) 当起重工已挂好钩，指挥人员虽已发出工作信号，却没有注视着吊物时，司机不应操作，要发出警示信号，直至指挥人员和起重工注视吊物时，才能操作。

(13) 起吊大型物件时，常用多名起重工挂钩，也容易发生多人乱指挥的现象，但司机只能听从事先规定的指挥人员的信号。

(14) 起重机在工作中，无论任何人发生停止信号。司机都要立即停止，以防发生事故。

(15) 司机在开始操作之前，要了解吊运物件的大小、轻重和形状，对起重过程中的细节要反复斟酌，确定无误后才可进行起重作业。

(16) 对地面的工作情况有不同意见时，不要先操作，等发出信号使指挥人员检查之后再发出指挥信号时，才能升降或走车。如果认为还有问题，即使再次发出了操作信号，也不要操作，直到彻底消除隐患为止。

(17) 升降重物时要在到达指定高度之前就减速。避免因突然停止可能引起的车体振动和损伤钢丝绳。

(18) 各起重机之间的距离保持在1m以上。

(19) 起重机械司机的十不吊。起重安全注意事项较多，但在现在起重作业中，经常遇到的情况归结为“十不吊”，各司机应牢记，不可忽视：

1) 被吊物体的质量不明确不吊。

2）起重指挥信号不清楚不吊。

3）钢丝绳等捆绑不牢固不吊。

4）被吊物体重心和约子垂线不在一起，斜拉斜拖不吊。

5）被吊物体被埋入地下或冻结一起的不吊。

6）施工现场照明不足不吊。

7）六级以上大风时，室外起重工作不吊。

8）被吊设备上站人，或下面有人不吊。

9）易燃易爆危险物件没有安全作业票不吊。

10）被吊物体质量超越机械规定负载不吊。

3. 起重工的安全要求

电力企业的起重工应熟练掌握物体的捆绑知识，合理选用吊具、索具、熟练掌握起重指挥信号，了解起重机的性能、技术参数及构造。有时起重工兼作指挥人员，因此起重工的安全技术素质至关重要。

（1）作业前，起重工要根据吊运物件的具体情况选择相适应的吊具、索具，并对吊具、索具进行认真检查，确认完好无损后，方可投入使用。

（2）起吊重物前，应仔细检查连接点是否牢固可靠。

（3）起重工选用吊具时应保证起重物品不得超过吊具的额定起重量，吊索不得超过安全工作载荷。

（4）起吊物件的棱角处应加以包垫，以防割伤起吊钢丝绳或滑脱。

（5）物件绑挂好将要起吊时，要详细检查物件和周围物体有无挂连，确认无误后，才可指挥起吊。

（6）起重机吊钩的吊点，应与所吊物件重心在同一条铅垂线上，使吊重处于平衡稳定状态，决不能偏拉斜吊。偏拉斜吊会增大吊车负荷，还会使吊物离地后摆动发生危险。发现偏拉斜吊一定要及时进行纠正。

（7）吊物捆绑后留出的绳头，必须紧绕在吊钩或吊物上，防止吊物移动时，挂住人员或物件。

（8）埋在地下或固定在地面上的不明重量物件不能进行起吊。与其他部件有连接未完全分离的物件不得起吊。

（9）起吊千斤绳的夹角最大不得超过60°。千斤绳夹角过大，绳子所承受的应力将会大幅度增加，同时物件承受的水平力也会增加，可能使物件变形损坏。

（10）对吊起的物件进行加工和检查时，必须采取可靠的支撑措施，并通知起重机操作人员。禁止将吊物悬于空中进行作业。

（11）起重臂及吊物的下方禁止任何人停留或通过，指挥人员应站在使起重机操作人员能看清指挥信号的安全位置上。

（12）所吊装物件安装时的测量、划线等准备工作应提前做好，等待吊装物件就位，不能将吊物长时间悬于就位上方，才做准备工作。

（13）起吊大的或不规则的构件时，应在构件上拴上牢固的拉绳以便于控制，防止构件在空中发生摇摆或旋转。

（14）在高处安装就位的物件，绑扎点和卡环连接点应便于高处作业人员解钩，必要时应在物件上设置脚手架、爬梯等。

（15）吊物就位前要衬好垫木，不规则物件要加支撑，保持平衡。不得将物件压在电气线路、管道或其他未经核算的结构上。

（16）卸放物料时，不能过高堆放，下部应垫以坚实的垫板，以备下次搬运时容易绑扎起吊。堆放管材等长形物件时还要有防止侧滚的可靠措施，人应站在管材端部进行操作，不应站于管子中部。

（17）吊运多根长形物件如型钢、管材等时，应两点绑扎，中间应夹放适当长度和数量的木条，以防滑脱。

（18）起吊物件放置牢固后，应将吊钩上的索具、吊具、攀系物整理顺畅，确认和周围物件无任何牵连后，方可慢慢起钩。

（19）当风力达六级及以上，或在大雪、大雾、雷雨等恶劣气候条件下不得进行露天起重作业。

（20）夜间照明不足时，不得进行起重作业。

（21）吊装钢柱等长形高大组件时，就位后要做好固定措施后方可摘钩和登上柱顶进行其他工作。

（22）重大的起重、运输项目，应编制详细的安全技术措施或施工作业指导书，并在施工前由技术人员向全部工人作详细交底。

（23）凡属下列情况之一者，必须办理安全施工作业票，并应有施工技术负责人在场指导，否则不得施工：

1）吊物质量达到起重机械额定起重量的95%。

2）两台及两台以上起重机械抬吊同一物件。

3）起吊精密物件、起吊不易吊装的大件或在复杂场所进行大件吊装。

4）起重机械在输电线路下方或附近工作。

（三）起重机械及起重机具安全使用要求

按运动方式，起重机械可分为以下三种基本类型：

（1）轻型起重机械，如千斤顶、手拉葫芦、滑车、绞车、电动葫芦、单轨起重机械等；

（2）重型起重机械，如汽车式起重机、塔吊等；

（3）升降型起重机械，如检修升降平台等。

所有起重设备需经检验检测机构检验合格，并在特种设备安全监督管理部门登记。起重设备、吊索具和其他起重工具的工作负荷，不准超过铭牌规定。各种起重设备的安装、使用以及检查、试验等，必须严格按照安全操作规程、维护保养和厂家说明书使用、操作和维护保养。同时不得违反国家及行业有关部门颁发的相关规定、规程和技术标准。

在用起重机械应当在每次使用前进行一次检查，并做好记录。起重机械每年至少应做一次全面技术检查。所有安全装置必须保持灵敏、可靠和完好，并在每天开始工作前进行全面检查试验。额定承载能力曲线、推荐的操作速度、特殊危险警告和其他重要信息要设置醒目标志。

1. 钢丝绳

（1）钢丝绳应按出厂技术数据使用。无技术数据时，应进行单丝破断力试验。各种工况下的钢丝绳必须达到其使用安全系数：缆风绳和拖拉绳为3.5；千斤绳无绕曲时为5～7，有绕曲时为6～8；捆绑绳为10；地锚绳为5～6；载人升降机为14。

（2）作业前进行对钢丝绳进行检查，如有以下异常禁止使用：1个节距间钢丝断5%以上时或者虽然断丝数量不多但断丝增加很快者；钢丝绳扭曲、压扁变形、表面起毛刺严重或受过火烧；有明显的股偏；钢丝绳的钢丝磨损或腐蚀达到原来钢丝直径的40%及以上，或钢丝绳受过严重退火或局部电弧烧伤者。断股或断丝较多；绳芯损坏或绳股挤出；穿过滑轮的钢丝绳不得有接头；笼状畸形、严重扭结或弯折。

（3）钢丝绳应防止打结、扭曲、相互缠绕和压叠。

（4）使用钢丝绳时不得与物件棱角直接接触，应设置垫片等保护措施。

（5）在起吊过程中不得与其他物体发生摩擦。

（6）钢丝绳禁止与带电体接触。

（7）钢丝绳过长时不得使用火割割短，而应用砂轮机切断。

（8）禁止以麻绳、铅丝或钢筋代替钢丝绳作起重作业的缆风绳。

2. 链条

（1）焊接链条只适合垂直起吊，不宜采用双链夹角起吊。

（2）禁止超负荷使用，不得用于较大振动冲击工作。

（3）经常检查焊接和接触处。

3. 钢丝绳夹头

（1）使用钢丝绳夹头应将 U 型部分卡在绳头一边。

（2）如两根钢丝绳搭接时，夹头应一正一反地卡牢。

（3）使用夹头时，螺母应均匀拧紧，必须把螺栓拧紧钢丝绳压扁 1/3 左右。

4. 卸卡（又称为 U 型环）

（1）卸扣应是锻造的。卸卡不得横向受力。

（2）卸卡销子不得扣在活动性较大的索具一边。

（3）不得使卸卡处于吊件转弯处，必要时应加衬垫，并使用较大规格卸卡。

（4）不允许将卸卡由高处往下抛摔。

（5）禁止用卸卡代替滑车使用。

5. 千斤顶

（1）千斤顶使用前应先擦洗干净，检查各部分是否完好灵活。油压式千斤顶的安全栓有损坏、螺旋式千斤顶或齿条式千斤顶的螺纹或齿条的磨损量达 20%时，禁止使用。

（2）千斤顶应设置在平整坚固处，在松软地面应铺垫板加大承压面积，千斤顶顶部与重物接触面应垫木板。千斤顶应与荷重面垂直，其顶部与重物的接触面间应加防滑垫层。

（3）使用液压千斤顶时，应禁止人员站在千斤顶安全栓的前面，以免安全栓射出伤人。

（4）千斤顶安放平稳后，要先将重物稍稍顶起，检查有无异常情况再继续顶起。

（5）千斤顶操作时要检查千斤顶与荷重面是否垂直，并应随重物上升及时在下面加垫保险枕木架。

（6）使用千斤顶顶升重物的过程中，应随重物的上升在物体下面垫保险枕木架，以防千斤顶突然倾斜或回油引起活塞突然下降而发生事故。

（7）千斤顶的顶升高度不能超过额定顶升高度。油压式千斤顶的顶升高度不得超过限位标志线；螺旋式及齿条式千斤顶的顶升高度不得超过螺杆或齿条高度的 3/4。

（8）用几台千斤顶同时顶升一物体时要统一指挥，升降速度要均匀一致，避免升降时物件倾斜而造成事故。

（9）使用千斤顶时，顶升重量不能超过千斤顶的额定负荷，否则容易损坏千斤顶而发生危险。当千斤顶不能顶起重物时，应查明原因，不能任意加长手柄或增加人数强行顶升。

（10）油压式千斤顶放低时，只需微开回油门使其缓慢下放重物，不能突然下降，以免损坏千斤顶内部皮碗和发生重物突然倾倒的危险。

（11）禁止将千斤顶放在长期无人照料的荷重下面。

6. 链条葫芦

（1）使用前应检查吊钩、链条、传动装置及刹车装置是否良好。吊钩、链轮、倒卡等有变形时，以及链条直径磨损量达10%时，禁止使用。

（2）两台及两台以上链条葫芦起吊同一重物时，重物的重量应不大于每台链条葫芦的允许起重量。

（3）链条葫芦起重链不得打扭。不能拆成单股使用。链条葫芦刹车片禁止沾染油脂。操作时，人员不准站在链条葫芦的正下方。

（4）链条葫芦不得超负荷使用。起重能力在5t以下的允许1人拉链，起重能力在5t以上的允许两人拉链，不得随意增加人数猛拉。

（5）吊起重物如需在空中停留较长时间，应将手链拴在起重链上，并在重物上加保险绳。禁止用链条葫芦长时间悬吊重物。

（6）在使用中如发生卡链情况，应将重物垫好后方可进行检修。

（7）悬挂链条葫芦的架梁或建筑物应经过计算，否则不得悬挂。

7. 卷扬机

（1）卷扬机应平稳地固定在地势较高且平坦坚实处。

（2）卷扬机要固定在坚实的基座上，固定地点应牢固可靠，固定后不能有滑动或倾斜现象。卷扬机上方，要设置防护罩棚。

（3）卷筒与导向滑轮中心应对正，第一个导向滑车距卷扬机的距离为卷筒长度的20倍。

（4）钢丝绳从卷筒下方卷入，钢丝绳应排列整齐，工作时至少保留5圈。

（5）由持“特种作业合格证”的专职人员操作。

（6）卷扬机工作前要先进行试车。检查防护设施、电气绝缘、离合器、制动装置、保险棘轮等完全合格后，方可使用。

（7）不得超负荷使用卷扬机。

（8）任何人不得在行走的钢丝绳及在导向滑轮内侧逗留或通过。

（9）卷扬机工作时禁止向滑轮上套钢丝绳。

（10）工作完毕，应立即切断电源。

8. 尼龙绳索（吊带）

（1）凡是光滑的物体表面需要保护或者容易滑脱的物体，应使用尼龙绳（吊带）起吊。

（2）合成纤维吊装带应按出厂数据使用，无数据时禁止使用。吊装带用于不同承重方式时，应严格按照标签定值使用。不应打结和通过孔眼连接在一起使用。

（3）不得绑缠有尖锐角边和粗糙表面的物体，如钢筋或构件等。应避免与尖锐棱角接触，如无法避免应装设必要的护套。

（4）因吊带磨损纤维被割断和边带露出色带时，应予报废。

（5）应放在室内货架上，避光保存，并注意不要弄脏吊带。

9. 吊钩和滑车

（1）吊钩应设有防止脱钩的保险装置。

（2）吊钩出现裂纹，严重磨损及变形不得再使用。

（3）滑车要按铭牌使用。

（4）滑车直径要与钢丝绳直径成比例使用。

（5）滑车吊钩变形、滑轮有裂纹、严重磨损以及轮缘破损等情况时禁止使用。

（6）在受力变化较大的场所和高处作业中，应使用吊环式滑车。

（7）使用吊钩式滑车，必须对吊钩采取封口或采取绑扎钢丝绳的保险措施。

（8）滑车组使用中，两滑车滑轮中心间的最小距离不准超过表 5－1 的规定。

表 5－1　　两滑车滑轮中心间的最小距离

滑车起质量（t）	1	2	10～20	32～50
滑轮中心最小允许距离（mm）	700	900	1000	1200

（9）滑车不准拴挂在不牢固的结构物上。线路作业中使用的滑车应有防止脱钩的保险装置，否则必须采取封口措施。

（10）拴挂固定滑车的桩或锚，应按土质不同情况加以计算，使之埋设牢固可靠。如使用的滑车可能着地，则应在滑车底下垫以木板，防止异物进入滑车。

10. 起重机的安全要求

（1）驾驶室内不得存放易燃物，并备有灭火装置。电动起重机驾驶室内应铺橡胶绝缘垫。

（2）未经负荷试验合格的起重机禁止使用。

（3）操作人员在起重机开动及起吊过程中的每个动作前均要发出信号，非操作人员不得进入操作室或驾驶室。

（4）起重机禁止同时操作三个动作，在接近满负荷的情况下不得同时操作两个动作。

（5）悬臂式起重机在接近满负荷的情况下禁止降低起重臂。

（6）起重机的主、副钩换用时，在主、副钩达到相同高度时，只准操作一个吊钩的动作，不得双钩同时操作。

（7）所有起重机均应执行大风等紧急情况下的安全措施，风力超过5级禁止起吊作业。

（8）露天作业的轨道式起重机，工作结束后要将起重机锚定住。

（9）汽车起重机行驶时，应将臂杆放在支架上，吊钩挂在挂钩上并将钢丝绳收紧。禁止上车操作室内坐人。

（10）汽车起重机及轮胎式起重机作业前应先支好全部支腿后方可进行其他操作；作业完毕后，应先将臂杆放在支架上，然后方可起腿。汽车式起重机除具有吊物行走性能者外，均不得吊物行走。

（四）起重作业一般安全要求

（1）重大起重项目必须制订施工方案和安全技术措施，按规定办理安全施工作业票的起重作业项目，必须办理作业票。

（2）起吊重物要选用正确的捆绑方法和起吊方法：

1）测算判定重物的质量与重心，使吊钩的悬挂点与吊物的重心处在同一垂线上，禁止偏拉斜吊。

2）选择合理且安全的吊装方法。禁止用单根绳起吊。

3）选择的吊点强度必须足以承受吊物的质量。

4）起吊角度的增加会引起负荷的增加。千斤绳的夹角最大不超过60°。

5）千斤绳与重物的棱角接触处，要加以垫物。

6）利用构筑物或设备构件作为起吊重物的承力结构时，要经核算。禁止用运行的设备、管道以及脚手架、平台等作为起吊物的承力点。

7）起吊时起吊物应绑牢，起吊大件要在重物吊起离地10cm时停止10min，对所有的受力点及起重机械进行全面检查，确认安全后再起吊。

8）用一台起重机的主、副钩抬吊同一重物时，其总载荷不得超过当时主钩的允许载荷。

9）起吊大件或不规则组件时，要在吊件上拴上溜绳。

10）吊运过程中，被吊物上不准有浮动物或其他工具。

11）吊钩钢丝绳保持垂直落钩时应防止吊物局部着地引起偏拉斜吊，吊物未固定禁止松钩。

12）吊起的重物不得在空中长时间停留，在空中短时间停留时，操作人员和指挥人员均不得离开工作岗位，禁止驾驶人员离开驾驶室或进行其他工作。

13）起重机械工作速度应均匀平稳，不能突然制动或没有停稳时作反方向行走或回转，落下时应慢速轻放。

14）对吊起的重物进行加工处理时，必须采取可靠的支撑措施，并且通知起重机操作人员。

15）在变电站内使用起重机械时，应安装接地装置，接地线应用多股软铜线，其截面应满足接地短路容量的要求，但不得小于 $16mm^2$。

（3）起重作业区域内无关人员不得停留或通过，在伸臂及吊物下方禁止任何人员通过或停留。禁止吊物从人或设备上越过。禁止在无可靠的支承措施情况下，对已起吊的重物进行加工或将人体任何部位伸进起重物的下方。吊物上不许站人，禁止作业人员利用吊钩来上升或下降。

（4）起重机械工作中如遇到机械故障应先放下重物，停止运转后方可排除故障。

（5）不明重量、埋在地下物件不能起吊。

（6）工作地点风力达到 6 级及以上大风或大雪、大雨、大雾等恶劣天气或夜间照明不足情况下禁止进行起重作业。

（7）操作人员应按指挥人员指挥信号进行操作，当信号不清或可能引起事故时，操作人员应拒绝执行并通知指挥人员，操作人员对任何人发出危险信号均必须听从。

二、预防搬运事故安全技术

移动设备、工具或材料的工作称为搬运作业。搬运可分为一次搬运和二次搬运。一次搬运是指将设备、材料等由制造厂运到工地仓库、设备的组装场地或堆放地，这种运输距离较长，通常采用铁路、公路或水路运输。二次搬运是将设备、材料等由工地仓库或堆放地运输到安装现场，这种运输距离一般较短，在施工现场常采用半机械化的搬运方法。

1. 搬运作业的方法

搬运作业方法一般采用旱船滑移法、滑台轨道滑行法和滚杠搬运法三种形式。

（1）旱船滑移法。旱船滑移法是将设备等搁置在由钢板制成船形的拖板的“旱船”上，再用牵引机械牵引旱船在地面上滑移的方法。这种方法适合于路面不平的情况下使用，其最大的设备质量一般不超过12t，特殊情况下也可拖运几百吨重的设备。

（2）滑台轨道滑行法。滑台轨道滑行法是用两条或三条重型轨铺成滑台轨道，由槽钢组成滑台，滑台和移运由牵引机械牵引的方法。

（3）滚杠搬运法。滚杠搬运法是最简单、最常用的搬运方法，适合中、小重量的设备搬运。滚杠搬运的主要工具有滚杠（无缝钢管、圆木等）、排子、滑车和牵引设备等。滚杠搬运速度慢、效率低、搬运时劳动强度大，因此只适用短距离或设备数量少的情况下。

除上述半机械化的搬运方法外，在现场还可采用叉车、汽车或自制四轮小平车用拖拉机牵弓附运，搬运效率较高。但搬运道路要求平坦和结实，还需有起重机械配合装卸工作。

2. 搬运作业一般安全要求

（1）搬运通道应当平坦畅通，如在夜间搬运应有足够的照明。如需经过山地陡坡或凹凸不平之处，应预先制订运输方案，采取必要的安全措施。

（2）搬运物体时，不论在平整的水泥上或是在一般的道路上，均应铺设下走道，以防滚筒等压伤作业人员手脚。

（3）物体重心应放在拖板中心。拖运圆形物体时应垫好枕木楔子，体积较大而底面积小的物体应采取防止倾倒措施，对于薄壁和易碎、易变形物体应做好加固措施。

（4）拖运物体时，切勿在不牢固的建筑物或正在运行的设备上绑扎拖运的滑车组。需打木桩绑扎滑车组时应摸清地下有无埋设电缆、管道等情况。由拖运钢丝绳造成的危险区域，严禁有人停留和通行。

（5）复杂道路、大件运输前应组织对道路进行勘查，并向司乘人员交底。

（6）运输爆破器材，氧气瓶、乙炔气瓶等易燃、易爆物件时，应遵守《化学危险物品安全管理条例》的规定，并设标志。

（7）装运电杆、变压器和线盘应绑扎牢固，并用绳索绞紧，水泥杆、线盘的周围应塞牢，防止滚动、移动伤人。运载超长、超高或重大物件时，物件重心应与车厢承重中心基本一致，超长物件尾部应设标志。禁止客货混装。

（8）装卸电杆等笨重物件应采取措施，防止散堆伤人。分散卸车时，每卸一根之前，应防止其余杆件滚动。每卸完一处，应将车上其余的杆件绑扎牢固后，方可继续运送。

（9）凡使用机械牵引杆件上山，应将杆身绑牢，钢丝绳不得触磨岩石或坚硬地面，爬山路线左右两侧 5m 以内，不得有人停留或通过。

（10）人力运输的道路应事先清除障碍物，山区抬运笨重的物件应事先制订运输方案，采取必要的安全措施。

（11）多人抬杠，应同肩，步调一致，起放电杆时应相互呼应协调。重大物件不得直接用肩扛运，雨、雪后抬运物件时应有防滑措施。

（12）在吊起或放落箱式配电设备、变压器、柱上断路器或隔离开关前，应检查台、构架结构是否牢固。

（13）汽车搬运时严禁超载，并应注意装车重心位置和重心稳定，防止刹车物体向前移动等事项，必要时采用铁丝或铁链绑扎固定以及焊接处理。采用公路装运物体的长、宽、高尺寸应遵守交通部门的有关规定。

（14）用滚杠滚动搬运应遵守下列规定：

1）应由专人负责指挥。

2）滚杠承受重物后两端各露出约 30cm，以便调节转向。

3）添放滚杠人员不准戴手套，人员应蹲在拖板两旁，滚杠从侧面插入。手动调节管子时，应注意防止手指压伤。

4）上坡时应用木楔垫牢管子，以防管子滚下。同时，无论上坡、下坡，均应对重物采取防止下滑的措施。

5）下走道的铺设应使枕木的接头互相错开，并且下走道要平直，以减少拖运时的摩擦阻力。下走道接头处要求后一块枕木不高于对接的前一块枕木接头。若超过前一块高度时应用薄木板将前一块枕木接头处垫高。

三、预防机动车辆事故技术

随着电网生产和建设的迅猛发展，交通运输工作也取得了长足的进步。在生产作业现场的机动车辆日益增多，车辆应用的范围也更加广泛。生产中离不开物料的搬运、装卸、堆垛、储存、转运等作业，这些作业基本上依靠机动车辆来完成。随着电力系统内的机动车辆的增加，由此派生出一个十分严峻的问题，这就是频繁发生的道路交通事故，包括机动车辆引发人身伤害和车辆损坏事故，严重地影响电力企业的安全生产。预防机动车辆事故的安全工作，不仅关系到直接从事交通运输工作的人员，也涉及各级管理人员和全体参与道路交通运输活动的人员，包括调度人员、指挥人员、装卸人员、押运人员和乘坐人员。

（一）机动车辆事故类型和原因

1. 常见机动车辆事故的类型

（1）车辆伤害。包括撞车、翻车、挤压和轧碾等。

（2）物体打击。搬运、装卸和堆垛时物体的打击。

（3）高处坠落。人员或人员连同物品从运输车辆上坠落造成伤害和损失。

（4）火灾、爆炸。由于人为的原因发生火灾并引起油箱等可燃物急剧燃烧爆炸，或装载易燃易爆物品，因运输不当发生火灾爆炸。

（5）触电伤害。车载人员或物品与输电线路等带电体的直接接触，或距离小于最小安全距离时引起的触电事故。

2. 机动车辆伤害事故的主要原因

机动车辆伤害事故的原因较为复杂，与车辆的技术状况、道路条件、作业环境、管理水平，以及驾驶员的操作技能、应变能力、情绪好坏等一系列因素有关。

（1）违章驾驶。事故的当事人，由于不按有关规定驾车行驶，扰乱正常的厂内搬运秩序，致使事故发生。如酒后驾车、疲劳驾车、非驾驶员驾车、超速行驶、争道抢行、违章超会车和违章装载等。

1）无证驾车。机动车辆驾驶员属于特种作业人员，需经过专业技术培训，考核合格，获得证书后方可独立驾驶。而非机动车辆驾驶员不具备驾驶能力，也不了解车辆力学性能，更不掌握安全操作方法。

2）人货混载。车辆在急转弯或制动时，由于惯性和离心力的作用，使车上的人和货物相互碰撞、挤压，或把人和货物甩出车外，造成人身伤害事故。

3）违章装载。由于运输任务重，运输距离短，往往会出现车辆超载（超重、超高、超宽、超长）现象。超重使车辆轮胎负荷过大、变形严重，特别容易发生爆胎事故。同时，车辆的制动性能降低，也增加了事故发生的可能性。

（2）超速行驶。机动车辆事故有50%以上与车速过快有关。车速过快可破坏汽车的操纵性和稳定性，扩大了制动的不安全区域，导致事故发生。

（3）车况不良。目前车辆多用于短距离生产运输，且特种车辆较多，加之技术维修力量不足，所以由于车况不良引发的事故占较大的比例。主要问题是防护装置、保险装置缺乏或存在缺陷，车辆及附件存在缺陷等。由于维修不及时，使得车辆带病行驶，埋下事故隐患。

（4）驾驶技术不熟练或疏忽大意。有的驾驶员不熟悉车辆性能，不了解各种道路行车特点，不能正确判断路面复杂情况，致使出现险情时惊慌失措。或因当事人心理或生理方面的原因，没有及时、正确地观察和判断道路情况而造成失误，如情绪急躁等原因引起操作失误而导致事故。

（5）道路环境差。不良的道路构造、安全设施、交通环境和自然环境等都会引起交通事故。转弯半径、视距、纵向坡度等指标对车辆转弯、会车和超车的影响很大。作业现场狭窄、曲折、物品占道或天气恶劣等原因都会干扰驾驶员的正常判断和操作，导致事故增加。道路交通标志的可理解性和简洁、有效性，各种交通信号、交通标线和道路照明的视觉效果及安全设施的完善程度对行车安全也十分重要。交叉路口的设计会直接影响碰撞事故发生的次数，路基的松软、路面的凹陷和积水等，修建和养护质量的问题也会增加发生事故的概率。因风、雪、雨、雾等自然条件的影响，使驾驶员的视线、视距和视野以及听力受到影响，往往造成判断情况不及时，加之积水、积雪、路面结冰等造成的路面湿滑，这些也是造成机动车事故的因素。

(6) 管理不严。由于车辆安全行驶制度没有落实，管理规章制度或操作规程不健全。交通信号、标志、设施缺陷等管理方面的原因导致事故发生。

（二）预防机动车辆事故技术

预防机动车辆事故主要应做到以下工作：加强机动车驾驶员的安全管理，对现场作业人员进行交通安全教育培训，车辆进行定期检验保证车况良好，选择路况良好的道路，禁止酒后驾车、私自驾车、疲劳驾车、超速行驶和超载行驶，禁止乙炔和氧气瓶混装运输等。

1. 机动车驾驶员安全技术要求

机动车辆操作人员必须按照国家有关规定，经过专门培训且考核、考试合格。单位内驾驶机动车应取得机动车驾驶证或特种作业操作证后方准驾驶或操作。定期组织驾驶员进行安全技术培训，按规定参加年审，提高驾驶员的安全行车意识和驾驶技术水平。

(1) 驾驶员驾驶机动车上道路行驶前，应当对机动车的安全技术性能进行认真检查，车辆的装备、安全防护装置及附件应齐全有效，全车各部位在发动机运转及停车时应无漏油、漏水、漏电、漏气现象。不得驾驶安全设施不全或者机件不符合技术标准等具有安全隐患的机动车。

(2) 机动车驾驶员应当遵守道路交通安全法律、法规的规定，按照操作规范安全驾驶、文明驾驶。

(3) 饮酒、服用国家管制的精神药品或者麻醉药品，或者患有妨碍安全驾驶机动车的疾病，或者过度疲劳影响安全驾驶的，不得驾驶机动车。

(4) 严禁超重、超长、超宽、超高装运物品。装载物品要捆绑稳固牢靠。载货汽车不准搭乘无关人员。不准将乙炔、氧气瓶混装在一起运输。

(5) 行车前应观察车辆四周情况，检查车前车后车下是否有人和障碍物，货物装好，乘人坐好，车门关好，确认安全无误后再起步。车辆由路边起步时，要打开向左行驶的信号，以引起后方来车的注意。同时，从后视镜注意后方来车动态，车辆驶入正式车道后，车辆调直即关闭左转向灯。

(6) 驾驶车辆时，驾驶员、乘坐人员应当按规定使用安全带。应关好车门、车厢。要精神集中，不准边驾驶车辆边吸烟、饮食、攀谈或做其他妨碍行车安全的活动。注意与其他机动车辆保持规定间距，转弯时应减速、靠右行驶、并打转向灯。超车时不准妨碍被超车辆行驶和行人安全。通过火车道和交叉路口应提前减速，时速不得超过15km/h，做到“一慢、二看、三通过”。严格执行“四不准”(不准闯红灯、不准抢行猛弯、不准违章装载、不准违章占用车道)、“八不开”(不开超载车、不开酒后车、不开超速车、不开疲劳车、不开带病车、不违章掉头、不人货混装、不违章超车)。

(7) 在变电站、车间、库房及露天施工工地行驶时，应按规定线路行驶，要密切注意周围环境和人员动向，低速慢行，随时做好停车准备。

(8) 严格遵守各种安全标志。应当按照交通信号通行；遇有交通警察现场指挥时，应当按照交通警察的指挥通行；在没有交通信号的道路上，应当在确保安全、畅通的原则下通行。

(9) 机动车在道路上行驶，不得超过限速标志标明的最高时速。在没有限速标志的路段，应当保持安全车速。

(10) 机动车会车时，要做到“礼让三先”，即先让、先慢、先停，并注意非机动车和来往行人。

(11) 超车时应选择道路宽直、视线良好、左右两侧均无障碍物、前方150m以内没有来车的路段进行。在下列地点或情况下不准超车：当被超车左转弯、掉头时；在超车过程中与对面来车有会车可能时；不准超正在超车的车辆；在交叉路口、人行横道、库房内、铁路道口、急弯路、窄路、调头、转弯、下陡坡的位置时；遇风、雨雪、雾天能见度在30m以内时；在冰雪、泥泞的道路上行驶时；喇叭、刮水器发生故障时；牵引发生故障的机动车时；进出厂区、库房和非机动车道时。

(12) 夜间行驶或者在容易发生危险的路段行驶，以及遇有沙尘、冰雹、雨、雪、雾、结冰等气象条件时，应当降低行驶速度。机动车在冰雪、泥泞道路上行驶时，应遵守下列规定：

1) 在冰雪路上行驶时，轮胎上应装有防滑链。

2) 缓慢行驶，避免紧急制动。

3) 同向行驶车辆，两车之间的距离应保持在50m以上。

(13) 机动车倒车时，驾驶员须先查明周围情况，确认安全后，方准倒车。

在货场、厂房、仓库、窄路等处倒车时，应有人站在车后驾驶员驾驶的一侧指挥。

（14）停车要选择适当地点，不准乱停乱放。在车辆流量大、人员密集、道路狭窄、视距不良、坡度大等不安全路段，应避免停车。停车前应减速，并以方向标灯或手势，示意后方来车及附近的人员注意。停车后应切断电源，拉紧手制动，锁好车门并将钥匙取下。必须在坡道上停车时，要选择安全位置，停好后要在拉紧手制动器的同时挂上一挡或倒挡，并用三角垫木或石块塞住车轮，防止滑溜。车辆停稳前，不准开门和上下人。开门时不准妨碍其他车辆和行人通行。夜间在道路旁停车，要打开示宽灯和尾灯，防止碰撞。在停车场内停放时，要停放整齐，保持车辆有能够驶出的间隔和距离。

2. 作业现场机动车辆安全管理

（1）各级领导和职工或外单位车辆都必须认真贯彻执行、自觉遵守国家交通法和有关交通安全规定，服从管理。

（2）作业现场行车速度不大于 15km/h，危险场所不大于 5km/h。天气恶劣时不得超过 10km/h，车辆应在中心道上行驶，严禁与设备、管道等接触。

（3）车辆通过道口、拐弯，应显示信号，要做到“一慢、二看、三通过”，减速鸣笛，注意观察。

（4）变电站和电力施工现场主要通道要设立明显的交通标志，交通标志和安全设施任何人不得私自损坏或搬动。

（5）变电站和电力施工现场的道路要设有足够的照明，道路上不准放物件，随时保持畅通。

（6）凡是由于生产需要必须临时占用或破土施工时，必须经有关部门主管领导批准后方可占用。并按占道要求采取交通安全措施和按期恢复道路通行。

（7）汽车不得超载、超高、超长、超宽，若特殊情况，必须事先与主管部门联系，采取安全措施，方可行驶。

（8）车辆停放不能影响交通安全和生产施工，且不得在主要通道路口周围 20m、车间进出口周围 10m 以及消防通道的拐弯处停放。

（9）机动车必须遵守作业场所的交通标志和交通标线的指示行驶，按规定的工作路线行驶。在无划分交通标志和交通标线的道路上行驶时，机动车辆在中间行驶，非机动车和行人靠右边行驶。机动车辆行驶时遇有非机动车和行人横过车道时必须停车或减速让行。

（10）叉车、翻斗车、起重车，除驾驶员、副驾驶员座位以外，任何位置在行驶中不得有人坐立。

（11）各种车辆在架空高压线等带电体附近作业时，必须划定明确的作业范围，并设专人监护。

第三节 高处作业安全技术

高处作业是电力安装和修试工作中常见的作业之一。由于高处作业中存在心理和人体感觉与地面不同、作业难度较高和气象因素影响大等安全问题，因此，对高处作业的人员、设备和安全措施的要求都十分严格。如果高处作业人员不遵守高处作业安全的有关规定，就有可能发生高处坠落、物体打击等事故。

一、高处作业的含义

凡在坠落高度基准面在2m以上（含2m）有可能坠落的在高处进行的作业，均称为高处作业。其含义有两个：一是相对概念，可能坠落的底面高度大于或等到于2m；也就是说不论在单层、多层或高层建筑物作业，即使是在平地，只要作业处的侧面有可能性导致人员的坠落的坑、井、洞或空间，其高度达到2m及其以上，就属于高处作业；二是高低差距标准定为2m，因为一般情况下，当人在2m以上的高度坠落时，就很可能会造成重伤、残废或甚至死亡。

另外，对于高度虽不足2m，但作业地段的下面是坡度大于45°的斜坡，附近有坑、井、有转动设备或堆放容易伤人的物品，工作条件特殊（风雪天气），有机械震动的地方，在有毒气体存在的房内工作时，均应按高处作业的规定执行。

二、高处作业的类型

高处作业分为一般高处作业和特殊高处作业两类。

（1）在作业基准面2m（含2m）以上30m以下（不含30m）的，称为一般高处作业。

（2）符合以下情况的高处作业为特殊高处作业：在作业基准面30m（含30m）以上的高处作业、高温或低温、雨雪天气、夜间、接近或接触带电体、无立足点或无牢靠立足点、突发灾害抢救、有限空间内等环境进行的高空作业及在排放有毒、有害气体和粉尘超出允许浓度的场所进行的高处作业。

三、高处作业安全技术

掌握高处作业安全技术的目的是防止高处坠落伤害。从以下几个方面入手能够确实保证高处作业的安全性：尽量减少高处作业，气候适宜，作业人员无不宜高处作业病症，精神状态良好，杆塔、构架、爬梯、拉线牢固，高处作业场所附近没有带电体或针对带电体有危险预控措施，高处作业区的孔洞、沟道已做好安全措施，脚手架、检修架、登高设施等合格，登高工具脚扣、脚踏绳、升降板合格，使用有后备绳线的双控安全带，梯子有人扶持并有防滑措施等。

1. 对高处作业人员的要求

（1）凡参加高处作业的人员，应每年进行一次体检。高处作业人员必须身体健康，患有精神病、癫痫病及经医师鉴定患有高血压、心脏病等不宜从事高处作业病症的人员，不准参加高处作业。

（2）凡发现工作人员有饮酒、精神不振时，禁止登高作业。

（3）高处作业人员必须注意力集中，作业过程中不准吸烟、开玩笑、嬉闹。

2. 对防护用具的要求

（1）高处作业人员必须正确佩戴合格的安全帽。

安全帽使用前要检查帽壳、帽衬、帽带是否齐全有效。调整好安全帽衬，使帽衬各部分与帽壳相距一定空间。帽箍应根据人头型来调整箍紧，以防低头作业时帽子前滑挡住视线。安全帽应戴紧、戴正，帽带应系在颌下并系紧。

（2）高处作业人员必须正确使用合格的安全带。

安全带必须经过检验合格后方可使用。安全带和专作固定安全带的绳索在使用前应进行外观检查。安全带使用时要束紧腰带，腰扣组件必须系紧系正；利用安全带进行悬挂作业时，不能将挂钩直接钩在安全带绳上，应钩在安全带绳的挂环上；禁止将安全带挂在不牢固或带尖锐角的构件上；受到过严重冲击的安全带，即使外形未变也不可使用；严禁使用安全带来传递重物；安全带要挂在上方牢固可靠处，高度不低于腰部，禁止“低挂高用”。

在电焊作业或其他有火花、熔融源等的场所使用的安全带或安全绳应有隔热防磨套。

（3）高处作业人员必须正确使用安全绳。

为保证高空作业人员在移动过程中始终有安全保证，当进行特别危险作业时，要求在系好安全带的同时，系挂在安全绳上。禁止使用麻绳来做安全绳。使用3m以上的长绳要加缓冲器。一条安全绳不能两人同时使用。

（4）高处作业人员必须正确使用速差自控器。

速差自控器，又称为防坠器或速差式防坠器。利用物体下坠速度差进行自控，正常使用时，安全绳将随人体自由伸缩，绳索处于半紧张状态，使操作人员无牵挂感。万一失足坠落，安全绳拉出速度明显加快，器内锁止系统即自动锁止，防止高处作业人员受到伤害。

速差自控器在使用前应进行外观做检查，并试锁2～3次（试锁方法：将安全绳以正常速度拉出应发出"嗒"、"嗒"声；用力猛拉安全绳，应能锁止。松手时安全绳应能自动回收到器内）；必须高挂低用，速差自控器挂钩，应挂在安全带金属环上。禁止使用受过严重冲击的速差自控器。

（5）高处作业人员必须穿软底防滑胶鞋，整套的工作服。禁止穿背心、短裤、皮鞋和拖鞋。

（6）高处作业人员应一律使用工具袋。使用的工具必须系好保险绳。

3. 对工作环境的要求

（1）高处作业前，必须对周围的安全设施进行检查，周围如有孔洞、沟道等，应铺设盖板、安全网围栏并有固定其位置的措施。同时，应设置安全标志，夜间还应设红灯示警。

（2）高处作业的平台、走道、斜道等应装设1050～1200mm高的硬质防护栏杆，并在栏杆内侧设180mm高的侧板，以防坠物伤人。

（3）在夜间或光线不足的地方进行高处作业，必须安装足够的照明。

（4）壁、陡坡的场地或人行道上的冰雪、碎石、泥土应经常清理，靠外面一侧应设1050～1200mm高的栏杆。在栏杆内侧设180mm高的侧板，以防坠物伤人。

（5）当临时高处行走区域不能装设防护栏杆时，应设置1050mm高的安全水平扶绳，且每隔2m应设一个固定支撑点。

（6）需要上下层同时进行工作时，中间必须搭设严密牢固的防护隔板、罩棚或其他隔离设施。

4. 高处作业的气象条件

（1）低温或高温环境下作业，应采取保暖和防暑降温措施，作业时间不宜过长。当气温低于－5℃进行露天高处作业时，施工场所应设置取暖休息室。当气温高于35℃进行露天高处作业时，施工场所应设置凉棚并配置防暑降温设施。

（2）在6级及以上的大风以及暴雨、打雷、冰雹、大雾、沙尘暴等恶劣天气，应停止露天高处作业。

5. 对登高设施的要求

（1）梯子。梯子应坚固完整，有防滑措施。梯子的支柱应能承受作业人员及所携带的工具、材料攀登时的总重量。硬质梯子的横档应嵌在支柱上，梯阶的距离不应大于 40cm，并在距梯顶 1m 处设限高标志。使用单梯工作时，梯与地面的斜角度约为 60°。梯子不宜绑接使用。人字梯应有限制开度的措施。人在梯子上时，禁止移动梯子。

(2) 脚手架。脚手架的安装、拆除和使用，应执行国家电网公司《电力安全工作规程 [火（水）电厂动力部分]》中的有关规定及国家相关规程规定。

(3) 高处作业平台。利用高空作业车、带电作业车、叉车、高处作业平台等进行高处作业时，高处作业平台应处于稳定状态，需要移动车辆时，作业平台上不得载人。利用格栅式的平台进行高处作业，为了防止工具和器材掉落，应采取有效隔离措施，如铺设木板等。各个承重临时平台要进行专门设计并核算其承载力。

6. 高处作业注意事项

(1) 高处作业应搭设脚手架、使用高空作业车、升降平台或采取其他防止坠落措施。

(2) 在屋顶及其他危险的边沿进行工作，临空一面应装设安全网或防护栏杆，否则，作业人员应使用安全带。

(3) 在没有脚手架或者在没有栏杆的脚手架上工作，高度超过 1.5m 时，应使用安全带，或采取其他可靠的安全措施。

(4) 安全带的挂钩或绳子应挂在结实牢固的构件上，或专为挂安全带用的钢丝绳上，并应采用高挂低用的方式。禁止挂在移动或不牢固的物件上（如隔离开关支持绝缘子、电容式电压互感器绝缘子、母线支柱绝缘子、避雷器支柱绝缘子等）。

(5) 登高作业前，应注意先清理掉鞋底可能沾有的油脂或泥巴；雪天或有油处作业要采取防滑措施。上下脚手架应走斜道或梯子，作业人员不准沿脚手杆或栏杆等攀爬。杆上作业前检查线杆及拉线牢固，并选择适合的合格脚扣。

(6) 在带电体附近进行高处作业时与带电体的最小安全距离必须满足要求。高处作业场所附近有带电体时，传递物件的绳索必须是干燥的尼龙绳或麻绳，测量时，必须遵守带电作业的有关规定。

(7) 高处作业人员在作业过程中，应随时检查安全带是否拴牢。高处作业人员在转移作业位置时不得失去安全保护。钢管杆塔、30m 以上杆塔和 220kV 及以上线路杆塔宜设置防止作业人员上下杆塔和杆塔上水平移动的防坠安全保护装置。上述新建线路杆塔必须装设。高空行走、攀爬时严禁手持物件。使用软梯、挂梯作业或用梯头进行移动作业时，软梯、挂梯或梯头上只准一人工作。作业人员到达梯头上进行工作和梯头开始移动前，应将梯头的封口可靠封闭，否则应使用保护绳防止梯头脱钩。

(8) 较大的工具应用绳拴在牢固的构件上，工件、边角余料应放置在牢靠的地方或用铁丝扣牢并有防止坠落的措施，不准随便乱放，以防止从高空坠落发生事故。

(9) 禁止将工具及材料上下投掷，应用绳索拴牢传递，以免打伤下方工作人员或击毁脚手架。

(10) 尽量避免交叉作业，拆架或起重作业时，作业区域设警戒区，严禁无关人员进入。

(11) 应及时清理脚手架上的工件和零散物品，做好物件防坠措施。

(12) 作业人员不得坐在临空面边缘及上方没有可靠隔离层的地方或骑在栏杆上休息、逗留。

(13) 在进行高处作业时，除有关人员外，不准他人在工作地点的下面通行或逗留，工作地点下面应有围栏或装设其他保护装置，防止落物伤人。

第四节 带电作业安全技术

带电作业是指在电力设备或线路不停电的情况下，对其进行测试、检修维护、更换部件以及处理缺陷等操作的一种特殊作业方式。

一、带电作业基本技术条件和安全要求

在电力线路、变电站（发电厂）电气设备上，一般采用等电位、中间电位和地电位方式进行的带电作业，以及低压带电作业。

1. 带电作业基本技术条件

无论采取哪种带电作业方式，为了保证带电作业人员没有影响作业安全的不适感以及受到电流的伤害，带电作业时必须具备三个保证安全的基本技术条件：

(1) 流经人体的电流不超过人体的感知水平 1mA；

(2) 将高压电场限制到人身安全和健康无损害的数值内，即人体体表局部场强不超过人体的感知水平 240kV/m；

(3) 人体与带电体保持规定的安全距离，应保证在电力系统中发生各种过电压时，不会发生闪络放电。

2. 带电作业一般安全要求

(1) 参加带电作业的人员，应经专门培训，并经考试合格取得资格、单位书面批准后，方能参加相应的作业。带电作业工作票签发人和工作负责人、专

责监护人应由具有带电作业资格、带电作业实践经验的人员担任。

带电作业应设专责监护人。监护人不准直接操作。监护的范围不准超过一个作业点。复杂或高杆塔作业必要时应增设（塔上）监护人。

（2）对于比较复杂、难度较大的带电作业，必须经过现场勘察，编制相应操作工艺方案和严格的操作程序，并采取可靠的安全技术组织措施。

（3）带电作业应在良好天气下进行。如遇雷电（听见雷声、看见闪电）、雪、雹、雨、雾等不准进行带电作业。风力大于5级时，或湿度大于80%时，一般不宜进行带电作业。

（4）带电作业有下列情况之一者，应停用重合闸保护，并不准强送电：

1）中性点有效接地的系统中有可能引起单相接地的作业。

2）中性点非有效接地的系统中有可能引起相间短路的作业。

3）工作票签发人或工作负责人认为需要停用重合闸保护的作业。

4）禁止约时停用或恢复重合闸保护。

（5）在带电作业过程中如设备突然停电，作业人员应视设备仍然带电。

（6）地电位带电作业一般安全技术：

1）进行地电位带电作业时，人身与带电体间的应保持足够的安全距离，不能满足最小安全距离时，应采取可靠的绝缘隔离措施。

2）绝缘操作杆、绝缘承力工具和绝缘绳索的应有足够的有效绝缘长度。

3）不准使用非绝缘绳索（如棉纱绳、白棕绳、钢丝绳）。

4）在绝缘子串未脱离导线前，拆、装靠近横担的第一片绝缘子时，应采用专用短接线或穿屏蔽服方可直接进行操作。

5）在市区或人口稠密的地区进行带电作业时，工作现场应设置围栏，派专人监护，禁止非工作人员入内。

6）非特殊需要，不应在跨越处下方或邻近有电力线路或其他弱电线路的档内进行带电架、拆线的工作。

（7）等电位作业安全要求：

1）等电位作业一般在63（66）、±125kV及以上电压等级的电力线路和电气设备上进行。若需在35kV电压等级进行等电位作业时，应采取可靠的绝缘隔离措施。20kV及以下电压等级的电力线路和电气设备上不准进行等电位作业。

2）等电位作业人员应在衣服外面穿合格的全套屏蔽服（包括帽、衣裤、手套、袜和鞋，750、1000kV等电位作业人员还应戴面罩），且各部分应连接良好。屏蔽服内还应穿着阻燃内衣。

禁止通过屏蔽服断、接接地电流、空载线路和耦合电容器的电容电流。

3）等电位作业人员与地电位作业人员传递工具和材料时，应使用足够有效长度的绝缘工具或绝缘绳索进行。

4）沿导、地线上悬挂的软、硬梯或飞车进入强电场的作业应时应检查导、地线的应有足够的截面，本档两端杆塔处导、地线的紧固情况，挂梯载荷后地线及人体对下方带电导线的安全间距等。

在瓷横担线路上禁止挂梯作业，在转动横担的线路上挂梯前应将横担固定。

5）等电位作业人员在作业中禁止用酒精、汽油等易燃品擦拭带电体及绝缘部分，防止起火。

（8）进行感应电压防护。在330、±400kV及以上电压等级的线路杆塔上及变电站构架上作业，应采取下列防静电感应措施：

1）作业人员应穿静电感应防护服和导电鞋。

2）绝缘架空地线应视为带电体。在绝缘架空地线附近作业时，作业人员与绝缘架空地线之间的距离不应小于0.4m。如需在绝缘架空地线上作业应用接地线将其可靠接地或采用等电位方式进行。

3）用绝缘绳索传递大件金属物品（包括工具、材料等）时，杆塔或地面上作业人员应将金属物品接地后再接触，以防电击。

（9）正确使用保护间隙。220kV及以上的电压等级进行等电位作业时，作业人员沿绝缘子串进入强电场，若组合间隙不满足规定时，应加装保护间隙，以防止发生人身设备事故。

1）保护间隙的接地线应用多股软铜线。其截面应满足接地短路容量的要求，但不准小于$25mm^2$。

2）保护间隙的距离应按规定进行整定。

3）悬挂保护间隙前，应与调度联系停用重合闸。

4）装、拆保护间隙的人员应穿全套屏蔽服。

5）悬挂保护间隙应先将其与接地网可靠接地，再将保护间隙挂在导线上，并使其接触良好。拆除的程序与其相反。

6）保护间隙应挂在相邻杆塔的导线上，悬挂后，应派专人看守，在有人、畜通过的地区，还应增设围栏。

二、带电作业安全技术

1. 带电断、接引线安全技术

（1）带电断、接引线必须在线路空负荷的条件下进行。严禁带负荷断、接线路的引线。

（2）带电断、接空载线路时，作业人员应戴护目镜，并应采取消弧措施。消弧工具的断流能力应与被断、接的空载线路电压等级及电容电流相适应。

（3）在查明线路确无接地、绝缘良好、线路上无人工作且相位确定无误后，方可进行带电断、接引线。

（4）带电接引线时未接通相的导线及带电断引线时已断开相的导线将因感应而带电。为防止电击，应采取措施后才能触及。

（5）禁止同时接触未接通的或已断开的导线两个断头，以防人体串入电路。

（6）禁止用断、接空载线路的方法使两电源解列或并列。

（7）带电断、接耦合电容器时，应将其信号、接地刀闸合上并应停用高频保护。被断开的电容器应立即对地放电。

（8）带电断、接空载线路、耦合电容器、避雷器、阻波器等设备引线时，应采取防止引流线摆动的措施。

2. 带电短接设备安全技术

（1）带电短接断路器和隔离开关。

用分流线短接断路器、隔离开关、跌落式熔断器等载流设备，应遵守下列规定：

1）短接前一定要核对相位。确定三相引线中的A相、B相和C相，然后用分流线按相别短接。防止相别搞错而发生相间短路事故。

2）组装分流线的导线处应清除氧化层，且线夹接触应牢固可靠。

3）35kV及以下设备使用的绝缘分流线的绝缘水平应符合有关规定。

4）断路器应处于合闸位置，并取下跳闸回路熔断器，锁死跳闸机构，防止在短接的过程中断路器跳闸后，方可短接。

5）分流线应用绝缘线绑扎或绝缘支撑固定好，以防摆动造成接地或短路。

（2）带电短接阻波器。

1）阻波器被短接前，严防等电位作业人员人体短接阻波器。

2）短接开关设备或阻波器的分流线截面和两端线夹的载流容量，应满足最大负荷电流的要求。

3. 带电水冲洗安全技术

为防止绝缘子发生污闪事故，可以采用带电水冲洗作业。带电水冲洗就是在保持电气设备正常带电运行的情况下，对其绝缘部分进行冲洗清洁的作业。

（1）带电水冲洗一般应在良好天气时进行。风力大于4级，气温低于

−3℃，或雨、雪、雾、雷电及沙尘暴天气时不宜进行。冲洗时，操作人员应戴绝缘手套、穿绝缘靴。

（2）带电水冲洗作业前应掌握绝缘子的脏污情况，当盐密值大于最大临界盐密值的规定时，一般不宜进行水冲洗，否则，应增大水电阻率来补救。避雷器及密封不良的设备不宜进行带电水冲洗。

（3）带电水冲洗用水的电阻率一般不低于1500Ω·cm，冲洗220kV变电设备水电阻率不低于3000Ω·cm。每次冲洗前，都应用合格的水阻表测量水电阻率，应从水枪出口处取水样进行测量。如用水车等容器盛水，每车水都应测量水电阻率。

（4）以水柱为主绝缘的大、中型水冲（喷嘴直径为4～8mm者称中水冲，直径为9mm及以上者称大水冲），其水枪喷嘴与带电体之间的水柱长度要符合有关的规定。大、中型水枪喷嘴均应可靠接地。

（5）带电冲洗前应注意调整好水泵压强，使水柱射程远且水流密集。当水压不足时，不得将水枪对准被冲洗的带电设备。冲洗用水泵应良好接地。

（6）带电水冲洗应注意选择合适的冲洗方法。直径较大的绝缘子宜采用双枪跟踪法或其他方法，并应防止被冲洗设备表面出现污水线。当被冲绝缘子未冲洗干净时，禁止中断冲洗，以免造成闪络。

（7）带电水冲洗前要确知设备绝缘是否良好。有零值及低值的绝缘子及瓷质有裂纹时，一般不可冲洗。

（8）冲洗悬垂、耐张绝缘子串、瓷横担时，应从导线侧向横担侧依次冲洗。冲洗支柱绝缘子及绝缘瓷套时，应从下向上冲洗。

（9）冲洗绝缘子时，应注意风向，先冲下风侧，后冲上风侧；对于上、下层布置的绝缘子应先冲下层，后冲上层。还要注意冲洗角度，严防临近绝缘子在溅射的水雾中发生闪络。

4. 带电清扫机械作业安全技术

带电清扫是指对未停电设备的瓷质绝缘表面，用带电清扫机械进行清扫，清除瓷质绝缘表面的脏污，使瓷质保持清洁。

（1）进行带电清扫工作时，绝缘操作杆的有效长度不准小于有关规定。

（2）使用带电清扫机械进行清扫前，应确认：清扫机械工况（电动机及控制部分、软轴及传动部分等）完好，绝缘部件无变形、脏污和损伤，毛刷转向正确，清扫机械已可靠接地。

（3）带电清扫作业人员应站在上风侧位置作业，应戴口罩、护目镜。

（4）作业时，作业人的双手应始终握持绝缘杆保护环以下部位，并保持带电清扫有关绝缘部件的清洁和干燥。

5. 高架绝缘斗臂车作业安全技术

高架绝缘斗臂车的绝缘斗臂是绝缘性能良好的材料制成，可以保持作业人员的对地绝缘，十分适合开展带电作业。

（1）高架绝缘斗臂车应经检验合格。斗臂车操作人员应熟悉带电作业的有关规定，并经专门培训，考试合格、持证上岗。

（2）高架绝缘斗臂车的工作位置应选择适当，支撑应稳固可靠，并有防倾覆措施。使用前应在预定位置空斗试操作一次，确认液压传动、回转、升降、伸缩系统工作正常、操作灵活，制动装置可靠。

（3）绝缘斗中的作业人员应正确使用安全带和绝缘工具。

（4）高架绝缘斗臂车操作人员应服从工作负责人的指挥，作业时应注意周围环境及操作速度。在工作过程中，高架绝缘斗臂车的发动机不应熄火。接近和离开带电部位时，应由斗臂中人员操作，但下部操作人员不准离开操作台。

（5）绝缘臂的有效绝缘长度应符合有关规定。且应在下端装设泄漏电流监视装置。

（6）绝缘臂下节的金属部分，在仰起回转过程中，对带电体的距离应符合有关规定。工作中车体应良好接地。

6. 带电检测绝缘子安全技术

火花间隙检测器是一种在带电条件下测试线路悬式绝缘子状况的简便测试器具。它是由绝缘杆和装在其顶端的叉形金属火花间隙组成的。使用火花间隙检测器检测绝缘子时，应遵守下列规定：

（1）检测前，应对检测器进行检测，保证操作灵活，测量准确。

（2）针式及少于 3 片的悬式绝缘子不准使用火花间隙检测器进行检测。

（3）检测 35kV 及以上电压等级的绝缘子串时，当发现同一串中的零值绝缘子片数达到规定值时，应立即停止检测。

（4）直流线路不采用带电检测绝缘子的检测方法。

（5）应在干燥天气进行。

7. 配电带电作业安全技术

（1）作业人员进行直接接触 20kV 及以下电压等级带电设备的作业时，应穿着合格的绝缘防护用具（绝缘服或绝缘披肩、绝缘手套、绝缘鞋）；使用的安全带、安全帽也应有良好的绝缘性能，必要时戴护目镜。使用前应对绝缘防护用具进行外观检查。作业过程中禁止摘下绝缘防护用具。

（2）作业时，作业区域带电导线、绝缘子等应采取相间、相对地的绝缘隔离措施。绝缘隔离措施的范围应比作业人员活动范围增加0.4m以上。实施绝缘隔离措施时，应按先近后远、先下后上的顺序进行，拆除时顺序相反。装、拆绝缘隔离措施时应逐相进行。

禁止同时拆除带电导线和地电位的绝缘隔离措施；禁止同时接触两个非连通的带电导体或带电导体与接地导体。

(3) 作业人员进行换相工作转移前，应得到工作监护人的同意。

(4) 杆塔上带电核相时，作业人员与带电部位保持足够的安全距离。核相工作应逐相进行。

8. 低压带电作业安全技术

低压带电作业是指在不停电的电压低于1000V的设备或线路上的工作。为防止低压带电作业对人身的触电伤害，作业人员应严格遵守低压带电作业有关规定和注意事项。

低压带电作业应设专人监护，也可在杆上设专人监护。

作业人员应穿绝缘鞋和全棉长袖工作服，并戴手套、安全帽和护目镜，站在干燥的绝缘物上进行，必须保持人体对地的可靠绝缘。

作业人员时必须使用有绝缘柄的工具，其外裸的导电部位应采取绝缘措施，防止操作时相间或相对地短路。禁止使用锉刀、金属尺和带有金属物的毛刷、毛掸等工具。

高低压同杆架设情况下在低压带电线路上工作时，作业人员应先检查与高压线的距离，采取防止误碰带电高压设备的措施。在低压带电导线未采取绝缘措施时，作业人员不准穿越。在带电的低压配电装置上工作时，应采取防止相间短路和单相接地的绝缘隔离措施。

上杆前，应先分清相、零线，选好工作位置。断开导线时，应先断开相线，后断开零线。搭接导线时，顺序应相反。作业人员不准同时接触两根线头。

三、带电作业工具保管、使用和试验

1. 带电作业工具的保管

带电作业使用的各种工具和仪表设备，是专用工具，应设专人管理，列册登记，并应保持完好待用状态。禁止在停电线路及设备上使用，或当作一般工具使用。

(1) 带电作业工具应存放于通风良好，清洁干燥的专用工具房内。

(2) 带电作业工具应统一编号、专人保管、登记造册，并建立试验、检修、使用记录。

（3）有缺陷的带电作业工具应及时修复，不合格的应予报废，禁止继续使用。

（4）高架绝缘斗臂车应存放在干燥通风的车库内，其绝缘部分应有防潮措施。

（5）均压服应整件平放，不得折叠，以防止铜丝折断。平时应经常检查，定期测定，如发现电阻值显著增加时，应停止使用，并查明原因，设法修好。

2. 带电作业工具的使用

使用工具时应防止工具受潮、脏污及损伤。若绝缘工具在现场偶尔被泥土沾污时，可用清洁干燥的毛巾抹净或用无水酒精清洗，对严重沾污或受潮的绝缘工具，经过处理后须进行试验方可再用。

（1）带电作业工具应绝缘良好、连接牢固、转动灵活，并按厂家使用说明书、现场操作规程正确使用。

（2）带电作业工具使用前应根据工作负荷校核机械强度，并满足规定安全系数。

（3）带电作业工具在运输过程中，带电绝缘工具应装在专用工具袋、工具箱或专用工具车内，以防受潮和损伤。发现绝缘工具受潮或表面损伤、脏污时，应及时处理并经试验或检测合格后方可使用。

（4）进入作业现场应将使用的带电作业工具放置在防潮的帆布或绝缘垫上，防止绝缘工具在使用中脏污和受潮。

（5）带电作业工具使用前，仔细检查确认没有损坏、受潮、变形、失灵，否则禁止使用。并使用2500V及以上绝缘电阻表或绝缘检测仪进行分段绝缘检测（电极宽2cm，极间宽2cm），阻值应不低于700MΩ。操作绝缘工具时应戴清洁、干燥的手套。

3. 带电作业工具的试验

（1）带电作业工具应定期进行电气试验及机械试验，其试验周期为：

1）电气试验：预防性试验每年一次，检查性试验每年一次，两次试验间隔半年。

2）机械试验：绝缘工具每年一次，金属工具两年一次。

（2）按规定对绝缘工具进行电气预防性试验和检查性试验。

（3）屏蔽服衣裤任意两端点之间的电阻值均不准大于20Ω。

第五节　电力安全工器具和防护用品

一、电力安全工器具和防护用品的分类

电力安全工器具和防护用品是防止触电、灼伤、坠落、摔跌等事故，保障电力工作人员人身安全的各种专用工具和器具。安全工器具从性能上分为绝缘安全工器具、一般防护安全工器具、安全围栏（网）和标示牌三大类。其中绝缘安全工器具又分为基本绝缘安全工器具和辅助绝缘安全工器具。

1. 基本绝缘安全工器具

是指能直接操作带电设备或接触及可能接触带电体的工器具，如验电器、绝缘杆、核相器、绝缘罩、绝缘隔板、绝缘夹钳、携带型短路接地线、个人保安接地线等。

绝缘安全工器具不等同于带电作业工器具，主要区别在于绝缘安全工器具使用过程中为短时间接触带电体或非接触带电体。

2. 辅助绝缘安全工器具

是指绝缘强度不能承受设备或线路的工作电压，只是用于加强基本绝缘安全工器具的保安作用，用以防止接触电压、跨步电压、泄漏电流等对操作人员的伤害。如绝缘手套、绝缘靴、绝缘胶垫等。

辅助绝缘安全工器具不能直接接触高压设备带电部分。

3. 一般防护用具

是指防护工作人员发生意外伤害的工器具，如安全带、安全帽、绝缘梯、脚扣、防坠器、防静电服（静电感应防护服）、防电弧服、导电鞋（防静电鞋）、安全自锁器、速差自控器、防护眼镜、过滤式防毒面具、正压式消防空气呼吸器、SF_6 气体检漏仪、氧量测试仪、耐酸手套、耐酸服及耐酸靴等。

4. 安全围栏（网）和标示牌

是指固定式、移动式隔离围栏（网），禁止类、指示类和警示类安全警告牌、设备标示牌等。

二、电力安全工器具的使用、维护和保管

由于电力工作的特殊性，使用电力安全工器具和防护用品是保障电力工作人员人身安全的重要手段，因此安全工器具和防护用品的其购置、使用、试验、维护、保管和报废应满足国家相关标准和管理规范。安全工器具使用前，应进行外观检查，应具有合格证或试验合格标签，对安全工器具的机械、绝缘性能发生疑问时，应进行试验，合格后方可使用。绝缘安全工器具使用前应擦

拭干净，使用时应戴绝缘手套。

自制、改装、主要部件更换或检修后的安全工器具，应按 DL/T875《电力建设施工机具设计基本要求》的规定进行试验，经鉴定合格后方可使用。

（一）常用安全工器具的使用

1. 电容型验电器

如图 5-1 所示，验电器是通过检测流过验电器对地杂散电容中的电流，来检验高压电气设备、线路是否带有运行电压的便携装置。电容型验电器一般由接触电极、验电指示器、连接件、绝缘杆、护手环和自检元件等组成。电容型验电器上应标有适用的电压等级，工作电压应与被测设备的电压相同，使用前应进行外观检查。非雨雪型电容型验电器不得在雷、雨、雪等恶劣天气时使用。

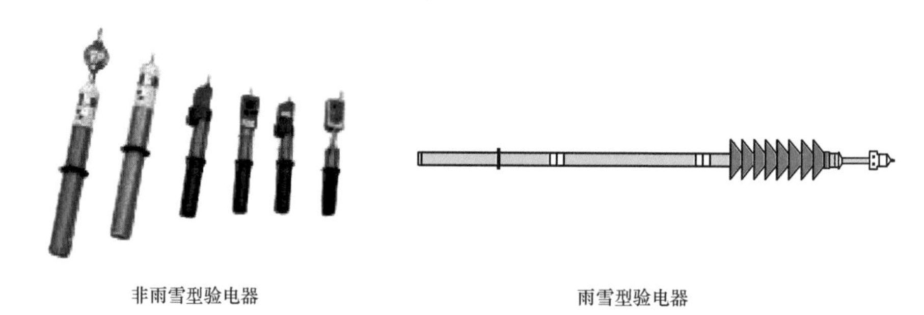

图 5-1　验电器

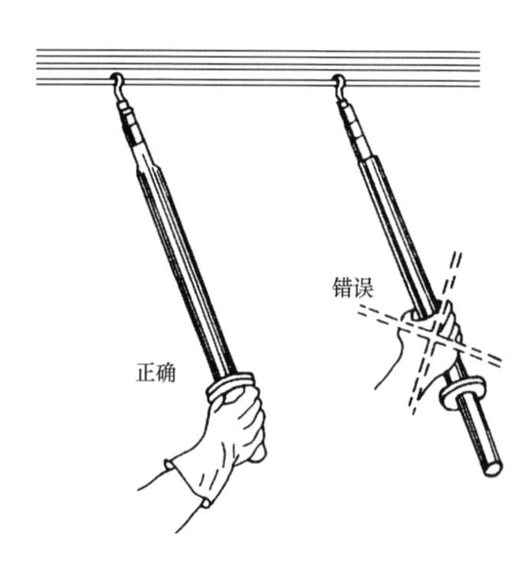

图 5-2　验电器使用

（1）使用电容型验电器时，操作人应戴绝缘手套，穿绝缘靴（鞋）。人体与带电部分距离应符合《电力安全工作规程》规定的安全距离。使用时应将验电器的绝缘杆完全拉开，手握在护手环下侧握柄部分，见图 5-2。

（2）验电前，应先按动试验按钮检验验电器声光系统是否正常，并在有电设备上进行试验，确认验电器良好。然后在待验设备上进行接触式验电。既使指示无电压，还应再次按动试验按钮检验验电器声光系统是否正常。

（3）验电注意事项。若非全回路检验的电容型验电器，按动试验按钮时有音响不得作为验电器良好的唯一判断依据，应在有电设备上直接试验。验电器电池应定期检查，发现电量不足时及时更换。验电时应注意不得使验电器短接设备或绝缘部分。有部分验电器试验按钮只检验音响和发光回路，当其内部出现断路时音响仍会正常发音，但接触有电设备时反而不会发音，往往会造成误判。特殊情况下，当验电器电池接近无电时，按动试验按钮或在有电设备上检验时勉强能发出声光指示，但当接触到带电设备时，电池电量已不能再启动声光信号，会造成误把有电设备认为是无电设备。因此，在接触待验设备后，还应再次按动试验按钮来检验验电器是还正常。

（4）无法在有电设备上进行试验时，可用工频高压发生器等验证验电器良好。使用工频高压发生器时应做好防止高压触电意外伤害的安全措施，因为对于检验 110kV 验电器的工频高压发生器来说，其工作电压为 16～44kV，对人体来说极易造成电击伤害。

（5）间接验电。对雨雪天气时的户外设备、高压直流输电设备和无法进行直接验电的设备（如 GIS 设备、全封闭组合电气设备等），可以进行间接验电，即通过设备的机械指示位置、电气指示、带电显示装置、仪表及各种遥测、遥信等信号的变化来判断。判断时，应有不同原理的两个及以上的指示，且所有指示均已同时发生对应变化，才能确认该设备已无电（即检查隔离开关的机械指示位置、电气指示、仪表及带电显示装置指示的变化，且至少应有不同原理的两个及以上指示已同时发生对应变化）。

2. 绝缘手套

由特种橡胶制成的起电气绝缘作用的手套，绝缘手套使用前应进行外观检查。进行设备验电、电气操作、装拆接地线等工作应戴绝缘手套。绝缘手套使用时应将上衣袖口套入手套筒口内。检查时可使用吹气法、旋转压缩法等简易方法检查是否破裂漏气，检查时拿住手腕部分两个角，旋转几圈，充满空气，捏压漏不漏气就知道有没有漏点了。如发现有发粘、裂纹、破口（漏气）、气泡、发脆等损坏时禁止使用。

3. 绝缘杆

又称令克棒、拉闸杆或绝缘操作棒等，绝缘杆由合成材料制成，多采用分节式螺纹对接或伸缩式空心绝缘管材，也有小部分采用绝缘填充物，见图 5-3。结构一般分为工作部分、绝缘部分和手握部分。绝缘杆用于短时间对带电设备进行操作或测量的绝缘工具，如接通或断开高压隔离开关、跌落熔丝具等。使用绝缘杆前，应选择电压等级适合的绝缘杆，检查绝缘杆的堵头，如发现破损、裂纹，应禁止使用。使用绝缘杆时操作人员应戴绝缘手套、穿绝缘鞋，人体应与带电设备保持足够的安全距离，并注意防止绝缘杆被人体或设备短接，以保持有效的绝缘长度。使用后要及时将杆体表面的污迹擦拭干净，并把各节分解后装入专用的工具袋内。雨雪天在户外操作电气设备时，应使用防雨型绝缘杆（加伞裙绝缘杆），或在操作杆的绝缘部分加装防雨罩，罩的上口应与绝缘部分紧密结合，无渗漏现象。

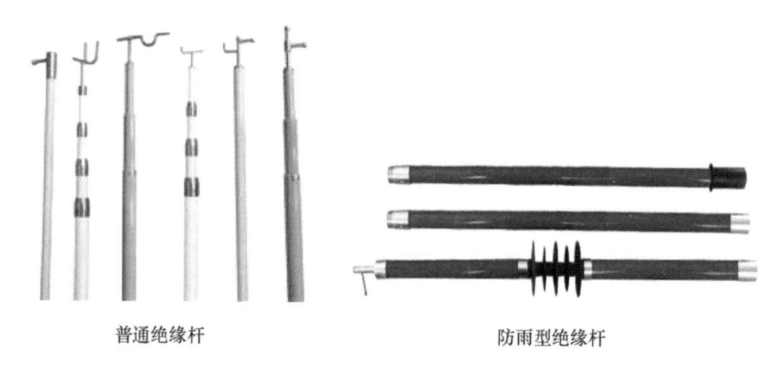

图 5-3　绝缘杆

4. 绝缘隔板和绝缘罩

由绝缘材料制成，是用于隔离带电部件、限制工作人员活动范围的绝缘平板。绝缘隔板只允许在 35kV 及以下电压的电气设备上使用，并应有足够的绝缘和机械强度。用于 10kV 电压等级时，绝缘隔板的厚度不应小于 3mm，用于 35kV 电压等级时不应小于 4mm。绝缘隔板和绝缘罩使用前应检查表面洁净、端面不得有分层或开裂，绝缘罩还应检查内外是否整洁，应无裂纹或损伤。现场带电安放绝缘挡板及绝缘罩时，应用专用工具并戴绝缘手套，在放置和使用中要防止脱落，必要时可用绝缘绳索将其固定。

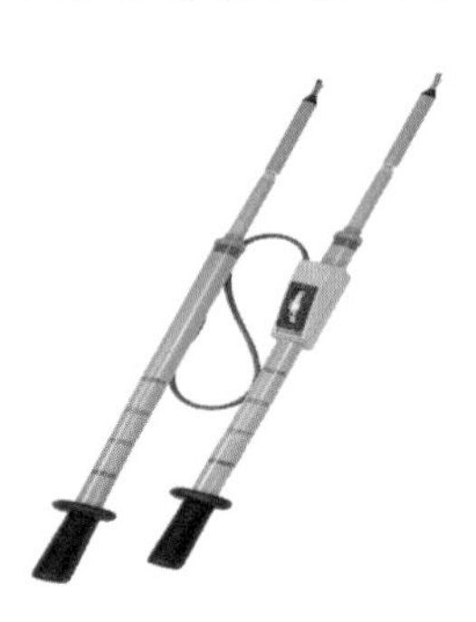

图 5-4　核相器

5. 核相器

是用于检验待连接设备、电气回路是否相位相同的装置，常见的有无线核相器、有线核相器、指针式核相器、数显式核相器等。核相器应按照使用说明书的要求正确使用，核相器绝缘杆部分的使用与绝缘杆的要求相同，外形见图5-4。

6. 绝缘靴（鞋）

由特种橡胶制成，用于人体与地面绝缘的靴（鞋）子。绝缘靴（鞋）使用前应检查不得有外伤，无裂纹、无漏洞、无气泡、无毛刺、无划痕等缺陷。如发现有以上缺陷，应立即停止使用并及时更换。穿用绝缘靴（鞋）时，应将裤管套入靴筒内，并要避免接触尖锐的物体，避免接触高温或腐蚀性物质，防止受到损伤。不得将绝缘靴当作雨鞋使用。雷雨天气或一次系统有接地时，巡视变电站室外高压设备应穿绝缘靴。

7. 绝缘胶垫

由特种橡胶制成，用于加强工作人员对地绝缘的橡胶板。绝缘胶垫应保持完好，出现割裂、破损、厚度减薄，不足以保证绝缘性能等情况时，应及时更换。

8. 接地线

也称携带型短路接地线，是用于防止设备、线路突然来电，消除感应电压，放尽剩余电荷的临时接地装置。接地线应用多股软铜线，其截面应满足装设地点短路电流的要求，但不得小于 25mm^2，长度应满足工作现场需要；接地线应有透明外护层，护层厚度大于 1mm。接地线的两端线夹应保证接地线与导体和接地装置接触良好、拆装方便，有足够的机械强度，并在大短路电流通过时不致松动。

（1）接地线使用前，应进行外观检查，如发现绞线松股、断股、护套严重破损、夹具断裂松动等不得使用。装设接地线时，人体不得碰触接地线或未接地的导线，以防止感应电触电，验电证实无电后，先装设接地线接地端，然后接导体端，并保证接触良好，严禁用缠绕的方法进行连接。拆接地线的顺序与此相反。

（2）个人保安接地线，仅作为预防感应电使用，只有在工作接地线挂好后，方可在工作相上挂个人保安接地线。不得以个人保安接地线代替“安全工作规程”规定的工作接地线。个人保安接地线一般由工作人员自行携带和装设，不准采用搭连虚接的方法接地，工作结束时，工作人员应拆除所挂的个人保安接地线。

9. 梯子

由木料、竹料、绝缘材料、金属等材料制作的登高作业的工具。梯子应能承受工作人员携带工具攀登时的总重量，梯子一般不得接长或垫高使用。如需接长时，应用铁卡子或绳索切实卡住或绑牢并加设支撑。

梯子使用注意事项是：梯子应用时应放置稳固，梯脚要有防滑装置。使用前，应先进行试登确认，梯子与地面的夹角应为 60°左右，工作人员必须在距梯顶不少于 2 档的梯蹬上工作，有人员在梯子上工作时，梯子应有人扶持和监护，严禁人在梯子上时移动梯子，严禁上下抛递工具、材料。靠在管子上、导线上使用梯子时，其上端需用挂钩挂住或用绳索绑牢。在通道上使用梯子时，应设监护人或设置临时围栏。梯子不准放在门前使用，必要时应采取防止门突然开启的措施。人字梯应具有坚固的铰链和限制开度的拉链。在变电站高压设备区或高压室内禁止使用金属梯子。搬动梯子时，应放倒两人搬运，并与带电部分保持安全距离。

10. 过滤式防毒面具（简称“防毒面具”，见图 5-5）

用于有氧环境中使用的呼吸器，一般由防护头罩、过滤装置和面罩组成，或由防护头罩和过滤装置组成。使用防毒面具时，空气中氧气浓度不得低于18%，温度为-30～45℃，不能用于槽、罐等密闭容器环境。使用时应根据其面型尺寸选配适宜的面罩号码，使用前应检查面具的完整性和气密性，面罩密合框应与佩戴者颜面密合，无明显压痛感，连接滤毒罐前注意打开滤毒罐的进气密封孔。使用中应注意有无泄漏和滤毒罐失效。过滤剂有一定的使用时间，一般为 30～100min，过滤剂失去过滤作用（面具内有特殊气味）时，应及时更换。配置防毒面具时，应考虑所应对的有毒有害物质种类选择适用性的过滤剂。滤毒罐存放时应密封保存，不得将滤毒罐进气孔敞开放置，以防失效。

橡胶防毒面具

面罩防毒面具

图 5-5　防毒面具

11. 正压式空气呼吸器（简称“空气呼吸器”，见图 5-6）

用于无氧环境中不依赖外界环境气体的呼吸器，主要由呼吸面罩、背具、压缩气瓶、减压阀、压力表、报警哨等组成，一般用于有毒有害气体浓度高的环境。使用者应根据其面型尺寸选配适宜的面罩号码，使用前应检查面具的完整性和气密性，面罩密合框应与人体面部密合良好，无明显压痛感。使用中应注意有无泄漏和压力表指示，当出现报警哨时，剩余气量至多 10min，应立即撤离工作现场或更换气瓶。未经培训的人员不得擅自使用。

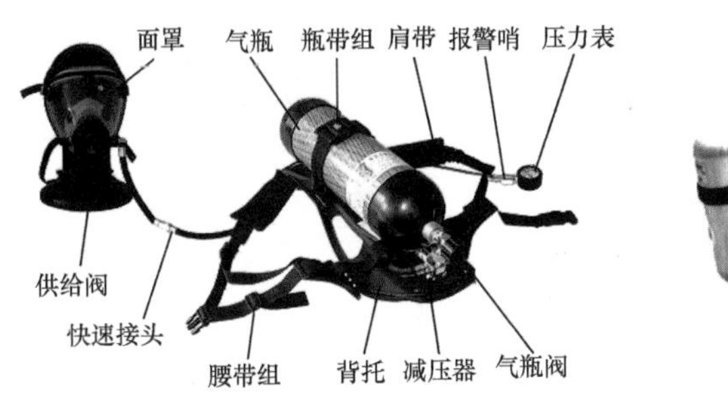

正压式呼吸器结构图

呼吸器佩戴图

图 5－6　呼吸器

12. SF_6 气体检漏仪

用于绝缘电器的制造以及现场维护时测量 SF_6 气体含量的专用仪器，有定性和定量两种型号。应按照产品使用说明书正确使用，工作人员在进入 SF_6 配电装置室时，入口处若无 SF_6 气体含量监测报警器，应先通风 15min，并用 SF_6 气体检漏仪测量 SF_6 气体含量合格后方可进入。

13. 防静电服

用于在有静电的场所降低人体电位、避免服装上带高电位引起的其他危害的特种服装。

14. 防电弧服

用绝缘和防护的隔层制成，保护穿着者身体的防护服装，用于减轻或避免电弧发生时散发出的大量热能辐射和飞溅融化物的伤害。

15. 导电鞋

由特种性能橡胶制成，在 220～500kV 带电杆塔上及 330～500kV 带电设备区非带电作业时为防止静电感应电压所穿用的鞋子。

16. 速差自控器（见图 5－7）

也叫速差保护器，是一种装有一定长度绳索的器件，作业时在作业半径内可不受限制地拉出绳索，当发生坠落时，因速度的突变可将拉出绳索的长度锁定，是高空作业的一种有效后备保护装置。在高处移位时，不得同时打开安全带和速差器，防止同时失去保护。

17. 护目眼镜

在电气设备上工作时，保护工作人员不受电弧灼伤以及防止异物落入眼内的防护用具。

钢丝绳速差自控器

带式速差自控器

图 5-7　速差自控器

（二）常用安全工器具的保管和存放

电力安全工器具的保管与存放：保管与存放必须满足国家和行业标准及产品说明书要求，一般规定应存放在温度为－15～＋35℃、相对湿度为80%以下、干燥通风的安全工器具室（柜）内。安全工器具室内应配置适用的柜、架，不得存放不合格的安全工器具及其他物品。安全工器具应统一分类编号，定置存放，并按周期进行试验。

1. 绝缘杆

应架在支架上或悬挂起来，且不得贴墙放置或平放地上，防止受潮。使用和存放前应擦拭干净。

2. 携带型接地线

宜存放在专用架上或柜内，架上的号码应与接地线的号码一致。

3. 绝缘隔板

应放置在干燥通风的地方或垂直放在离地面200mm专用的支架上或专用的柜内，使用前应擦净灰尘。如果表面有轻度擦伤，应涂绝缘漆处理。

4. 验电器

应存放在防潮盒或绝缘安全工器具存放柜内，置于通风干燥处。

5. 核相器

应存放在干燥通风的专用支架上或者专用包装盒内。

6. 橡胶类绝缘安全工器具

应存放在封闭避光的柜内或支架上，上面不得堆压任何物件，更不得接触酸、碱、油品、化学药品或在太阳下曝晒，并应保持干燥、清洁。

7. 防毒面具

应存放在干燥、通风，无酸、碱、溶剂等物质的库房内，严禁重压。防毒面具的滤毒罐（盒）的储存期为5年（3年），过期产品应经检验合格后方可使用。

8. 空气呼吸器

在储存时应装入包装箱内，避免长时间曝晒，不能与油、酸、碱或其他有害物质共同储存，严禁重压。

9. 遮栏网、带（绳）

应保持完整、清洁无污垢，成捆整齐存放在安全工具柜内，不得严重磨损、断裂、霉变、连接部位松脱等，遮栏杆外观醒目，无弯曲、锈蚀，排放整齐。

10. 脚扣

应存放在干燥通风和无腐蚀的室内。

11. 绝缘工具

在储存、运输时不得与酸、碱、油类和化学药品接触，并要防止阳光直射或雨淋。

12. 高架绝缘斗臂车

应存放在干燥通风的车库内，其绝缘部分应有防潮措施。

（三）个人防护用品

1. 安全帽

用来保护工作人员头部，使头部免受外力冲击伤害的帽子。任何人进入生产现场应佩戴安全帽，使用前应进行外观检查，检查安全帽的帽壳、帽箍、顶衬、下颚带、后扣（或帽箍扣）等组件应完好无损，帽壳与顶衬缓冲空间在25～50mm。安全帽戴好后，应将后扣调整到合适位置（或将帽箍扣调整到合适的位置），锁好下颚带，防止工作中前倾后仰或其他原因造成滑落。

2. 高压近电报警安全帽

一般由普通安全帽和高压近电报警器组合而成，使用前应检查其音响部分是否良好，但不得将无音响作为无电的依据。

3. 安全带（见图5-8）

安全带是预防高处作业人员坠落伤亡的个人防护用品，由腰带、围杆带、金属配件、紧扣件等组成。根据作业状态的不同分为围杆式安全带和悬挂、攀登安全带。

（1）围杆式安全带：简式单腰带型安全带，即由腰带和围杆带构成，多用于一般电工作业或杆上作业。

（2）悬挂、攀登安全带：结构相对复杂，有双控背带式安全带，或是增加

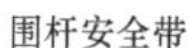
围杆安全带

单背式安全带

双控式安全带

图 5-8　安全带

了肩带、胯带和腹带的安全带。在发生坠落时将冲击力疏散到双肩、双胯和腰部，最大程度减少对腰部冲击力，对个体防护更全面。多用于墙壁立面作业、线路作业、高空吊装等危险性较大的工作。

(3) 安全带应高挂低用，防止摆动。安全带不适用于消防和吊物。

(4) 安全带使用期一般为 3～5 年，发现异常应提前报废。安全带的腰带和保险带、绳应有足够的机械强度，材质应有耐磨性，卡环（钩）应具有保险装置。保险带、绳使用长度在 3m 以上的应加缓冲器。

4. 安全绳（二防绳，见图 5-9）

是安全带上保护人体不坠落的后备保护绳，当绳长度大于 3m 时应使用缓冲器。安全带和保护绳应分挂在不同部位的牢固构件上，后备保护绳不准对接使用。

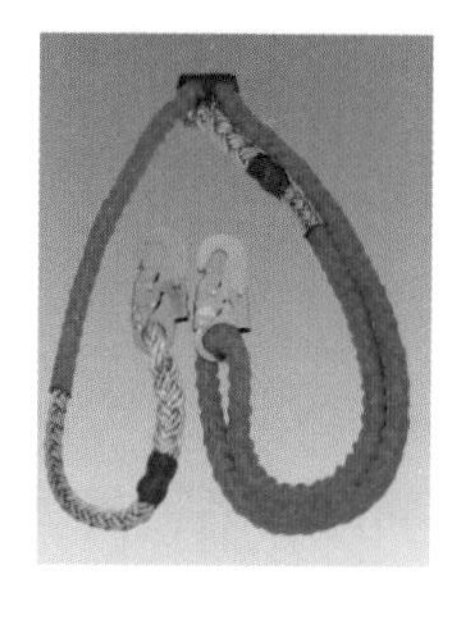
普通安全绳

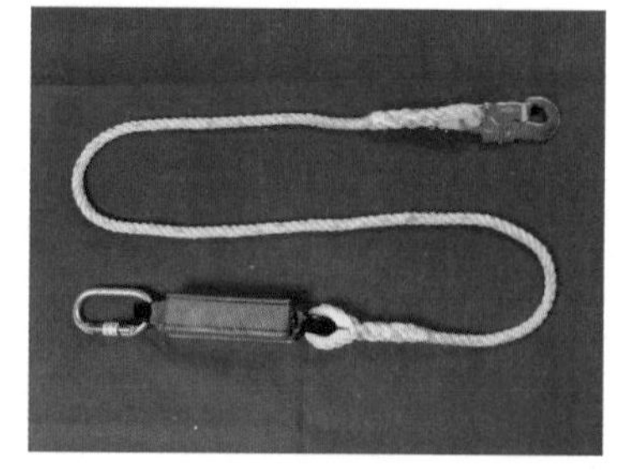
带缓冲器安全绳

图 5-9　安全绳

5. 脚扣

用钢或合金材料制作的攀登电杆的工具。脚扣使用前应进行外观检查，检查金属母材及焊缝无任何裂纹及可目测到的变形，橡胶防滑块（套）完好，无破损，皮带完好，无霉变、裂缝或严重变形，小爪连接牢固，活动灵活。

使用脚扣正式登杆时，应在杆根处用力试登，判断脚扣是否有变形和损伤，登杆前应将脚扣登板的皮带系牢，登杆过程中应根据杆径粗细随时调整脚扣尺寸，特殊天气使用脚扣时，应采取防滑措施或使用破冰式脚扣。严禁从高处往下扔摔脚扣。

三、电力安全工器具的试验

各类电力安全工器具必须通过国家和行业规定的型式试验，进行出厂试验和使用中的周期性试验。应进行试验的安全工器具如下：

按规程规定的试验周期进行试验的安全工器具，新购置和自制的安全工器具，检修后或零部件经过更换的安全工器具，对其机械、绝缘性能发生疑问或发现缺陷的安全工器具，出了质量问题的同批安全工器具。

安全工器具在试验前必须进行外观检查。如绝缘部分有无裂纹、老化、漆层脱落，固定连接部分有无松动、锈蚀、断裂等现象，有无编号等。若有不符，应修复或纠正后方可试验。

电力安全工器具经试验或检验合格后，必须由试验单位在合格的安全工器具上（不妨碍绝缘性能且醒目的部位）贴上“试验合格证”标签，并注明名称、编号、试验人、试验日期及下次试验日期等信息。

（一）电力安全工器具试验依据

周期性试验、标准及要求应符合相关规定：

《电力安全工器具预防性试验规程》（试行）（国电发〔2002〕777号）

《国家电网公司电力安全工作规程》（变电部分）（国家电网安监〔2009〕664号）

《国家电网公司电力安全工作规程》（线路部分）（国家电网安监〔2009〕664号）

《电业安全工作规程》（热力和机构部分）（GB 26164.1—2010）

《电力建设安全工作规程》（架空电力线路）（DL 5009.2—2004）

《过滤式防毒面具面罩性能试验方法》（GB 2891—1995）

《过滤式防毒面具滤毒罐性能试验方法》（GB 2892—1995）

《正压式空气呼吸器（公共安全行业标准）》（GA 124—1996）

《高电压测试设备通用技术条件　六氟化硫气体检漏仪》（DL/T 846.6—

2004）

（二）电力安全工器具预防性试验标准

1. 电容型验电器

试验周期：1年。试验项目：启动电压试验和工频耐压试验。

（1）启动电压试验：高压电极由金属球体构成，在1m的空间范围内不应放置其他物体，将验电器的接触电极与一极接地的交流电压的高压电极相接触，逐渐升高高压电极的电压，当验电器发出“电压存在”信号，如“声光”指示时，记录此时的启动电压，如该电压在0.15～0.4倍额定电压之间，则认为试验通过。

（2）工频耐压试验：高压试验电极布置于绝缘杆的工作部分，高压试验电极和接地极间的长度即为试验长度，接地极和高压试验电极以宽50mm的金属箔或用导线包绕。对于各个电压等级的绝缘杆，施加对应的电压。对于10～220kV电压等级的绝缘杆，加压时间1min；对于330～500kV电压等级的绝缘杆，加压时间5min。缓慢升高电压，以便能在仪表上准确读数，达到0.75倍试验电压值起，以每秒2%试验电压的升压速率至规定值，保持相应的时间，然后迅速降压，但不能突然切断，试验中各绝缘杆应不发生闪络或击穿，试验后绝缘杆应无放电、灼伤痕迹，应不发热。若试验变压器电压等级达不到试验的要求，可分段进行试验，最多可分成4段，分段试验电压应为整体试验电压除以分段数再乘以1.2倍的系数。

2. 绝缘杆

试验周期：1年。试验项目：工频耐压试验。

绝缘杆工频耐压试验同电容型验电器工频耐压试验。

3. 携带型短路接地线（包括个人保安线）

试验周期：不超过5年。试验项目：成组直流电阻试验。

如图5-10所示，成组直流电阻试验用于考核携带型短路接地线线鼻和汇流夹与多股铜质软导线之间的接触是否良好。同时，也可考核多股铜质软导线的截面是否符合要求。

成组直流电阻试验采用直流电压降法测量，常用的测量方式为电流—电压表法，试验电流宜≥30A。进行接地线的成组直流电阻试验时，应先测量各接线鼻间两两的长度，根据测得的直流电阻值，算出每米的电阻值，其值如符合规定，则为合格。其值为：10、16、25、35、50、70、95、120mm^{2}的各种截面，平均每米的电阻值应分别小于1.98、1.24、0.79、0.56、0.40、0.28、0.21、0.16mΩ。

4. 核相器

试验周期：1 年。试验项目：连接导线绝缘强度试验、绝缘部分工频耐压试验、动作电压试验、电阻管泄漏电流试验（半年）。

（1）连接导线绝缘强度试验：导线应拉直，放在电阻率小于 100Ω·m 的水中浸泡，也可直接浸泡在自来水中，两端应有 350mm 长度露出水面。在金属盆与连接导线之间施加相应的电压，以 1000V/s 的恒定速度逐渐加压，到达规定电压后，保持 5min，如果没有出现击穿，则试验合格。试验电路见图5－11。

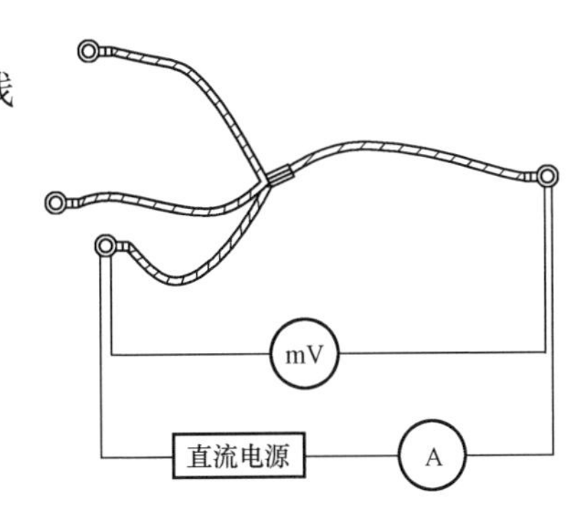

图 5－10　携带型短路接地线成组直流电阻试验

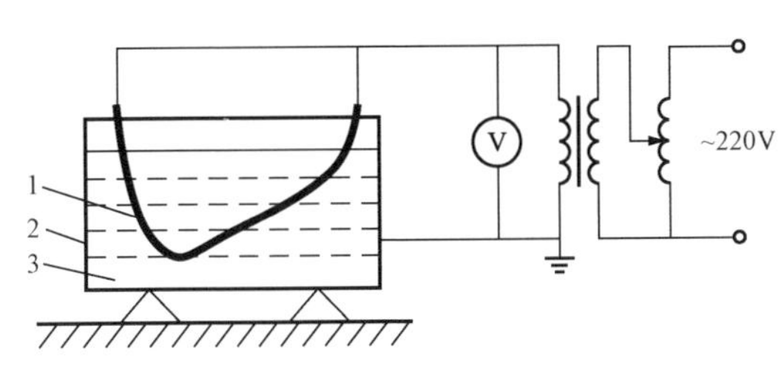

图 5－11　连接导线绝缘强度试验

1—连接导线；2—金属盆；3—水

（2）电阻管泄漏电流试验：对两核相棒进行试验，将待试核相棒的试验电极接至交流电压的一极上，其连接导线的出口与交流电压的接地极相连接，施加相应的电压，如泄漏电流小于规定的值（10kV，≤2mA；35kV，≤2mA），则试验通过。

（3）动作电压试验：将核相器的接触电极与一极接地的交流电压的两极相接触，逐渐升高交流电压，测量核相器的动作电压，如动作电压最低达到 0.25 倍额定电压，则认为试验通过。

5. 绝缘罩

试验周期：1 年。试验项目：工频耐压试验。

工频耐压试验：对于功能类型不同的绝缘罩，应使用不同类型的电极。通常遮蔽罩的内部的电极是一金属芯棒，并置于遮蔽罩内中心处，遮蔽罩外部电极为接地电极，由导电材料，如金属箔或导电漆等制成，试验电极布置如图 5－12

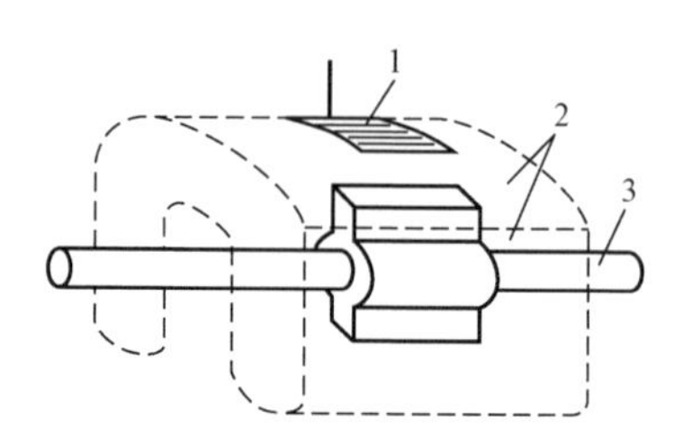

图 5-12 试验电极布置
1—接地电极；2—金属箔或导电漆；3—高压电极

所示。在试验电极间，施加相应的工频电压，持续时间 5min，试验中试品不应出现闪络或击穿。试验后，试样各部位应无灼伤、发热现象。

6. 绝缘隔板

试验周期：1 年。试验项目：表面工频耐压试验、工频耐压试验。

（1）表面工频耐压试验：用金属板作为电极，金属板的长为 70mm，宽为 30mm，两电极之间相距 300mm。在两电极间施加工频电压 60kV，持续时间 1min，试验过程中不应出现闪络或击穿，试验后，试样各部分应无灼伤，无发热现象。

（2）工频耐压试验：试验时，先将待试验的绝缘隔板上下铺上湿布或金属箔，除上下四周边缘各留出 200mm 左右的距离以免沿面放电之外，应覆盖试品的所有区域，并在其上下安好金属极板，然后施加相应电压试验，试验中，试品不应出现闪络和击穿，试验后，试样各部位应无灼伤、无发热现象。

7. 绝缘胶垫

试验周期为 1 年。试验项目为工频耐压试验。

工频耐压试验：试验时先将绝缘胶垫上下铺上湿布或金属箔，并应比被测绝缘胶垫四周小 200mm，连续均匀升压至规定的电压值（高压 15kV，低压 3.5kV），保持 1min，观察有无击穿现象，若无击穿，则试验通过。试样分段试验时，两段试验边缘要重合。绝缘胶垫试验接线见图 5-13。

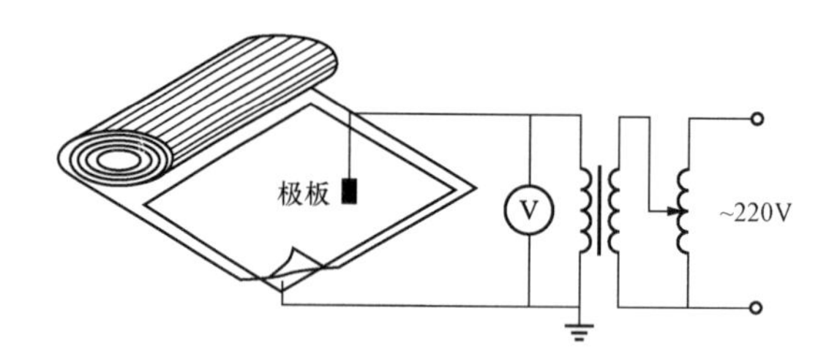

图 5-13 绝缘胶垫试验接线图

8. 绝缘靴

试验周期：半年。试验项目：工频耐压试验。

工频耐压试验：如图 5-14 所示，将一个与试样鞋号一致的金属片为内电极放入鞋内，金属片上铺满直径不大于 4mm 的金属球，其高度不小于 15mm，外接导线焊一片直径大于 4mm 的铜片，并埋入金属球内。外电极为置于金属器内的浸水绵，以 1kV/s 的速度使电压从零上升到所规定电压值的 75%，然后再以 100V/s 的速度升到规定的电压值，当电压升到规定的电压时，保持 1min，然后记录毫安表的电流值。电流值小于 10mA，则认为试验通过。

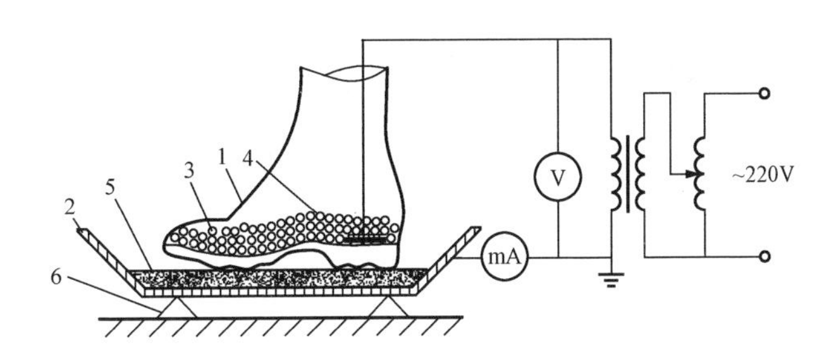

图 5－14 绝缘靴试验

1—被试靴；2—金属盘；3—金属球；4—金属片；5—海绵和水；6—绝缘支架

9. 绝缘手套

试验周期：半年。试验项目：工频耐压试验。

工频耐压试验：如图 5－15 所示，在被试手套内部放入电阻率不大于 100Ω·m 的水，如自来水，然后浸入盛有相同水的金属盆中，使手套内外水平面呈相同高度，手套应有 90mm 的露出水面部分，这一部分应该擦干，以恒定速度升压至规定的电压值，保持 1min，不应发生电气击穿，测量泄漏电流，其值满足规定的数值，则认为试验通过。高压手套：8kV，≤9mA；低压手套：2.5kV，≤2.5mA。

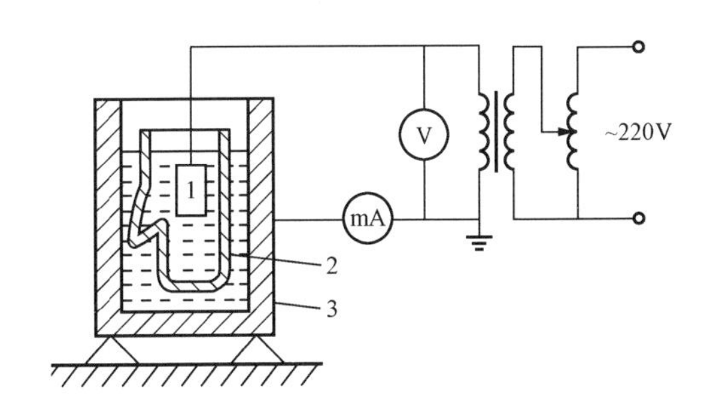

图 5－15 绝缘手套试验

1—电极；2—试样；3—盛水金属器皿

10. 导电鞋

试验周期：穿用累计不超过 200h。试验项目：直流电阻试验。

直流电阻试验：如图 5－16 所示，以 100V 直流作为试验电源，内电极由直径 4mm 的钢球组成，外电极为铜板，外接导线焊一片直径大于 4mm 的铜片埋入钢球中。在试验鞋内装满钢球，钢球总重量应达到 4kg，如果鞋帮高度不够，装不下全部钢球，可用绝缘材料加高鞋帮高度。加电压时间为 1min。测量电压值和电流值，并根据欧姆定律算出电阻，如电阻小于 100kΩ，则试验通过。

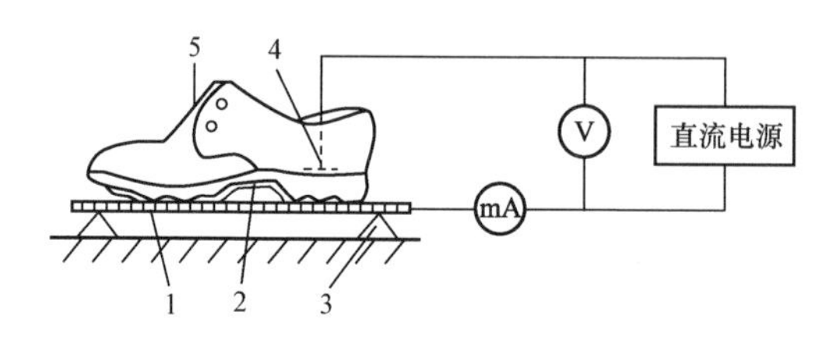

图 5－16　导电鞋试验

1—铜板；2—导电涂层；3—绝缘支架；4—内电极；5—试样

11. 安全带

试验周期：1 年（牛皮带为半年）。试验项目：静负荷试验。

静负荷试验：如图 5－17 所示，用拉力试验机进行试验，拉伸速度为 100mm/min，根据种类施加对应的静拉力，载荷时间为 5min，如不变形或破断，则认为合格。

12. 安全帽

试验周期：柳条帽≤2 年，塑料帽≤2.5 年，玻璃钢帽≤3.5 年。试验项目：冲击性能试验，耐穿刺性能试验。

（1）安全帽的使用期：从产品制造完成之日计算柳条帽为 2 年，塑料帽为 2.5 年，玻璃钢帽为 3.5 年，使用期满后，要进行抽查测试合格后方可继续使用，抽检时，每批从最严酷使用场合中抽取，每项试验，试样不少于 2 顶，以后每年抽检一次，有一顶不合格则该批安全帽报废。

（2）冲击性能试验：基座由不小于 500kg 的混凝土座构成。如图 5－18 所示，将头模、力传感器装置及底座垂直安放在基座上，力传感器装置安装在头模与底座之间，帽衬调至适当位置后将一顶完好的安全帽，戴到头模上，钢锤从 1m 高度（锤的底面至安全帽顶的距离）自由导向落下冲击安全帽。钢锤重心运动轨迹应与头模中心线和传感器敏感轴重合。通过记录显示仪器测出头模所受的力。如记录到的冲击力小于 4900N，则试验通过。

（3）耐穿刺性能试验：如图 5－19 所示，将一顶完好的安全帽安放在头模上，安全帽衬垫与头模之间放置电接触显示装置的一个电极，该电极由铜片或铝片制成，如钢锥与该电极相接触，可形成一个电闭合回路。电接触显示装置会有指示。

用 3kg 的钢锥从 1m 高度自由或导向下落穿刺安全帽，钢锥着帽点应在帽顶中心 ϕ100 范围内的薄弱部分，穿刺后观察电接触显示装置，如无显示，则试验通过。

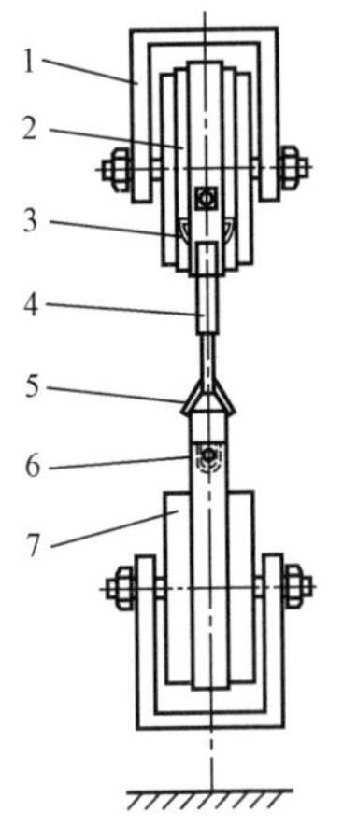

图 5－17　静负荷试验

1—夹具；2—安全带；3—半圆环；4—钩；5—三角环；6—带、绳；7—木轮

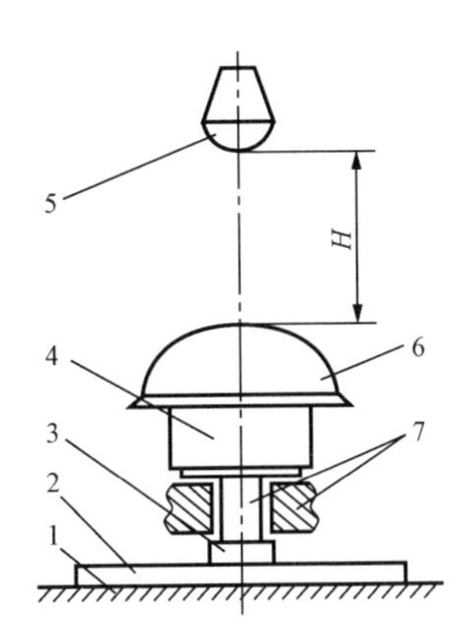

图 5－18　冲击吸收性能试验示意图（采用压电式力传感器）

1—混凝土基座；2—底座；3—压电式传感器；4—头模；5—钢锤；6—安全帽；7—力传感器配套装置；H—冲击距离

13. 脚扣

试验周期：1 年。试验项目：静负荷试验。

静负荷试验：如图 5－20 所示，将脚扣安放在模拟的等径杆上，用拉力试验机对脚扣的踏盘施加 1176N 的静压力，时间为 5min，卸荷后，活动钩在扣体内滑动应灵活并无卡阻现象，其他受力部位不得产生有足以影响正常工作的变形和其他可见的缺陷。

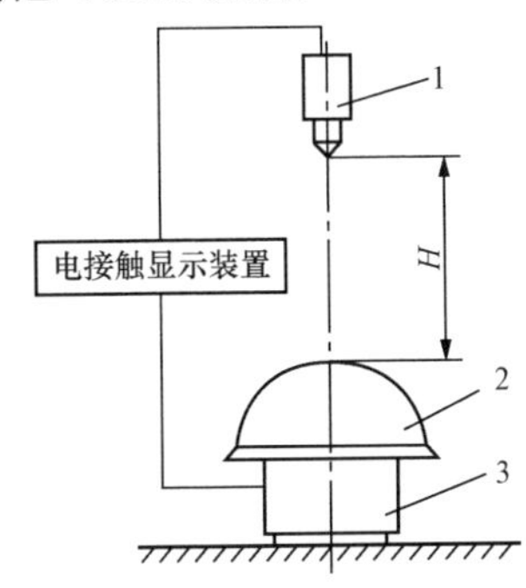

图 5－19　耐穿刺性能试验示意图

1—钢锥；2—安全帽；3—头模；H—冲击距离

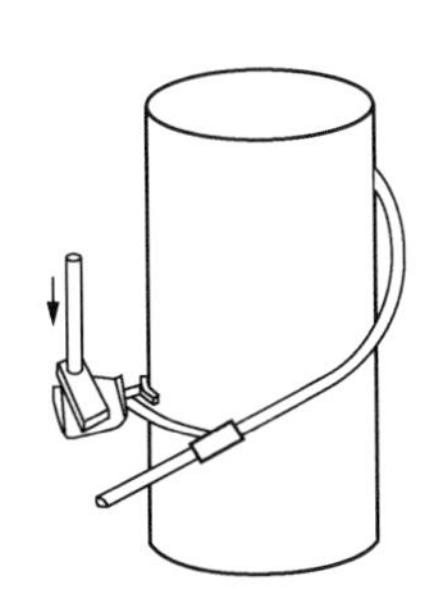

图 5－20　脚扣试验示意图

14. 升降板

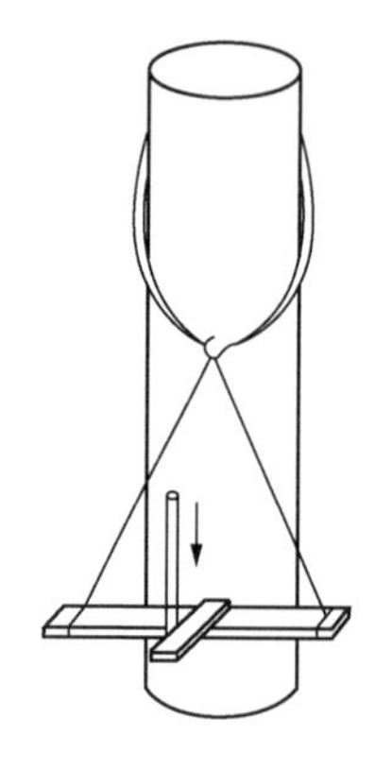

图 5-21　升降板试验示意图

试验周期：半年。试验项目：静负荷试验。

静负荷试验：如图 5-21 所示，将升降板安放在拉力机上，施加规定的静压力，加载速度应均匀缓慢上升，达到 2205N 静压力下时间为 5min，如围杆绳不破断、撕裂，钩子不变形，踏板无损，则认为试验通过。

15. 竹（木）梯

试验周期：半年。试验项目：静负荷试验。

静负荷试验：将梯子置于工作状态，与地面的夹角为 75°±5°，在梯子的经常站立部位，对梯子的踏板施加 1765N 的载荷，踏板受力区应有 10cm 宽，不允许冲击性加载，试验在此载荷下持续 5min，卸荷后，梯子的各部件应不发生永久变形和损伤。

四、安全工器具的报废

报废的安全工器具应及时清理，不得与合格的安全工器具存放在一起，更不得使用报废的安全工器具。报废的安全工器具应在台账中进行登记注销，严禁任何单位或个人将报废的安全工器具转借其他单位或个人使用。

安全工器具符合下列条件之一者，即予以报废。

（1）安全工器具经试验或检验不符合国家或行业标准；

（2）超过有效使用期限，不能达到有效防护功能指标；

（3）已损坏的安全工器具。

第六节　电 力 安 全 设 施

电力安全设施是指电力生产经营活动中将危险因素、有害因素控制在安全范围内以及预防、减少、消除危害所设置的安全标志、设备标志、安全警示线、安全防护设施等的统称。

一、安全标志

安全标志是指用以表达特定安全信息的标志，由图形符号、安全色、几何形状（边框）和文字构成。安全标志包括禁止标志、警告标志、指令标志、提示标志四种基本类型和消防安全标志、道路交通标志等特定类型。

（一）禁止标志

1. 一般要求

禁止标志牌的基本形式是一长方形衬底牌，上方是禁止标志（带斜杠的圆边框），下方是文字辅助标志（矩形边框）。图形上、中、下间隙，左、右间隙相等。

禁止标志牌长方形衬底色为白色，带斜杠的圆边框为红色，标志符号为黑色，辅助标志为红底白字、黑体字，字号根据标志牌尺寸、字数调整。

2. 常用禁止标志及图例

（1）禁止吸烟（见图 5-22）。设置于设备区入口、主控制室、继电器室、通信室、自动装置室、变压器室、配电装置室、电缆夹层、隧道入口、危险品存放点等处。

（2）禁止烟火（见图 5-23）。设置于主控制室、继电器室、蓄电池室、通信室、自动装置室、变压器室、配电装置室、检修试验工作场所、电缆夹层、隧道入口、危险品存放点等处。

（3）禁止用水灭火（见图 5-24）。设置于变压器室、配电装置室、继电器室、通信室、自动装置室等处（有隔离油源设施的室内油浸设备除外）。

图 5-22　禁止吸烟

图 5-23　禁止烟火

图 5-24　禁止用水灭火

（4）禁止跨越（见图 5-25）。设置于不允许跨越的深坑（沟）等危险场所、安全遮栏等处。

（5）禁止攀登（见图 5-26）。设置于不允许攀爬的危险地点，如有坍塌危险的建筑物、构筑物等处。

（6）禁止停留（见图 5-27）。设置于对人员有直接危害的场所，如高处作业现场、吊装作业现场等处。

图 5-25　禁止跨越

图 5-26　禁止攀登

图 5-27　禁止停留

(7) 未经许可 不得入内（见图 5-28）。设置于易造成事故或对人员有伤害的场所的入口处，如高压设备室入口、消防泵室、雨淋阀室等处。

(8) 禁止通行（见图 5-29）。设置于有危险的作业区域，如起重、爆破现场，道路施工工地的入口等处。

(9) 禁止堆放（见图 5-30）。设置于消防器材存放处、消防通道、逃生通道及变电站主通道、安全通道等处。

图 5-28　未经许可　不得入内

图 5-29　禁止通行

图 5-30　禁止堆放

(10) 禁止穿化纤服装（见图 5-31）。设置于设备区入口、电气检修试验、焊接及有易燃易爆物质的场所等处。

(11) 禁止使用无线通信（见图 5-32）。设置于继电器室、自动装置室等处。

(12) 禁止合闸 有人工作（见图 5-33）。设置于一经合闸即可送电到施工设备的断路器和隔离开关操作把手上等处。

图 5－31 禁止穿化纤服装

图 5－32 禁止使用无线通信

图 5－33 禁止合闸有人工作

（13）禁止合闸 线路有人工作（见图 5－34）。设置于工作线路断路器和隔离开关把手上。

（14）禁止分闸（见图 5－35）。设置于接地刀闸与检修设备之间的断路器操作把手上。

（15）禁止攀登 高压危险（见图 5－36）。设置于高压配电装置构架的爬梯上，变压器、电抗器等设备的爬梯上。

图 5－34 禁止合闸线路有人工作

图 5－35 禁止分闸

图 5－36 禁止攀登高压危险

（16）禁止开挖 下有电缆（见图 5－37）。设置于禁止开挖的地下电缆线路保护区内。

（17）禁止在高压线下钓鱼（见图 5－38）。设置于跨越鱼塘线路下方的适宜位置。

（18）禁止取土（见图 5－39）。设置于线路保护区内杆塔、拉线附近适宜位置。

图 5-37　禁止开挖下有电缆

图 5-38　禁止在高压线下钓鱼

图 5-39　禁止取土

（19）禁止在高压线附近放风筝（见图 5-40）。设置于经常有人放风筝的线路附近适宜位置。

（20）禁止在保护区内建房（见图 5-41）。设置于线路下方及保护区内。

（21）禁止在保护区内植树（见图 5-42）。设置于线路电力设施保护区内植树严重地段。

图 5-40　禁止在高压线附近放风筝

图 5-41　禁止在保护区内建房

图 5-42　禁止在保护区内植树

（22）禁止在保护区内爆破（见图 5-43）。设置于线路途经石场、矿区等。

图 5-43　禁止在保护区内爆破

（二）警告标志

1. 一般要求

警告标志牌的基本形式是一长方形衬底牌，上方是警告标志（正三角形边框），下方是文字辅助标志（矩形边框）。图形上、中、下间隙，左、右间隙相等。其长方形衬底色为白色，正三角形边框底色为黄色，边框及标志符号为黑色，辅助标志为白底黑字、黑体字，字号根据标志牌尺寸、字数调整。

2. 常用警告标志及图例

（1）注意安全（见图 5－44）。设置于易造成人员伤害的场所及设备等处。

（2）注意通风（见图 5－45）。设置于 SF_6 装置室、蓄电池室、电缆夹层、电缆隧道入口等处。

（3）当心火灾（见图 5－46）。设置于易发生火灾的危险场所，如电气检修试验、焊接及有易燃易爆物质的场所。

图 5－44　注意安全

图 5－45　注意通风

图 5－46　当心火灾

（4）当心爆炸（见图 5－47）。设置于易发生爆炸危险的场所，如易燃易爆物质的使用或受压容器等地点。

（5）当心中毒（见图 5－48）。设置于装有 SF_6 断路器、GIS 组合电器的配电装置室入口，生产、储运、使用剧毒品及有毒物质的场所。

（6）当心触电（见图 5－49）。设置于有可能发生触电危险的电气设备和线路，如配电装置室、开关等处。

图 5－47　当心爆炸

图 5－48　当心中毒

图 5－49　当心触电

(7) 当心电缆（见图 5－50）。设置于暴露的电缆或地面下有电缆处施工的地点。

(8) 当心机械伤人（见图 5－51）。设置于易发生机械卷入、轧压、碾压、剪切等机械伤害的作业地点。

(9) 当心伤手（见图 5－52）。设置于易造成手部伤害的作业地点，如机械加工工作场所等处。

当心电缆

图 5－50　当心电缆

当心机械伤人

图 5－51　当心机械伤人

当心伤手

图 5－52　当心伤手

(10) 当心扎脚（见图 5－53）。设置于易造成脚部伤害的作业地点，如施工工地及有尖角散料等处。

(11) 当心吊物（见图 5－54）。设置于有吊装设备作业的场所，如施工工地等处。

(12) 当心坠落（见图 5－55）。设置于易发生坠落事故的作业地点，如脚手架、高处平台、地面的深沟（池、槽）等处。

当心扎脚

图 5－53　当心扎脚

当心吊物

图 5－54　当心吊物

当心坠落

图 5－55　当心坠落

(13) 当心落物（见图 5－56）。设置于易发生落物危险的地点，如高处作业、立体交叉作业的下方等处。

（14）当心腐蚀（见图 5－57）。设置于蓄电池室内墙壁等处。

（15）当心坑洞（见图 5－58）。设置于生产现场和通道临时开启或挖掘的孔洞四周的围栏等处。

图 5－56　当心落物

图 5－57　当心腐蚀

图 5－58　当心坑洞

（16）当心弧光（见图 5－59）。设置于易发生由于弧光造成眼部伤害的焊接作业场所等处。

（17）当心塌方（见图 5－60）。设置于有塌方危险的区域，如堤坝及土方作业的深坑、深槽等处。

（18）当心车辆（见图 5－61）。设置于生产场所内车、人混合行走的路段，道路的拐角处、平交路口，车辆出入较多的生产场所出入口处。

图 5－59　当心弧光

图 5－60　当心塌方

图 5－61　当心车辆

（19）当心滑跌（见图 5－62）。设置于地面有易造成伤害的滑跌地点，如地面有油、冰、水等物质及滑坡处。

（20）止步　高压危险（见图 5－63）。设置于带电设备固定遮栏上，室外带电设备构架上，高压试验地点安全围栏上，因高压危险禁止通行的过道上，工作地点临近室外带电设备的安全围栏上，工作地点临近带电设备的横梁上等处。

图 5-62　当心滑跌

图 5-63　止步　高压危险

（三）指令标志

1. 一般要求

指令标志牌的基本形式是一长方形衬底牌，上方是指令标志（圆形边框），下方是文字辅助标志（矩形边框）。图形上、中、下间隙，左、右间隙相等。其长方形衬底色为白色，圆形边框底色为蓝色，标志符号为白色，辅助标志为蓝底白字、黑体字，字号根据标志牌尺寸、字数调整。

2. 常用指令标志及图例

（1）必须戴防护眼镜（见图 5-64）。设置于对眼睛有伤害的作业场所，如机械加工、各种焊接等处。

（2）必须戴防毒面具（见图 5-65）。设置于具有对人体有害的气体、气溶胶、烟尘等作业场所，如有毒物散发的地点或处理有毒物造成的事故现场等处。

（3）必须戴安全帽（见图 5-66）。设置于生产现场（办公室、主控制室、值班室和检修班组室除外）佩戴。

图 5-64　必须戴防护眼镜

图 5-65　必须戴防毒面具

图 5-66　必须戴安全帽

（4）必须戴防护手套（见图 5－67）。设置于易伤害手部的作业场所，如具有腐蚀、污染、灼烫、冰冻及触电危险的作业等处。

（5）必须穿防护鞋（见图 5－68）。设置于易伤害脚部的作业场所，如具有腐蚀、灼烫、触电、砸（刺）伤等危险的作业地点。

（6）必须系安全带（见图 5－69）。设置于易发生坠落危险的作业场所，如高处建筑、检修、安装等处。

图 5－67　必须戴防护手套

图 5－68　必须穿防护鞋

图 5－69　必须系安全带

（7）必须穿防护服（见图 5－70）。设置于具有放射、微波、高温及其他需穿防护服的作业场所。

图 5－70　必须穿防护服

（四）提示标志

1. 一般要求

提示标志牌的基本形式是一正方形衬底牌和相应文字，四周间隙相等。其衬底色为绿色，标志符号为白色，文字为黑色（白色）黑体字，字号根据标志牌尺寸、字数调整。

2. 常用提示标志及图例

（1）在此工作（见图 5－71）。工作地点或检修设备上。

（2）从此上下（见图 5－72）。工作人员可以上下的铁（构）架、爬梯上。

（3）从此进出（见图 5－73）。工作地点遮栏的出入口处。

（4）紧急洗眼水（见图 5－74）。悬挂在从事酸、碱工作的蓄电池室、化验室等洗眼水喷头旁。

（5）安全距离（见图 5－75）。根据不同电压等级标示出人体与带电体最小安全距离，设置在设备区入口处。

图 5-71　在此工作

图 5-72　从此上下

图 5-73　从此进出

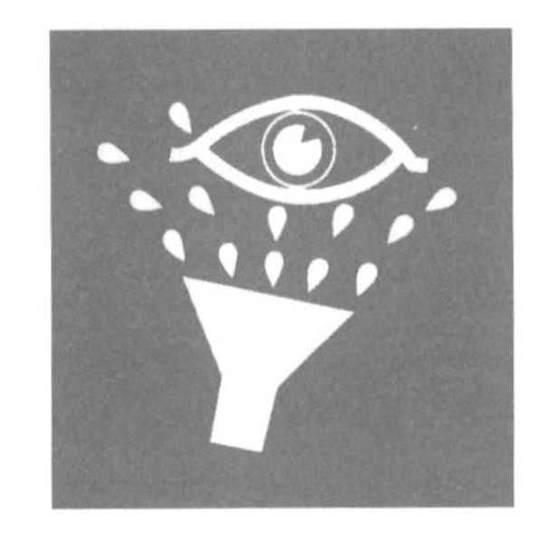

图 5-74　紧急洗眼水

图 5-75　安全距离

（五）道路交通标志

1. 一般要求

变电站设置限制高度、速度等禁令标志，基本形式一般为圆形，白底，红圈，黑图案。其设置、位置、形式、尺寸、图案和颜色等应符合 GB 5768.2—2009《道路交通标志和标线　第 2 部分：道路交通标志》、GB 4387—2008《工业企业厂内铁路、道路运输安全规程》的规定。

2. 道路交通标志图例

（1）限制高度标志。限制高度标志表示禁止装载高度超过标志所示数值的车辆通行。设置于变电站入口处、不同电压等级设备区入口处等最大容许高度受限制的地方应设置限制高度标志牌（装置）。

图 5-76 示例，表示装载高度超过 3.5m 的车辆禁止进入。

（2）限制速度标志。限制速度标志表示该标志至前方解除限制速度标志的路段内，机动车行驶速度（单位为 km/h）不准超过标志所示数值。设置于变电站入口处、变电站主干道及转角处等需要限制车辆速度的路段的起点应设置限制速度标志牌。

图 5－77 示例，表示限制速度为 5km/h。

图 5－76 限制高度标志牌

图 5－77 限制速度标志牌

（六）消防安全标志

1. 一般要求

设置于变电站的主控制室、继电器室、通信室、自动装置室、变压器室、配电装置室、电缆隧道等重点防火部位入口处以及储存易燃易爆物品仓库门口处合理配置灭火器等消防器材，在火灾易发生部位设置火灾探测和自动报警装置。另外，生产场所应有逃生路线的标示，楼梯主要通道门上方或左（右）侧装设紧急撤离提示标志。

2. 常用消防安全标志及图例

（1）消防手动启动器（见图 5－78）。依据现场环境，设置在适宜、醒目的位置。

（2）火警电话（见图 5－79）。依据现场环境，设置在适宜、醒目的位置。

（3）消火栓箱（见图 5－80）。生产场所构筑物内的消火栓处。

图 5－78 消防手动启动器

图 5－79 火警电话

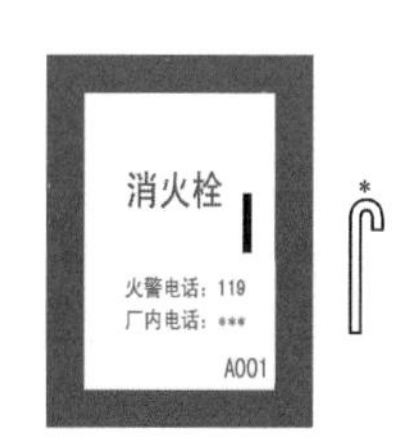

图 5－80 消火栓箱

（4）地上消火栓（见图 5－81）。固定在距离消火栓 1m 的范围内，不得影响消火栓的使用。

（5）地下消火栓（见图 5－82）。固定在距离消火栓 1m 的范围内，不得影响消火栓的使用。

（6）灭火器（见图 5－83）。悬挂在灭火器、灭火器箱的上方或存放灭火器、灭火器箱的通道上。泡沫灭火器器身上应标注“不适用于电火”字样。

图 5-81　地上消火栓

图 5-82　地下消火栓

图 5-83　灭火器

(7) 消防水带（见图 5-84）。指示消防水带、软管卷盘或消火栓箱的位置。

(8) 灭火设备或报警装置的方向（见图 5-85）。指示灭火设备或报警装置的方向。

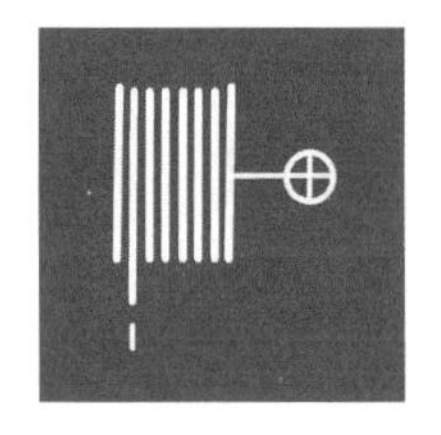

图 5-84　消防水带

图 5-85　灭火设备或报警装置的方向

(9) 疏散通道方向（见图 5-86）。指示到紧急出口的方向。用于电缆隧道指向最近出口处。

(10) 紧急出口（见图 5-87）。便于安全疏散的紧急出口处，与方向箭头结合设在通向紧急出口的通道、楼梯口等处。

图 5-86　疏散通道方向

图 5-87　紧急出口

（11）从此跨越（见图5－88）。悬挂在横跨桥栏杆上，面向人行横道。

图5－88　从此跨越

（12）消防水池（见图5－89）。装设在消防水池附近醒目位置，并应编号。

（13）消防沙池（箱）（见图5－90）。装设在消防沙池（箱）附近醒目位置，并应编号。

（14）防火墙（见图5－91）。在变电站的电缆沟（槽）进入主控制室、继电器室处和分接处、电缆沟每间隔约60m处应设防火墙，将盖板涂成红色，标明“防火墙”字样，并应编号。

1号消防水池

图5－89　消防水池

1号消防沙池

图5－90　消防沙池（箱）

1号防火墙

图5－91　防火墙

二、设备标志

（一）变电站设备标志

1．一般规定

（1）变电站设备（含设施，下同）应配置醒目的标志。配置标志后不应构成对人身伤害的潜在风险。

（2）设备标志由设备名称和设备编号组成。

（3）设备标志应定义清晰，具有唯一性。

（4）功能、用途完全相同的设备，其设备名称应统一。

（5）设备标志牌应配置在设备本体或附件醒目位置。

（6）两台及以上集中排列安装的电气盘应在每台盘上分别配置各自的设备标志牌。两台及以上集中排列安装的前后开门电气盘前、后均应配置设备标志牌，且同一盘柜前、后设备标志牌一致。

（7）GIS设备的隔离开关和接地开关标志牌根据现场实际情况装设，母线的标志牌按照实际相序位置排列，安装于母线筒端部；隔室标志安装于靠近本隔室取气阀门旁醒目位置，各隔室之间通气隔板周围涂红色，非通气隔板周围涂绿色，宽度根据现场实际确定。

（8）电缆两端应悬挂标明电缆编号名称、起点、终点、型号的标志牌，电力电缆还应标注电压等级、长度。

(9) 各设备间及其他功能室入口处醒目位置均应配置房间标志牌，标明其功能及编号，室内醒目位置应设置逃生路线图、定置图（表）。

(10) 电气设备标志文字内容应与调度机构下达的编号相符，其他电气设备的标志内容可参照调度编号及设计名称。一次设备为分相设备时应逐相标注，直流设备应逐极标注。

(11) 设备标志牌基本形式为矩形，衬底色为白色，边框、编号文字为红色（接地设备标志牌的边框、文字为黑色），采用反光黑体字。字号根据标志牌尺寸、字数适当调整。根据现场安装位置不同，可采用竖排。标志牌尺寸可根据现场实际适当调整。

2. 常用设备标志及图例

(1) 变压器（电抗器）标志牌（见图 5-92)。安装固定于变压器（电抗器）器身中部，面向主巡视检查路线，并标明名称、编号。单相变压器每相均应安装标志牌，并标明名称、编号及相别。线路电抗器每相应安装标志牌，并标明线路电压等级、名称及相别。

(2) 主变压器（线路）穿墙套管标志牌（见图 5-93)。安装于主变压器（线路）穿墙套管内、外墙处。标明主变压器（线路）编号、电压等级、名称。分相布置的还应标明相别。

(3) 滤波器组、电容器组标志牌（见图 5-94)。在滤波器组（包括交、直流滤波期，PLC 噪声滤波器、RI 噪声滤波器)、电容器组的围栏门上分别装设，安装于离地面 1.5m 处，面向主巡视检查路线。标明设备名称、编号。

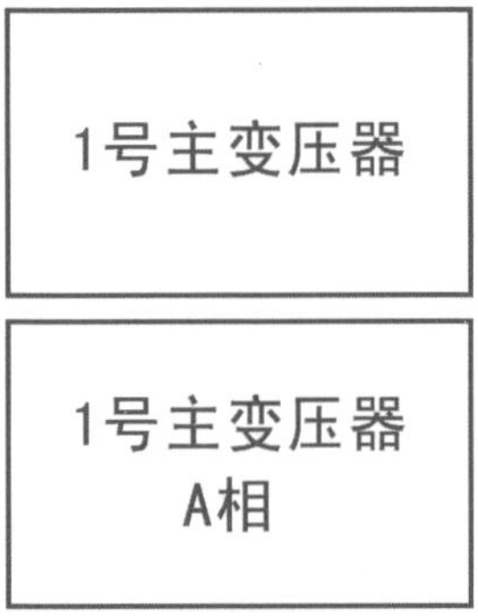

1号主变压器

1号主变压器
A相

图 5-92　变压器（电抗器）标志牌

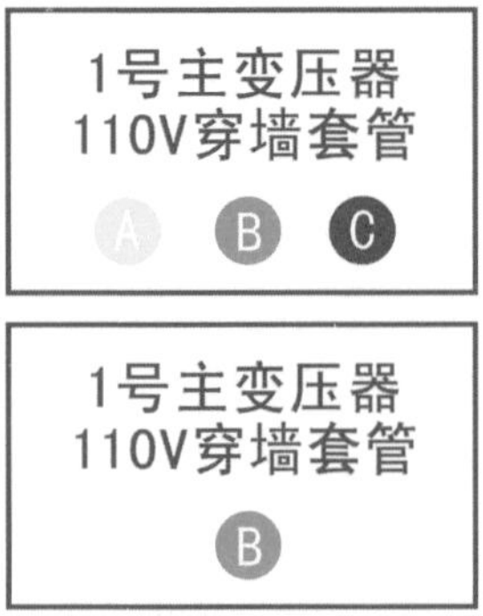

1号主变压器
110V穿墙套管
A B C

1号主变压器
110V穿墙套管
B

图 5-93　主变压器（线路）穿墙套管标志牌

3601ACF 交流滤波器

图 5-94　滤波器组、电容器组标志牌

(4) 阀厅内直流设备标志牌（见图 5-95)。在阀厅顶部巡视走道遮栏上固定，正对设备，面向走道，安装于离地面 1.5m 处。标明设备名称、编号。

（5）滤波器、电容器组围栏内设备标志牌（见图 5-96）。安装固定于设备本体上醒目处，本体上无位置安装时考虑落地固定，面向围栏正门。标明设备名称、编号。

（6）断路器标志牌（见图 5-97）。安装固定于断路器操作机构箱上方醒目处。分相布置的断路器标志牌安装在每相操作机构箱上方醒目处，并标明相别。标明设备电压等级、名称、编号。

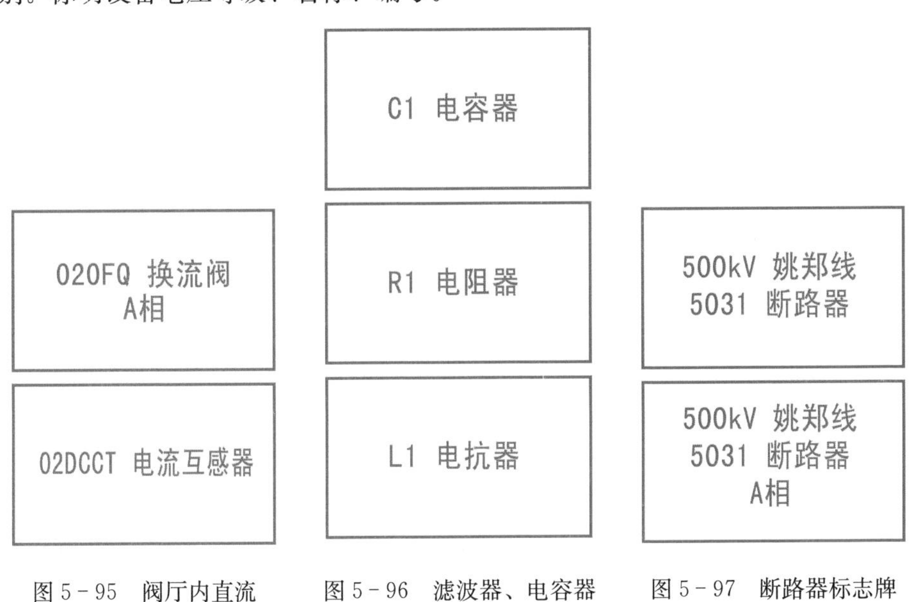

图 5-95 阀厅内直流设备标志牌　　图 5-96 滤波器、电容器组围栏内设备标志牌　　图 5-97 断路器标志牌

（7）隔离开关标志牌（见图 5-98）。手动操作型隔离开关安装于隔离开关操作机构上方 100mm 处，电动操作型隔离开关安装于操作机构箱门上醒目处，标志牌应面向操作人员，标明设备电压等级、名称、编号。

（8）电流互感器、电压互感器、避雷器、耦合电容器等标志牌（见图 5-99）。安装在单支架上的设备，标志牌还应标明相别，安装于离地面 1.5m 处，面向主巡视检查路线。三相共支架设备，安装于支架横梁醒目处，面向主巡视检查线路。落地安装加独立遮栏的设备（如避雷器、电抗器、电容器、站用变压器、专用变压器等），标志牌安装在设备围栏中部，面向主巡视检查线路。标明设备电压等级、名称、编号及相别。

（9）换流站特殊辅助设备标志牌（见图 5-100）。安装在设备本体上醒目处，面向主巡视检查线路，标明设备名称、编号。

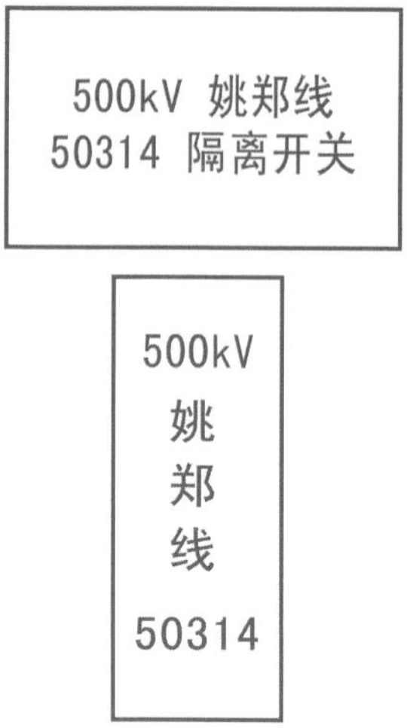

500kV 姚郑线
50314 隔离开关

500kV
姚
郑
线
50314

图 5-98 隔离开关标志牌

500kV姚郑线
电流互感器
A相

220kV Ⅱ段母线
1号避雷器
A相

图 5-99 电流互感器、电压互感器、避雷器、耦合电容器等标志牌

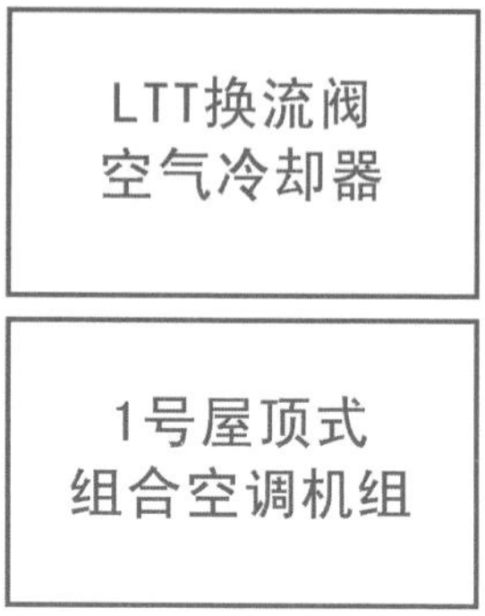

LTT换流阀
空气冷却器

1号屋顶式
组合空调机组

图 5-100 换流站特殊辅助设备标志牌

（10）控制箱、端子箱标志牌（见图 5-101）。安装固定于控制箱门，端子箱门，标明间隔或设备电压等级、名称、编号。

（11）接地开关标志牌（见图 5-102）。安装于接地开关操作机构上方100mm处，标志牌应面向操作人员，标明设备电压等级、名称、编号、相别。

（12）控制、保护、直流、通信等盘柜标志牌（见图 5-103）。安装于盘柜前后顶部门楣处，标明设备电压等级、名称、编号。

（13）室外线路出线间隔标志牌（见图 5-104）。安装于线路出线间隔龙门架下方或相对应围墙墙壁上，标明电压等级、名称、编号、相别。

（14）敞开式母线标志牌（见图 5-105）。室外敞开式布置母线，母线标志牌安装于母线两端头正下方支架上，背向母线。室内敞开式布置母线，母线标志牌安装于母线端部对应墙壁上，标明电压等级、名称、编号、相序。

（15）封闭式母线标志牌（见图 5-106）。GIS设备封闭母线，母线标志牌按照实际相序排列位置，安装于母线筒端部。高压开关柜母线标志牌安装于开关柜端部对应母线位置的柜壁上。标明电压等级、名称、编号、相序。

（16）室内出线穿墙套管标志牌（见图 5-107）。安装于出线穿墙套管内、外墙处，标明出线线路电压等级、名称、编号、相序。

（17）熔断器、交（直）流开关标志牌（见图 5-108）。悬挂在二次屏中的熔断器、交（直）流开关处，标明回路名称、型号、额定电流。

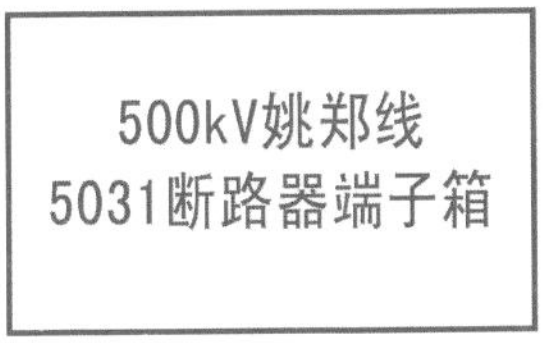
500kV姚郑线
5031断路器端子箱

图 5－101 控制箱、端子箱标志牌

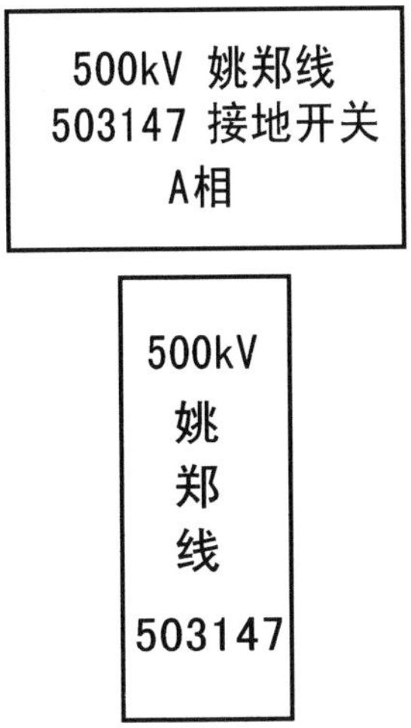
500kV 姚郑线
503147 接地开关
A相
500kV
姚
郑
线
503147

图 5－102 接地开关标志牌

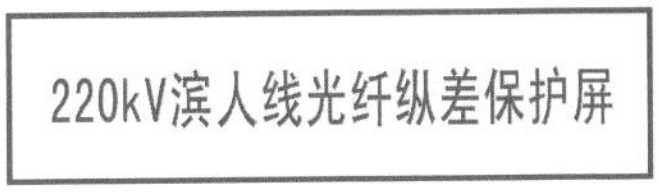
220kV滨人线光纤纵差保护屏

图 5－103 控制、保护、直流、通信等盘柜标志牌

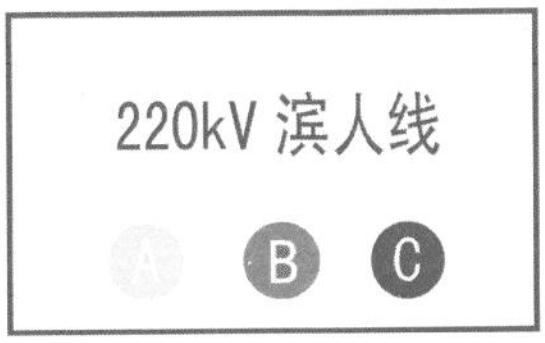
220kV 滨人线
A
B
C

图 5－104 室外线路出线间隔标志牌

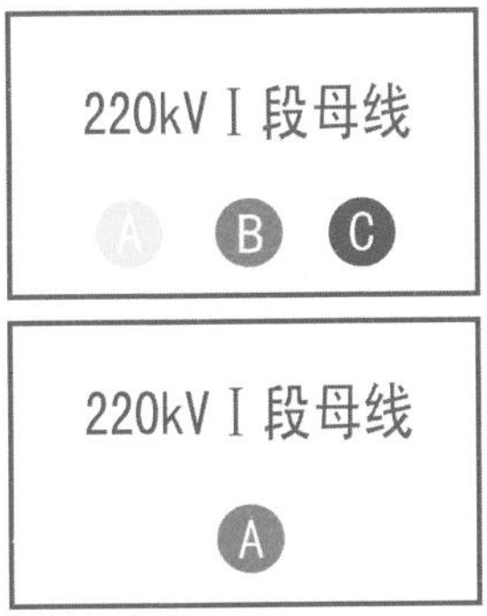
220kV Ⅰ 段母线
A
B
C
220kV Ⅰ 段母线
A

图 5－105 敞开式母线标志牌

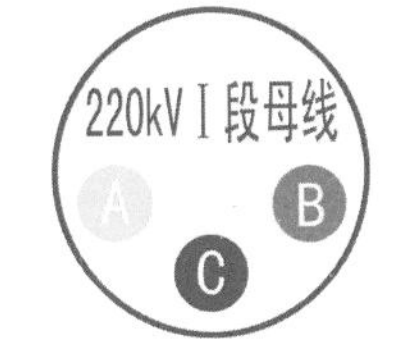

220kV Ⅰ 段母线
A
B
C
10kV Ⅱ 段母线
A
B
C

图 5－106 封闭式母线标志牌

(18) 避雷针标志牌（见图 5－109）。安装于避雷针距地面 1.5m 处，标明设备名称、编号。

(19) 明敷接地体（见图 5－110）。全部设备的接地装置（外露部分）应涂宽度相等的黄绿相间条纹。间距以 100～150mm 为宜。

(20) 接地端（见图 5－111）。地线接地端（临时接地线）固定于设备压接型地线的接地端。

(21) 低压电源箱标志牌（见图 5－112）。安装于各类低压电源箱上的醒

目位置，标明设备名称及用途。

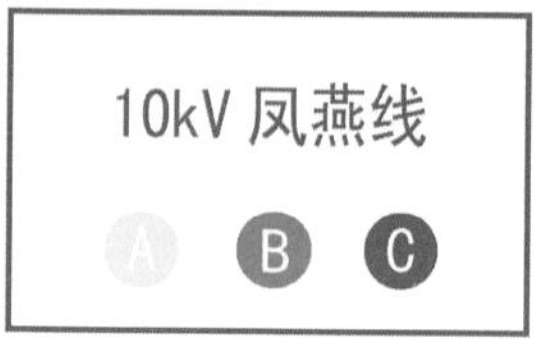

图 5-107　室内出线穿墙套管标志牌

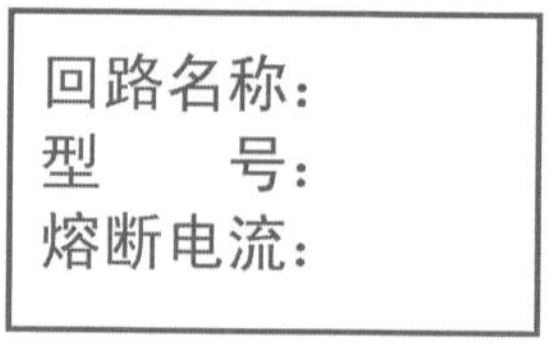

图5-108　熔断器、交（直）流开关标志牌

图 5-109　避雷针标志牌

图 5-110　明敷接地体

图 5-111　接地端

图 5-112　低压电源箱标志牌

（二）输配电设备标志

1. 一般规定

（1）电力线路应配置醒目的标志。配置标志后，不应构成对人身伤害的潜在风险。

（2）设备标志由设备编号和设备名称组成。

（3）设备标志应定义清晰，能够准确反映设备的功能、用途和属性。

（4）同一单位每台设备标志的内容应是唯一的，禁止出现两个或多个内容完全相同的设备标志。同一调度机构直接调度的每台设备标志的内容应是唯一的。

（5）配电变压器、箱式变压器、环网柜、柱上断路器等配电装置，应设置按规定命名的设备标志。

2. 架空线路标志

（1）线路每基杆塔均应配置标志牌或涂刷标志，标明线路的名称、电压等级和杆塔号。

新建线路杆塔号应与杆塔数量一致。若线路改建，改建线路段的杆塔号可采用“$n+1$”或“$n-1$”（n 为改建前的杆塔编号）形式。

（2）耐张型杆塔、分支杆塔和换位杆塔前后各一基杆塔上，应有明显的相位标志。

相位标志牌基本形式为圆形，标准颜色为黄色、绿色、红色。

（3）在杆塔适当位置宜喷涂线路名称和杆塔号，以在标志牌丢失情况下仍能正确辨识杆塔。

（4）杆塔标志牌的基本形式一般为矩形，白底，红色黑体字，安装在杆塔的小号侧；特殊地形的杆塔，标志牌可悬挂在其他的醒目方位上。

（5）同杆塔架设的双（多）回线路应在横担上设置鲜明的异色标志加以区分。各回路标志牌底色应与本回路色标一致，白色黑体字（黄底时为黑色黑体字）。色标颜色按照红黄绿蓝白紫排列使用。

（6）同杆架设的双（多）回路标志牌应在每回路对应的小号侧安装，特殊情况可在回路对应的杆塔两侧面安装。

（7）110kV及以上电压等级线路悬挂高度距地面5～12m、涂刷高度距地面3m；110kV以下电压等级线路悬挂高度距地面3～5m、涂刷高度距地面3m。

3. 电缆线路标志

（1）电缆线路均应配置标志牌，标明线路的名称、电压等级、型号、长度、起止变电站名称。

（2）电缆标志牌的基本形式是矩形，白底，红色黑体字。

（3）电缆两端及隧道内应悬挂标志牌。隧道内标志牌间距约为100m，电缆转角处也应悬挂。与架空线路相连的电缆，其标志牌固定于连接处附近的本电缆上。

（4）电缆接头盒应悬挂标明电缆编号、始点、终点及接头盒编号的标志牌。

（5）电缆为单相时，应注明相位标志。

（6）电缆应设置路径、宽度标志牌（桩）。城区直埋电缆可采用地砖等形式，以满足城市道路交通安全要求。

4. 常用输配电设备标志及图例

（1）单回路杆号标志牌（见图5-113）。安装在杆塔的小号侧。特殊地形的杆塔，标志牌可悬挂在其他的醒目方位上。

（2）双回路杆号标志牌（见图5-114）。安装在杆塔的小号侧的杆塔水平材上。标志牌底色应与本回路色标一致，字体为白色黑体字（黄底时为黑色黑体字）。

（3）多回路杆号标志牌（见图5-115）。安装在杆塔的小号侧的杆塔水平材上。标志牌底色应与本回路色标一致，字体为白色黑体字（黄底时为黑色黑体字）。色标颜色按照红黄绿蓝白紫排列使用。

500kV 姚郑线

001 号

图 5-113　单回路杆号标志牌

500kV 嵩郑Ⅰ线

001 号

500kV 嵩郑Ⅱ线

001 号

图 5-114　双回路杆号标志牌

500kV 马嵩Ⅰ线

001 号

500kV 马嵩Ⅱ线

001 号

图 5-115　多回路杆号标志牌

（4）涂刷式杆号（见图 5-116）。标志涂刷在铁塔主材上，涂刷宽度为主材宽度，长度为宽度的 4 倍。双（多）回路塔号应以鲜明的异色标志加以区分。各回路标志底色应与本回路色标一致，白色黑体字（黄底时为黑色黑体字）。

（5）双（多）回路杆塔标志（见图 5-117）。标志牌装设在杆塔横担上，以鲜明异色区分。

涂刷在杆塔横担上，以鲜明异色区分，见图 5-118。

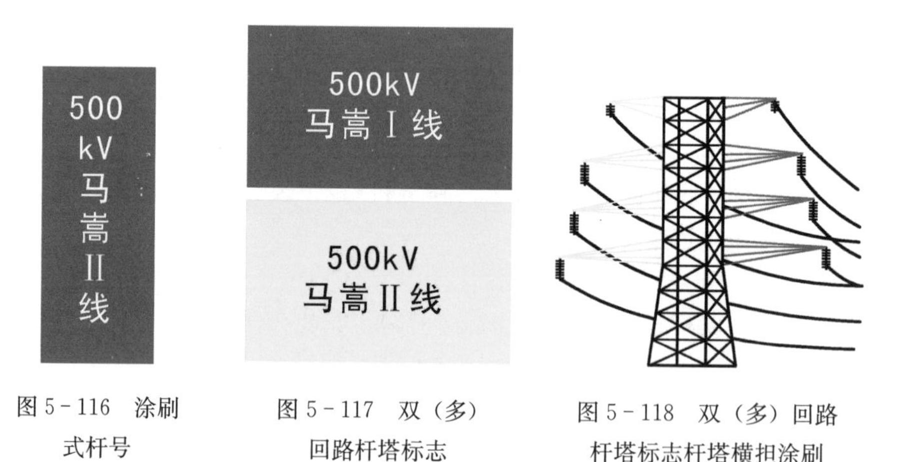

图 5-116　涂刷式杆号

图 5-117　双（多）回路杆塔标志

图 5-118　双（多）回路杆塔标志杆塔横担涂刷

（6）相位标志牌（见图 5-119）。装设在终端塔、耐张塔、换位塔及其前后一基直线塔的横担上。电缆为单相时，应注明相别标志。

（7）涂刷式相位标志（见图 5-120）。涂刷在杆号标志的上方，涂刷宽度为铁塔主材宽度，长度为宽度的 3 倍。

（8）配电变压器、箱式变压器标志牌（见图 5－121）。装设于配电变压器横梁上适当位置或箱式变压器的醒目位置。基本形式是矩形，白底，红色黑体字。

A　B　C

图 5－119　相位标志牌

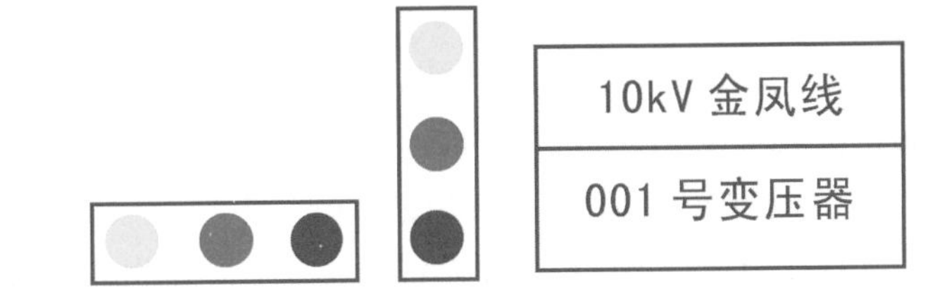

图 5－120　涂刷式相位标志

图 5－121　配电变压器、箱式变压器标志牌

（9）环网柜、电缆分接箱标志牌（见图 5－122）。装设于环网柜或电缆分接箱醒目处。基本形式是矩形，白底，红色黑体字。

（10）分段断路器标志牌（见图 5－123）。装设于分支线杆上的适当位置。基本形式是矩形，白底，红色黑体字。

（11）电缆标志牌（见图 5－124）。电缆线路均应配置标志牌，标明电缆线路的名称、电压等级、型号参数、长度和起止变电站名称。基本形式是矩形，白底，红色黑体字。

10kV 金凤线
001 号环网柜

图 5－122　环网柜、电缆分接箱标志牌

10kV 金凤线
001 号分段断路器

图 5－123　分段断路器标志牌

110kV 东月线
自：东风变电站
至：月季变电站
型号：YJLW02

图 5－124　电缆标志牌

（12）电缆接头盒标志牌（见图 5－125）。电缆接头盒应悬挂标明电缆编号、始点、终点及接头盒编号的标志牌。

（13）电缆接地盒标志牌（见图 5－126）。电缆接地盒应悬挂标明电缆编号、始点、起点至接头盒长度及接头盒编号的标志牌。

220kV 滨人线
自：滨河变电站
至：人民变电站

图 5－125　电缆接头盒标志牌

220kV 滨人线
自：滨河变电站
至：人民变电站
长度：600m

图 5－126　电缆接地盒标志牌

三、安全警示线

安全警示线用于界定和分割危险区域，向人们传递某种注意或警告的信息，以避免人身伤害。安全警示线包括禁止阻塞线、减速提示线、安全警戒线、防止踏空线、防止碰头线、防止绊跤线和生产通道边缘警戒线等。一般采用黄色或与对比色（黑色）同时使用。下面介绍几种常用安全警示线。

1. 禁止阻塞线（见图 5－127）

其作用是禁止在相应的设备前（上）停放物体，以免意外发生。采用 45°黄色与黑色相间的等宽条纹，宽度宜为 50～150mm，长度不小于禁止阻塞物 1.1 倍，宽度不小于禁止阻塞物 1.5 倍。一般标注在地下设施入口盖板上；主控制室、继电器室门内外；消防器材存放处；防火重点部位进出通道；通道旁边的配电柜前（800mm）；在其他禁止阻塞的物体前。

2. 减速提示线（见图 5－128）

其作用是提醒在变电站内的驾驶人员减速行驶，以保证变电站设备和人员的安全。一般采用 45°黄色与黑色相间的等宽条纹，宽度宜为 100～200mm。可采取减速带代替减速提示线。一般标注在变电站站内道路的弯道、交叉路口和变电站进站入口等限速区域的入口处。

图 5－127　禁止阻塞线

图 5－128　减速提示线

3. 安全警戒线（见图 5－129）

其作用是为了提醒在变电站内的人员，避免误碰、误触运行中的控制屏（台）、保护屏、配电屏和高压开关柜等。采用黄色，宽度宜为 50～150mm。一般设置在控制屏（台）、保护屏、配电屏和高压开关柜等设备周围。

4. 防止碰头线（见图 5－130）

其作用是提醒人们注意在人行通道上方障碍物，防止意外发生。采用 45°黄色与黑色相间的等宽条纹，宽度宜为 50～150mm。标注在人行通道高度小于 1.8m 的障碍物上。

5. 防止绊跤线（见图 5－131）

其作用是提醒工作人员注意地面上的障碍物，防止意外发生。标注在人行横道地面上高差 300mm 以上的管线或其他障碍物上。

图 5 - 129　安全警戒线

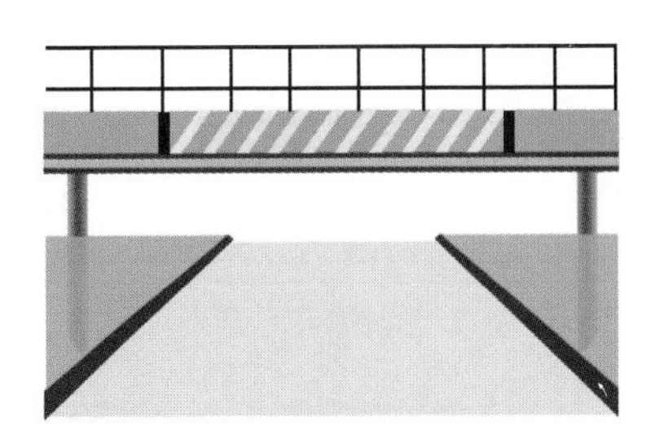

图 5 - 130　防止碰头线

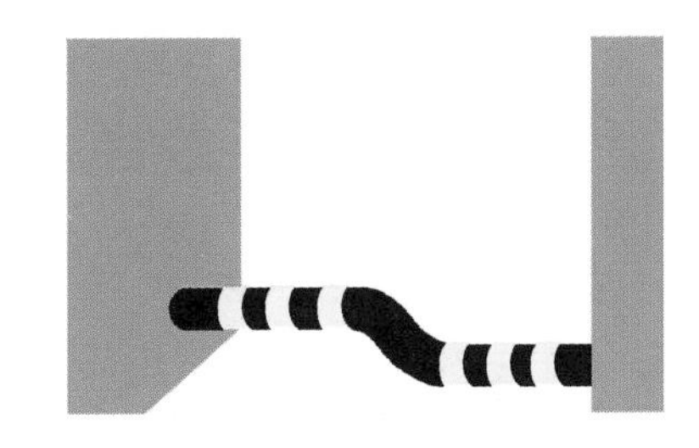

图 5 - 131　防止绊跤线

6. 防止踏空线（见图 5 - 132）

其作用是提醒工作人员注意通道上的高度落差，避免发生意外。采用黄色线，宽度宜为 100～150mm。标注在上下楼梯第一级台阶上；人行通道高差 300mm 以上的边缘处。

7. 生产通道边缘警戒线（见图 5 - 133）

在变电站生产道路运用的安全警戒线的作用是提醒变电站工作人员和机动车驾驶人员避免误入设备区。采用黄色线，宽度宜为 100～150mm。标注在生产通道两侧。

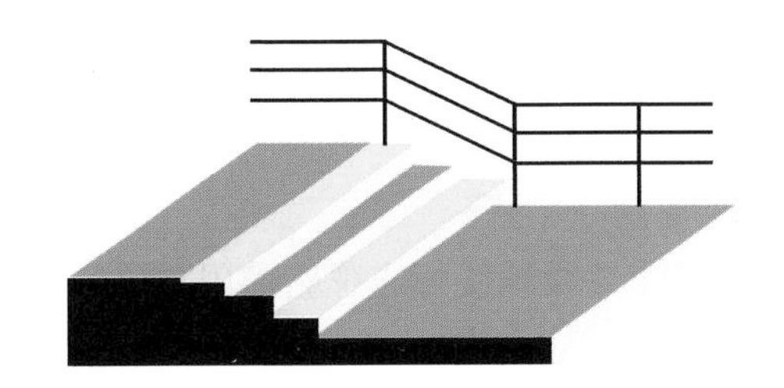

图 5 - 132　防止踏空线

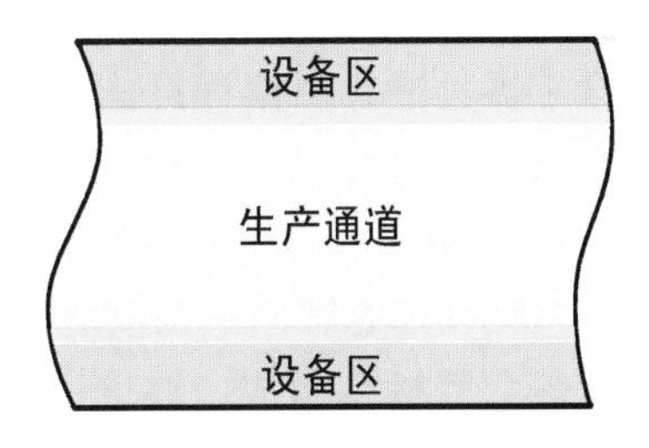

图 5 - 133　生产通道边缘警戒线

8. 设备区巡视路线（见图 5 - 134）

设备区巡视路线的作用是提醒变电站工作人员按标准路线进行巡视检查。

图 5-134　设备区巡视路线

标注在变电站室内外设备区道路或电缆沟盖板上。

四、安全防护设施

安全防护设施用于防止外因引发的人身伤害，包括安全帽、安全工器具柜、安全工器具试验合格证标志牌、固定防护遮栏、区域隔离遮栏、临时遮栏（围栏）、红布幔、孔洞盖板、爬梯遮栏门、防小动物挡板、防误闭锁解锁钥匙箱、杆塔拉线、接地引下线、电缆防护套管及警示线、杆塔防撞警示线等设施和用具，下面分别予以介绍。

1. 安全帽（见图 5-135）

安全帽主要用于作业人员头部防护。任何人进入生产现场（办公室、主控制室、值班室和检修班组室除外），应正确佩戴安全帽。安全帽前面有国家电网公司标志，后面为单位名称及编号，并按编号定置存放。安全帽实行分色管理。红色安全帽为管理人员使用，黄色安全帽为运行人员使用，蓝色安全帽为检修（施工、试验等）人员使用，白色安全帽为外来参观人员使用。

2. 安全工器具柜（室）（见图 5-136）

变电站、生产班组应配备足量的专用安全工器具柜。安全工器具柜应满足国家、行业标准及产品说明书关于保管和存放的要求。宜具有温度、湿度监控功能，满足温度为－15～35℃、相对湿度为 80%以下，保持干燥通风的基本要求。

3. 安全工器具试验合格证标志牌（见图 5-137）

安全工器具试验合格证标志牌贴在经试验合格的安全工器具的醒目位置。安全工器具试验合格证标志牌可采用粘贴力强的不干胶制作，规格为 60mm×40mm。

4. 接地线标志牌及接地线存放地点标志牌（见图 5-138）

接地线标志牌固定在接地线接地端线夹上。接地线标志牌应采用不锈钢板或其他金属材料制成，厚度 1.0mm。接地线标志牌尺寸为 D＝30～50mm，D_1＝2.0～3.0mm。接地线存放地点标志牌应固定在接地线存放醒目位置。

5. 固定防护遮栏（见图 5-139）

固定防护遮栏适用于落地安装的高压设备周围及生产现场平台、人行通道、升降口、大小坑洞、楼梯等有坠落危险的场所。其高度不低于 1700mm，设置供工作人员出入的门并上锁。

图 5－135　安全帽

图 5－136　安全工器具柜（室）

安全工器具试验合格证

名称 ________ 编号

试验日期 ______ 年 __ 月 __ 日

下次试验日期 __ 年 __ 月 __ 日

图 5－137　安全工器具试验合格证标志牌

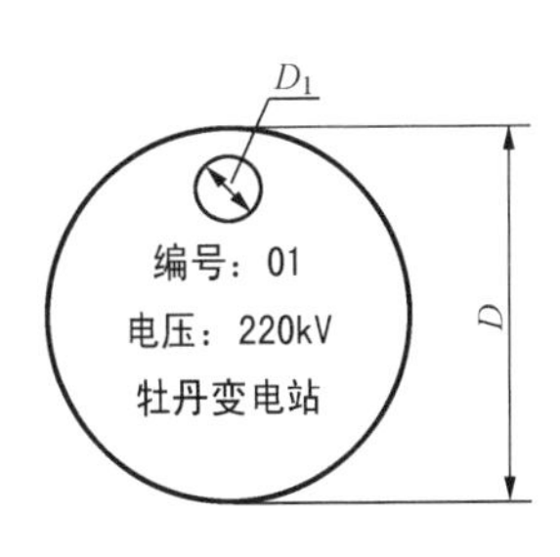

01 号接地线

图 5－138　接地线标志牌及接地线存放地点标志牌

图 5-139　固定防护遮栏

6. 区域隔离遮栏（见图 5-140）

区域隔离遮栏适用于设备区与生活区的隔离、设备区间的隔离、改（扩）建施工现场与运行区域的隔离，也可装设在人员活动密集场所周围。区域隔离遮栏应采用不锈钢或塑钢等材料制作，高度不低于 1050mm，其强度和间隙满足防护要求。

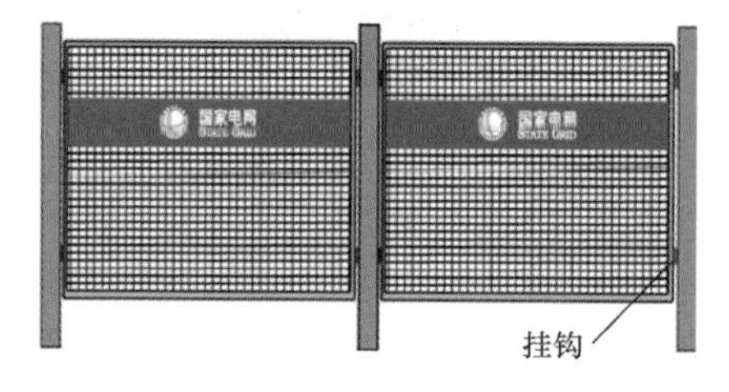

图 5-140　区域隔离遮栏

7. 临时遮栏（围栏）（见图 5-141）

（1）临时遮栏（围栏）适用于有可能高处落物的场所；检修、试验工作现场与运行设备的隔离；检修、试验工作现场规范工作人员活动范围；检修现场安全通道；检修现场临时起吊场地；防止其他人员靠近的高压试验场所；安全通道或沿平台等边缘部位，因检修拆除常设栏杆的场所；事故现场保护；需临时打开的平台、地沟、孔洞盖板周围等；直流换流站单极停电工作，应在双极公共区域设备与停电区域之间设置围栏。

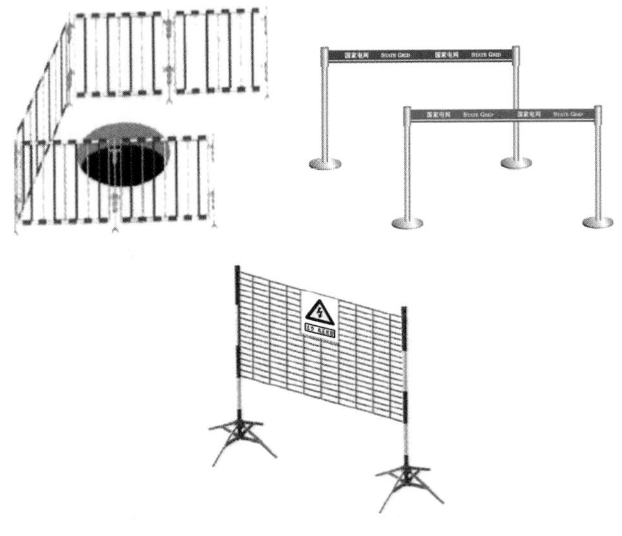

图 5－141 临时遮栏（围栏）

（2）临时遮栏（围栏）高度为 1050～1200mm，防坠落遮栏应在下部装设不低于 180mm 高的挡脚板。

（3）临时遮栏（围栏）应悬挂安全标志，位置根据实际情况而定。

8. 覆盖式、镶嵌式孔洞盖板（见图 5－142）

（1）适用于生产现场需打开的孔洞。

（2）孔洞盖板均应为防滑板，且应覆以与地面齐平的坚固的有限位的盖板。盖板边缘应大于孔洞边缘 100mm，限位块与孔洞边缘距离不得大于 25～30mm，网络板孔眼不应大于 50mm×50mm。

（3）在检修工作中如需将盖板取下，应设临时围栏。临时打开的孔洞，施工结束后应立即恢复原状；夜间不能恢复的，应加装警示红灯。

（4）孔洞盖板可制成与现场孔洞互相配合的矩形、正方形、圆形等形状，选用镶嵌式、覆盖式，并在其表面涂刷 45°黄黑相间的等宽条纹，宽度宜为50～100mm。

9. 爬梯遮栏门（见图 5－143）

应在禁止攀登的设备、构架爬梯上安装爬梯遮栏门，并予编号。在爬梯遮栏门正门应装设“禁止攀登高压危险”的标志牌。其高度应大于工作人员的跨步长度，宜设置为 800mm 左右，宽度应与爬梯保持一致。

10. 防小动物挡板（见图 5－144）

在各配电装置室、电缆室、通信室、蓄电池室、主控制室和继电器室等出入口处，应装设防小动物挡板。采用不锈钢、铝合金等不易生锈、变形的材料制作，高度应不低于 400mm，其上部应设有 45°黑黄相间色斜条防止绊跤线标志。

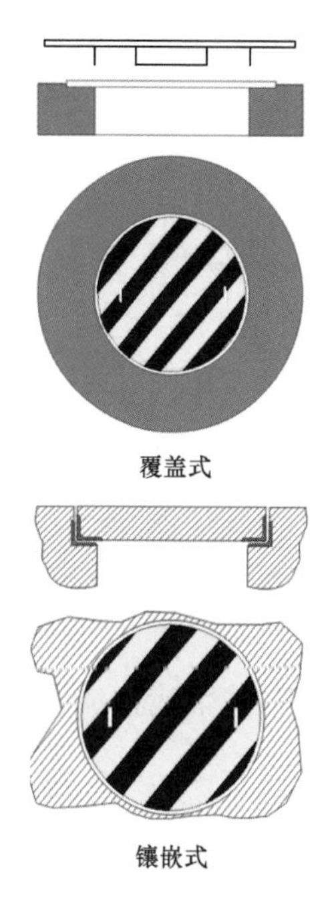

图 5－142　覆盖式、镶嵌式孔洞盖板

图 5－143　爬梯遮栏门

图 5－144　防小动物挡板

11. 防误闭锁解锁钥匙箱（见图 5－145）

防误闭锁解锁钥匙箱是将解锁钥匙存放其中并加封，根据规定执行手续后使用。可用木质或其他材料制作，前部为玻璃面，在紧急情况下可将玻璃破碎，取出解锁钥匙使用。该箱存放在变电站主控制室。

图 5－145　防误闭锁解锁钥匙箱

12. 防毒面具和正压式消防空气呼吸器（见图 5－146）

（1）变电站、电缆隧道应按规定配备防毒面具和正压式消防空气呼吸器。

(2) 过滤式防毒面具是在有氧环境中使用的呼吸器。

(3) 过滤式防毒面具应符合 GB 2890—2009《呼吸防护 自吸过滤式防毒面具》的规定。使用时，空气中氧气浓度不低于 18%，温度为－30～45℃，且不能用于槽、罐等密闭容器环境。

(4) 过滤式防毒面具的过滤剂有一定的使用时间，一般为 30～100min。过滤剂失去过滤作用（面具内有特殊气味）时，应及时更换。

过滤式防毒面具

正压式消防空气呼吸器

图 5-146　防毒面具和正压式消防空气呼吸器

(5) 过滤式防毒面具应存放在干燥、通风，无酸、碱、溶剂等物质的库房内，严禁重压。防毒面具的滤毒罐（盒）的储存期为 5 年（3 年），过期产品应经检验合格后方可使用。

(6) 正压式消防空气呼吸器是用于无氧环境中的呼吸器。

(7) 正压式消防空气呼吸器应符合 GA 124—2004《正压式消防空气呼吸器》的规定。

(8) 正压式消防空气呼吸器在储存时应装入包装箱内，避免长时间曝晒，不能与油、酸、碱或其他有害物质共同储存，严禁重压。

13. 杆塔防撞警示线（见图 5-147）

(1) 在道路中央和马路沿外 1m 内的杆塔下部，应涂刷防撞警示线。

(2) 防撞警示线采用道路标线涂料涂刷，带荧光，其高度不小于 1200mm，黄黑

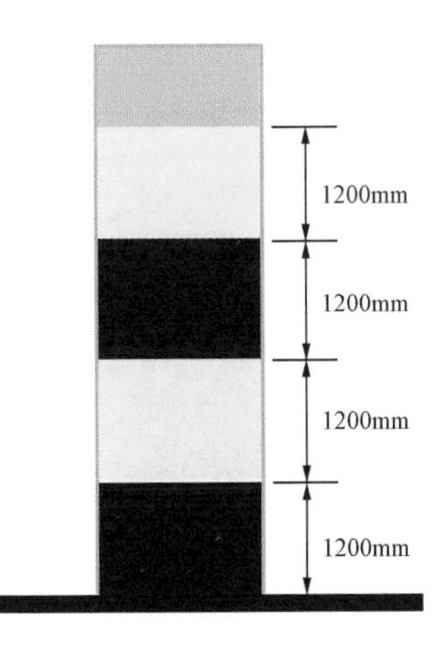

图 5-147　杆塔防撞警示线

相间，间距 200mm。

14. 安全带（见图 5－148）

安全带用于防止高处作业人员发生坠落或发生坠落后将作业人员安全悬挂。应标注使用班站名称、编号，并按编号定置存放。存放时应避免接触高温、明火、酸类以及有锐角的坚硬物体和化学药物。

15. 杆塔拉线、接地引下线、电缆防护套管及警示标识（见图 5－149）

图 5－148　安全带

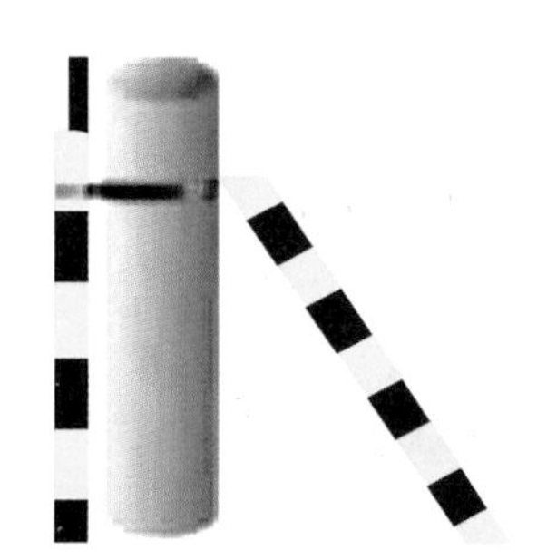

图 5－149　杆塔拉线、接地引下线、电缆防护套管及警示标识

（1）在线路杆塔拉线、接地引下线、电缆的下部，应装设防护套管，也可采用反光材料制作的防撞警示标识。

（2）防护套管及警示标识，长度不小于 1.8m，黄黑相间，间距宜为 200mm。

第六章

班组安全建设

班组是企业生产组织机构的基本单位，是进行生产和日常管理活动的主要场所，也是企业完成安全生产各项目标任务的主要承担者和直接实施者。企业的设备、工具和材料等，都要由班组掌握和使用，企业的生产、技术、管理和各项规章制度的贯彻落实，也要通过班组的活动来实现。从企业的整体来看，一个班组的范围虽小，但是他们的综合能量很强。生产中一个班组发生事故，就会使生产脱节，影响局部甚至整个企业的正常生产秩序，造成严重的后果。由于班组成员同在一个环境中工作，相互接触时间较长，形成互控、他控，因而对班组的安全生产影响很大。当前伤亡事故中，包括重大、特大事故，因不可抗拒的自然灾害或目前技术上还不能解决的原因而造成的事故是极少的，绝大多数属于责任事故。在这些责任事故中，大多数事故发生在班组，事故多由违章指挥、违章作业、违反劳动纪律和设备隐患没能及时发现、消除等人为因素造成的。

因此，从安全角度来说，班组是企业安全管理的基本环节，加强班组安全建设是企业加强安全生产管理的关键，也是减少伤亡事故和各类灾害事故最切实、最有效的途径。加强班组安全建设应从加强班组安全责任制、安全思想教育、安全文化建设、标准化建设等几个方面开展工作。

第一节　班组安全责任制

安全生产责任制是生产企业岗位责任制和经济责任制的重要组成部分，建立健全安全生产责任制是把企业安全工作任务，落实到每个工作岗位的基本途径，加强班组安全责任制是落实好整个企业安全责任的关键所在，通过建立健全班组安全生产责任制，明确规定班组成员在安全工作中的具体任务、责任和权利，做到一岗一责，以便使安全工作事事有人管、人人有专责、办事有标准、工作有检查，职责明确、功过分明，从而把与安全生产有关的各项工作同班组成员联结、协调起来，形成一个严密高效的安全管理责任系统。

一、安全生产目标

确定安全生产目标是落实好安全责任制的前提。班组安全生产目标的管理，是整个班组安全生产建设中的重要组成部分，只有把班组安全生产的目标实现了，才能在企业的安全生产中显示出企业“细胞”的强大生命力，才能确保企业安全生产总体目标的全面实现。

通常安全目标管理是依据实际情况制订的年度安全总目标，并合理地层层分解、最后落实到每个班组以至每个成员工作上。因此，班组长必须充分认识班组在企业安全目标管理中的重要作用，自觉按照目标管理的要求制订明确、科学的目标，提出具体、可行的措施，依靠目标指挥、指导、检查、控制和评价班组及其成员的安全工作，不断提高班组安全目标管理水平。

安全目标的制订要切合实际，要在企业总体目标的指导下，形成个人保班组、班组保工区、工区保企业的层层负责制的管理；安全目标的分解要着重于展开、逐个落实，使各项安全管理工作都能够简便化、统一化、正规化地展开，对具体目标要做到数据化；目标确定、分解后，就必须着重加强班组成员之间的责任感，激发班组全员潜在的积极性、创造性、主动性，努力实现班组安全管理方法科学化、内容规范化、基础工作制度化；此外，班组安全目标的考核要和安全奖励挂钩，以确保安全责任制的有效落实。

二、履行安全生产岗位职责

岗位安全生产责任制是班组安全之魂，执行班组岗位安全职责是班组安全的基本保证。

1. 班组长安全生产职责

（1）班组长是本班组的安全第一责任人，认真贯彻执行“安全第一，预防为主，综合治理”的方针，对本班组成员在生产过程中的安全和健康负责，对所辖设备的安全运行负责。

（2）负责制订班组安全目标，落实控制异常和未遂的措施，按设备系统或施工程序进行安全技术分析和预测，做到及时发现问题及异常，并进行有效的安全控制。

（3）搞好生产设备、安全设施、消防设施和危险物品等检查维护工作，使其经常保持完好和正常运行。

（4）负责每班现场巡回安全检查，督促作业人员严格遵守安全生产制度、安全操作规程和正确使用个体防护用品。纠正违章作业和不安全行为，负责监督危险作业的实施，及时发现和消除事故隐患。

（5）认真开展安全教育、纪律教育，不断增强全班人员的安全意识，带领本班人员自觉、认真贯彻执行安全规程制度，及时制止违章违纪行为，及时学习事故通报，吸取经验教训，采取措施防止同类事故的重复发生。

（6）主持开好班前、班后会和每周一次或每个轮值期一次的安全日活动，并做好安全活动记录，认真贯彻安全管理工作“五同时”（在计划、布置、检查、总结、考核生产工作的同时，计划、布置、检查、总结、考核安全工作），做好班前“三交底”（交任务、交安全、交措施）、班中“三检查”（查进度、查质量、查安全措施）和班后“三评价”（评任务完成情况、评工作中安全情况、评安全措施执行情况）。

（7）负责和督促工作负责人做好每项工作任务（倒闸操作、检修、施工、试验等）的事先技术交底和安全措施交底工作，并做好记录。

（8）做好岗位安全技术培训，新工人的三级安全教育和全班成员（包括临时工）经常性的安全思想教育；组织班组成员参加急救培训，做到人人能进行现场急救。

（9）开展班组定期安全检查，搞好安全生产日、月度安全分析等活动，抓好安全评价、预防和预测工作，落实好各项反事故措施。

（10）抓好工器具和防护用品的管理工作，做到专人负责，定期检查、维修、试验，不合格的要及时更换，并做好记录；要及时监督检查本班组成员正确使用劳动防护用具，保障人身和设备安全的目的。

（11）支持班组安全员履行自己的职责，对本班组发生的异常、障碍、未遂及事故要认真按“四不放过”原则处理，及时登记上报，保护好事故现场，并参与事故调查、分析原因，总结教训，提出和落实改进措施。

（12）由于重进度、忽视安全和工艺质量，无故拖延或拒绝执行上级指示而造成严重后果，本人违章指挥，对重复发生各类异常以上不安全事件或班内安全工作无人过问而发生各类异常等不安全事件，班组长应负相应的管理责任。

2. 班组安全员安全生产职责

班组安全员是班组长管理安全工作的助手。班组安全员的安全生产职责主要是组织开展班组安全活动、做好安全活动记录、组织安全教育和学习、执行各项安全规章制度、协助开展安全检查、监督班组成员正确使用个体防护用品和用具等。具体有以下几方面：

（1）班组安全员接受工区安全员的业务指导，负责本班组的安全工作。

（2）协助班组长组织开展本班组的各种安全活动，做好安全活动记录。提出改进安全工作的意见和建议。

(3) 负责对新员工进行安全教育。负责岗位技术练兵，开展危险预知培训。

(4) 严格执行安全生产的各项规章制度，对违章作业有权制止，并及时报告。

(5) 监督本班组人员正确使用劳动防护用品、各种防护器具及灭火器材。

(6) 发生事故时，及时救护遇险人员，了解情况，保护好现场，并向领导报告。

3. 班组成员安全职责

班组成员的安全生产责任制主要是遵守规章制度，服从管理，接受安全教育培训、正确使用和佩戴个体防护用品、及时报告发现的事故隐患等。具体如下：

(1) 认真学习各项安全规章制度，不违反劳动纪律，不违章操作。

(2) 自觉遵守安全生产规章制度，做好各项记录，对本岗位的安全生产负直接责任。

(3) 正确操作，精心维护设备，做好文明生产，保持作业环境整洁。

(4) 上岗前必须按规定着装，正确使用个体防护用品；班前、班后应对所使用的工具、设备和个体防护用品进行检查，保证其安全可靠。

(5) 对领导发出的违章指挥有权拒绝，并有义务制止他人违章作业。

(6) 正确分析、判断和处理各种事故隐患。把事故消灭在萌芽状态，如发生事故及时报告，保护现场，并如实地向事故调查人员反映真实情况。

(7) 积极参加安全活动，主动提出改进安全生产的建议。努力学习安全生产知识和安全操作技能，提高科学文化素质及自我保护能力。

第二节　班组安全管理

班组是企业的基本单位，企业的各项工作任务和目标都要通过班组来落实。因此，企业的安全管理必须从班组抓起。

一、“以人为本”树立班组安全管理的核心

1. 班组长要树立安全“第一责任人”的理念

班长是班组的核心，既是生产者，又是管理者，具有承上启下的特殊作用。因此，要抓好班组安全管理，必须从班组长抓起。

(1) 班长要树立对企业和职工安全高度负责的态度。首先，班长要起模范

表率作用，要身体力行，严格遵守各项规章制度，在此基础上认真抓好“三违”控制，及时制止不安全行为。

(2) 班长要确立技术权威的地位，努力提高安全管理水平。作为班长要善于学习，在技术上能够独当一面。在班组管理中不墨守成规，能够不断提出新的设想和办法，并带领班组成员进行实践。

(3) 班长要有良好的群众基础，要善于做群众工作，掌握班组成员的思想动态，及时帮助有困难的职工，把大家团结在自己身边。

2. 安全员要强化“安全监督”的作用

(1) 安全员要有高度的责任心，踏实严谨的工作作风。主要表现在：工作作风要实、标准要高，了解情况要细、检查管理要严，传达信息要快、落实文件要及时，思考问题要多、检查交流要勤。

(2) 安全员要有良好的心态，开阔的胸怀。在班组安全管理中，安全员经常会得不到别人的理解，甚至会得罪人，因此安全员要不怕委屈，善于在逆境中开展工作。

3. 班组成员要落实安全“岗位责任”

安全工作直接关系到班组每位成员的切身利益，归根结底是广大职工自己的事情。为了使每位职工都能认识到安全生产的重要性，并能自觉地参加管理，堵塞事故发生的漏洞，就必须落实安全责任，明确岗位职责，实现自我管理，自我约束。

二、注重实效，夯实班组安全管理基础

1. 安全目标要贴近“实际”

班组的根本任务是安全、文明、优质、高效地完成各项生产、施工任务。因此，班组在实现安全管理目标的过程中始终要把安全放在首位。安全目标是班组技术与管理水平的综合反映，应从班组的实际出发，制订相适应的安全目标。

2. 安全教育要突出“实效”

电力行业发生的事故绝大多数与人的因素有关。因此，必须把安全教育工作放到首位，不断提高班组成员安全技能。安全教育可分为：

(1) 正面教育。树立先进典型，以先进事迹为榜样，促使职工自觉增强安全责任心。

(2) 反面教育。以事故案例为教材，使职工牢记血的教训，时刻引以为戒。

(3) 奖励教育。对工作认真负责，遵章守纪，制止“三违”行为，及时发现和排除设备隐患，避免人身伤亡和重大设备损坏事故的有功人员，要大力宣传、表彰，并给予奖励。

(4) 处罚教育。对因工作失职、自由散漫、麻痹大意或有“三违”行为者，要严格按照规章制度给予处罚。

3. 技术培训要重在“实用”

(1) 对新参加工作的人员进行严格的岗前技术培训，合格后才能跟班见习。班组业务培训内容包括本班组所辖设备的构造、原理、技术状况，运行维护中的操作要领以及有关的安全技术规程。

(2) 班组整体技术水平的高低，体现在班组成员对本岗位实用技术的掌握和运行能力上。因此，班组要对其成员进行岗位技术培训。

4. 制度管理贵在“落实”

制度管理的目的在于落实安全生产的法律法规和规章制度，提高班组安全管理水平，增强员工遵章守纪的自觉性，规范安全行为，促进班组安全生产。因此，安全规章制度的贯彻落实极其重要。

(1) 严格执行国家和本企业的安全工作法规、条例、规程和管理制度，对于生产一线的班组来说，它是实现安全生产的根本保证。

(2) 结合班组的工作实际，积极开展各项安全活动，如岗位练兵、反事故演习、事故预想等，加深班组成员对有关规章制度的理解和认识。

(3) 分解管理任务，明确个人责任，按照全员参与、全员管理的原则，将安全制度管理的目标分解到班组每一位成员，从而提高班组成员参与管理的普遍性和积极性。

三、正确处理“三个关系”，提升安全管理水平

1. 正确处理安全与效益的关系

电网企业生产中任何一个环节出现问题，都会造成少供电或不供电，这不仅影响企业自身效益，还会给广大用户造成不便或损失。事实证明，事故是最大的浪费，是对效益的一种损害，而安全出效益，安全本身就是效益。因此，在班组生产中，要树立全局观念，明确安全与效益的辩证关系，坚定不移地把安全放在第一位。

2. 正确处理安全与进度的关系

安全是进度的保证，没有良好的安全局面，进度不可能提高。在班组安全生产工作中，要在“安全第一”方针的指导下，纠正单纯“要进度”的思想，完成任务时要坚持量力而行，不能不顾安全求进度。

3. 正确处理安全与稳定的关系

电力企业安全生产不仅关系到企业的经济效益和社会影响，还关系到每一位职工的切身利益和家庭幸福，可见安全对促进稳定具有重要的意义。在班组安全生产工作中，一要强化安全制度的落实，维护安全生产大局；二要及时传达上级安全文件精神和事故通报，提高安全生产意识；三要经常进行社会形势教育，提高班组成员的社会责任感。

第三节 班组安全教育

安全生产教育的目的是提高班组成员的安全素质，提高班组成员搞好安全工作的责任感和自觉性，增强安全意识、掌握安全生产的科学知识、不断提高安全操作技能水平，增强自我防护的能力。

安全教育内容要注重实质，必须做到经常性的安全教育，可以采用建立安全教育室，举办多层次的安全培训班，上安全课，举办安全知识讲座、竞赛、典型事故照片、图片展览，编印安全简报，出黑板报等多种形式，决不可采取“一劳永逸”的做法。

一、安全思想教育

安全思想教育是安全教育的核心、基础，是最根本的安全教育。其内容应包括党和国家的安全生产方针、政策，安全生产法律、法规，劳动纪律，安全生产先进经验和事故案例等内容。通过教育，要让每个职工深刻认识到安全生产的重要性，提高“从我做起”搞好安全生产的责任感和自觉性，真正处理好安全与生产、安全与效益、安全与纪律、安全与环境、安全与行为等关系。

二、安全知识和技能教育

安全生产知识包括：一般生产技术知识，即工区、班组基本生产情况，工艺流程，设备性能；基本安全技术知识，即职工必须具备的安全基础知识，主要内容有工区、班组安全生产规章制度，工区、班组内危险区域和设备的基本情况和注意事项，有毒有害物质安全防护知识，起重及厂内运输安全知识，高处作业安全知识，电气安全知识，压力容器安全使用知识，防火防爆知识，个人防护用品使用知识等；岗位安全技术知识，即本岗位必须具备的专业安全技术知识，主要内容有安全技术规程，安全操作规程，标准化作业程序，危险点及预控措施等。

在实际生产中，仅仅有安全知识是不够的，要达到职工“我会安全”的安全目标，做好职工生产技能培训和岗位练兵活动是关键。每年或定期对职工开展安全技能培训和岗位练兵活动是必不可少的。

三、事故案例教育

与经验相对应的是教训，教训往往付出了沉痛的代价，因而它的教育意义也就十分深刻。事故案例是进行安全教育最具有说服力的反面教材，它从反面指导职工应该如何避免类似事故，消除不安全因素，促进安全生产。因此，运用本系统、本单位，特别是同工种、同岗位的典型事故案例进行教育，可以使职工更好地树立安全第一的思想，总结经验教训，制订预防措施，防止在本班组、本岗位发生类似事故。

四、安全法制教育

遵守安全生产法规和制度是每一个公民的义务，近几年来，随着国家安全生产法制化建设的需要，国家、行业在安全生产方面逐步建立健全了相应的法规制度，因此对职工尤其是班组成员开展安全法制教育，使职工了解并熟知安全生产方面的法规条款和内容，对于做好安全生产工作、合理规避法律责任具有重要的意义。

五、新入厂工人三级安全教育

三级安全教育是企业必须坚持的安全生产基本教育制度，新员工（包括新招收的合同工、临时工、聘用工、农民工及实习代培人员）都必须接受公司、工区、班组的三级安全教育。班组安全教育由班组长主持，进行本工种岗位安全操作及班组安全制度、纪律教育。主要内容是：

本班组作业特点，生产任务，劳动组织及安全操作规程要领和标准化作业要求；班组安全活动制度及纪律；主要设备、工器具的性能及安全操作方法；正确使用安全防护装置（设施）及个人劳动防护用品；本岗位存在的危险因素及其防范对策。

六、变换工种时进行安全教育

企业由于生产的需要，变换工种的情况经常会出现。在从事新工种作业前，必须进行上岗前的安全教育。因为每一种作业都有相应的安全操作要求和特殊操作规定。如果变换工种人员从事新的工种作业前，不能完全掌握其安全操作知识技能要领，往往会发生意外伤害。因此，班组长和安全员必须了解和掌握变换工种的人员情况，随时进行安全教育并按规定考核、登记、存档，没有进行安全教育的变换工种的人员禁止上岗作业。

以上几个方面的安全教育是相辅相成、缺一不可的。安全教育不仅对缺乏安全知识和技能的人是必需的，对具有一定的安全知识、安全技能的人，同样也是重要的。工区、班组要把安全教育作为制度固定下来，经常进行，而且不能走过场。

第四节 班组安全文化建设

一、安全文化建设的作用

安全文化其形似水，虽不具强制性，但却有水滴石穿的作用，安全文化建设具有以下功能：一是教育功能，通过教育等方式帮助人们纠正麻痹思想、侥幸心理和冒险蛮干行为。二是规范功能，安全规程制度都是一种带有严格规范性的安全文化，成为员工共同遵守和服从的行为准则。三是协调功能，安全管理工作是一个复杂的系统，必须遵循一定的安全文化准则和思想价值来协调各种关系，解决各类矛盾。四是积累功能，员工个人的安全文化素质，是通过阅读有关书籍，吸纳他人的经验教训，在实践中摸索并日积月累的结果。五是认识功能，安全文化与管理学、心理学、行为科学相融合，使企业的安全生产管理转化成了更直观具体、更生动形象、更贴近实际的表达形式，更易为企业全体员工所认识、理解和接受。六是导向功能，企业的安全文化以其内容的针对性、表达方式的渗透性、参与对象的广泛性和作用效果的持久性形成企业安全文化环境与氛围，使全体员工在耳濡目染、潜移默化中提升安全素质。

二、班组安全文化建设的误区

当前，在班组安全文化建设中还存在种种错误思想，有些还十分严重。

（1）认为班组只要按照上级的要求，抓好日常安全管理工作就行了，抓安全文化建设是多此一举，班组搞没有多大必要。这种认识是没有看到安全文化建设对班组日常安全管理工作的指导作用。因为通过班组安全文化建设，可以营造安全氛围，宣传和传播安全知识，增强职工的安全观念，把安全作为生活与生产的第一需要，自觉地保护自己和他人；可以牢固掌握应知应会的安全科学知识，学会安全技能；可以实践、开发和创新班组日常安全管理工作。由此可见，加强安全文化建设与抓好班组日常安全管理工作是一致的。

（2）认为抓安全文化建设是上级领导和机关的事，与班组关系不大。这也是一种错误的认识。在企业安全文化建设中，上级领导和管理部门负有重大的责任，但这不等于说班组负有的责任可以放弃或减轻了。因为企业安全文化建设的基本要求，归根到底要落实到班组，落实到每个职工，只有班组的安全文化建设加强了，整个企业的安全文化建设才会有牢固的基础。更何况安全文化建设具有层次性的要求，只有破除“上下一般粗”的做法，形成各自的特色，才能保持企业安全文化的生机与活力。

（3）认为班组安全文化建设只是抓虚的，不是抓实的，是物质条件不足以精神来补，这也是错误的。安全文化即人类安全活动所创造的安全生产和安全生活的观念、行为、物态的总和，它包括安全精神文化和安全物质文化。作为班组必须坚持两手抓，一手要抓安全精神文化建设，向职工灌输安全理论，增强他们的安全观念，组织职工学习安全技术知识和安全规章制度，提高职工的自我防护能力，规范职工的安全行为；另一手要抓安全物质文化建设，配齐劳动防护用品、安全工器具，完善各种安全设施，改善作业环境。加强班组安全文化建设，不仅要务虚，而且要务实，应使安全精神文化与安全物质文化共同进步、协调发展。

（4）认为班组安全文化建设这个题目太大，应达到什么标准不好把握。实际上加强安全文化建设的标准与日常安全管理工作的标准是一致的。比如，在安全目标上，应实现控制未遂和异常，实现事故零目标；在安全教育上，应实现教育内容、时间、人员和效果的四落实；在安全防护上，应做到劳动防护用品、用具齐全合格；在作业环境上，应实现隐患和危险处于受控状态。同时，要坚持改革和创新，不断总结经验，努力探索加强安全文化建设的新做法。

三、班组安全文化建设的目标和内容

班组安全文化建设的目标是：班组内形成团结协作、相互尊重、对违章作业及时制止，相互帮助、共同学习技术业务，树立自觉遵章守纪的行为规范。

班组安全文化建设的主要内容：实践表明班组安全文化不仅包括班组安全物质文化和安全精神文化，还应进一步细化，分为：班组安全的物质文化、班组安全的制度文化、班组安全的观念文化和班组安全的行为文化等四个部分，班组安全文化建设应该从这四个方面入手。随着企业经营机制转化和现代企业制度的逐步实施，企业的安全生产所面临的任务将更加繁重，安全生产的难度也越来越大，“班组安全文化”建设的内容会得到不断充实。

四、班组安全文化建设的途径与方法

班组安全文化建设的主要途径是选配素质高的班组长，明确企业安全方针目标，完善激励机制，开展民主管理，有效地提高职工素质等。主要方法是要有健全的企业安全工作标准程序，能得以使每项内容都取得良好效果。

（1）选配班长是关键，班组长应有以下素质：有较强的责任心，不计名利，有上进心，不怕苦与累，技术过硬，在各项考核中成绩突出。具有良好的沟通能力，群众基础好，能尊重他人。在选配班组长过程中必须做到公开和尊重职工意见，应制订相应的程序并形成企业标准。

（2）企业安全方针目标明确，切合实际，便于职工接受，并定期组织学习和培训，激发职工实现目标的积极性。

（3）要有健全的激励机制，采用多种形式及时肯定职工的工作成绩，做到物质和精神奖励并重。激励机制的透明度要高，做到公开、公平、公正。

（4）加强民主管理从两个方面完成。在班组内应充分发扬民主，体现出职工是班组的一员，形成人人为班组安全做实事的局面。在企业安全管理中要保证每一位职工的民主权利，对于合理化建议要给予充分重视，保护职工关心企业安全的积极性。

（5）提高职工安全素质从技术素质和责任心两方面进行，定期组织技术学习，定期组织广泛的技术表演赛，激发职工自我进取精神，及时用各种事故来教育职工，做到警钟长鸣。

安全生产是企业各项工作的基础，是促进企业稳步发展的重要条件，是企业不可动摇的永恒主题。人是万物之灵，是实现安全生产的关键。因此，通过班组安全文化建设强化宣传安全教育，提高安全文化素质，是实现企业安全生产的根本之所在。

第五节 班组安全例行工作

一、班前会和班后会

1. 班前会

交代工作任务和文明生产。班组长应对当天的工作任务、工作程序、安全措施、任务分工、危险点及控制措施、安全注意事项等进行布置和交底。根据工作任务、现场条件等，向班组成员交代清楚。

对于个别成员因故没有参加班前会，事后班组长应对该人单独交代，防止发生意外。

2. 跟踪巡检

班组成员根据班前会的具体分工，要把做好监护工作放在首位，随时提醒作业人员的工作方法、注意事项。成员间相互督促、检查各种安全措施的落实、防护用品的正确使用、作业行为是否安全，及时制止违章作业。

3. 班后会

班后会是收工后在总结、检查生产任务的同时，总结、检查安全和文明生产，并提出整改意见。班后会多以汇报和讲评的方式进行，它是班前会的继续、检查和总结。班后会的内容：

（1）班组长要深入现场，多方面的了解，掌握第一手材料，对当班生产任务和执行安全规程的情况，简明扼要地汇报和小结，既要肯定成绩，又要找出不安全因素。

（2）对认真执行安全规程等表现突出的好人好事进行表扬；对轻视安全、安全意识淡薄、草率从事、违章指挥、违章作业的人员，提出批评或处罚。对不安全因素、现象提出防范措施。

（3）班组长在会前应征求有关人员的意见，切实把班后会作为安全思想教育和提高作业安全技术水平的讲评会，真正能成为及时发现问题和解决问题的有效的好方法、好制度。班后会的内容，应记入班组长工作日志。

二、班组安全日活动

开展班组安全日活动是供电企业保证安全生产的行之有效的方法之一，是夯实安全基础的有力保障，《电力生产安全工作规定》中明确规定："检修班组每周，运行班组每个轮值进行一次安全日活动，活动内容应围绕安全工作，联系实际，有针对性，并做好记录。"可见，安全日活动是班组进行安全管理的一个重要部分，通过安全活动学习，自我教育，定期自查分析、小结班组、个人的安全情况，科学有效地提升班组安全管理水平。

1. 安全日活动前要充分准备

（1）活动前准备好上一周的安全工作总结，活动中明确指出上一周安全工作中存在的问题及应吸取的教训和整改措施。

（2）组织者注意搜集事故案例，准备好有关的学习资料，活动中要结合本岗位、本专业的实际情况，运用举一反三的办法，引导教育职工。

（3）平时注意对生产骨干的培养，提高他们的安全知识和安全意识，在安全日活动前提示骨干带头发言，抛砖引玉，确保活动顺利进行。

（4）对于存在安全问题的职工要提前做好思想教育工作，帮助其在安全日活动时主动提高认识、谈体会、找原因。这样做的效果要比组织者在活动中直接宣布问题及其性质和批评教育好，且有利于员工互相帮助，共同接受教育，共同提高。

（5）准备好下次活动的主题，让员工提前思考，做好准备。

2. 班组员工积极参与

（1）动员班组员工积极参与安全活动，如在组织学习事故通报时，可先读通报中的事故经过，而后引导大家分析讨论，找出事故原因，并提出防范措施和处理意见，最后再学习通报中所列的事故原因、防范措施和处理意见。这样既可提高员工的安全知识、安全意识和主动参与的热情，又可达到让员工自我教育的目的。

（2）在安全活动中应表扬安全生产中出现的好人好事，可采用口头表扬、班内嘉奖和向上级请奖等方式，并号召大家向其学习。通过正面引导，有效调动员工的积极性，为安全生产作贡献。

3. 安全日活动要注意联系实际

（1）安全日活动的内容，包括各种文字材料的学习，都要与本专业、本岗位的实际情况进行必要的对照、解释。以便从学习材料中吸取精华，达到学为所用的目的。要避免安全日活动与安全生产脱节的不正常现象，防止因活动形式单调而诱发员工的逆反心理，提高安全日活动的效果。

（2）安全日活动结束前，应留一定时间，用来征求员工对安全工作的意见，并对相关问题给予明确的答复（解释），以使安全日活动取得比较满意的效果，从而为安全生产提供有力的保障。

4. 主要内容

（1）联系本班组安全实际，认真学习上级或本单位的安全规章制度、安全条例、事故通报、快报、安全简报等，提出针对性的防范措施。

（2）每月对年度安全目标和措施进行对照检查，提出存在的问题和整改措施。

（3）进行月度、一周安全状况分析、讲评、总结，搞好下月、下周安全工作计划安排及要求。开展事故预想演习以及安全技术知识考问等。

（4）上级布置的安全大检查工作。

（5）做好班组管辖的设备、设施、安全工器具的检查、分析、研究工作。

（6）每个人应做到联系实际，热烈发言。记录内容要认真、齐全，以备上级检查。

三、班组安全检查

安全检查以查安全生产责任制落实、查安全管理中的薄弱环节、查安全措施的落实、查设备缺陷和事故隐患、查检修中“两票”执行情况为基本内容，动员和组织班组成员，通过规范性的检查，搞好安全工作。这是发现日常生产中各种不安全隐患的一个有效方法，也是了解各专业、各班组的安全管理情况，是日常安全工作的重要部分。

1. 安全检查的基本内容

安全检查是一项专业性、技术性较强的工作，切忌走过场，搞形式主义，应根据具体情况进行定期和不定期安全检查。对查出的问题要“边检查、边整改”，切实把安全检查落到实处。安全检查基本内容有以下几个方面：查思想；查设备、设施和安全工器具；查规章制度；查安全教育。

2. 安全检查方法

班组应主动接受上级检查，同时也要按照安全检查的要求自行组织检查，每月检查一次，或每周检查一次。为了使检查内容不遗漏，班组可结合自己管辖的设备、设施、专责区域编出安全检查表格，列出检查栏目、合格标准和要求，每个方面指定专人、逐项、滚动检查，格式固定后可印成册，一式两份，查后上报工区。对查出的问题要有整改措施，限期完成，随后要求上级检查验收。

四、班组安全工器具、劳动防护用品用具管理

企业班组生产通常都需要使用大量的安全工器具，但是，常常因管理不善，造成丢失、失效、损坏，至直接伤人，酿成事故的也不鲜见。因此，班组应根据专业、工种等生产实际情况，按规定和需要配备足够的、合格的安全工器具、劳动防护用品用具，并按有关规定进行管理、使用、检查和维修，要定期试验，不合格的要及时报修或更换。班组长和班组安全员应教会班组成员如何正确使用安全工器具，讲解其原理和性能，使安全工器具发挥应有的作用。

班组安全工器具管理一般应做到以下几点：

(1) 大型工器具、专用工器具、精密工器具等，一般都集中管理。要根据企业有关制度分层次保管的原则，该由班组管理的工具，应由班组长指定专人负责保管或兼管，要有领取制度，并有适当的存放地点。

(2) 零星工器具由个人保管，放入个人工具箱内，要求摆放整齐、清洁，丢失和损坏要赔偿。

(3) 班组所有工器具，不论个人保管还是集中保管，都要建立台账，做到账物相符。

(4) 做好工器具的检查、维护、保养工作，防止变形、锈蚀或损坏。

(5) 定期做好工器具的送检工作，以保证使用精度和安全性。不合格的要及时报修或更换。

第六节　班组标准化建设

一、班组安全组织标准

(1) 班组长是班组安全工作的第一责任人，对本班组的安全工作负全面责任。

(2) 班组必须设一名兼职安全员，主要是协助班组长全面开展班组的安全管理工作。安全员不在时，班组长必须明确代管人员。班组长不在时，安全员有权安排班组有关人员处理与安全有关的工作。

(3) 班组可设一名兼职的群众安全监督员，其业务受工区工会的领导，主要职责是监督班组长、班组安全员是否按上级要求认真开展班组安全管理工作，是否遵章守纪，是否按“五同时”的要求开展安全生产工作。群众安全监督员发现班组安全管理存在问题时，要及时通过各种有效方式逐级反馈。

(4) 班组分散作业时，各作业组工作的负责人即为安全负责人。

二、班组安全教育标准

1. 班组安全教育内容

(1) 本班组的概况和工作范围，本岗位、工种或其他对应岗位发生过的一些事故教训及预防措施。

(2) 本班组和岗位的作业环境、危险区域、设备状况、消防设施等。

(3) 职工的安全生产责任，本岗位、工种的作业标准，危险预知，反习惯性违章及有关的安全生产规章制度。

(4) 个人防护用品的正确使用和保管；所操作的设备、工器具、安全装置、防护设施的性能、特点、作用和安全使用、维护方法。

(5) 预防事故的措施及发生事故后应采取的紧急措施、急救知识、报告制度和事故案例等。

(6) 岗位间的工作衔接配合、安全注意事项。

(7) 公司及本单位安全生产动态。

2. 教育要求

(1) 新技术、新工艺、新材料、新设备使用前，班组必须组织职工进行有针对性的安全教育和考试。

(2) 新职工、转岗职工上岗前必须经过用人单位的班组级安全教育，经考试合格后方可上岗。

(3) 对工伤休假复工人员，已（未）遂事故责任者、违章违纪人员必须进行安全教育，经考试合格后方可重新上岗。

(4) 班组安全教育考试成绩要记录在员工个人安全教育档案里。经安全教育后考试合格的人员，班组长或安全员必须检查教育效果。

三、班组安全检查标准

(1) 班组长要组织班组职工进行班前、班中和交班检查。

(2) 班前检查可结合交班检查进行，对设备、安全设施、安全装置、工器具、危险点、现场环境、人员精神状态、劳保穿戴等进行检查和交接，有问题要交接清楚并做好记录。

（3）班中要对设备动态、危险点、人员状况等进行检查，重点是安全装置完好情况及设备是否有不正常现象。

（4）班组所辖区域应根据具体情况，本着事事有人管，人人有事管和便于工作的原则，划分责任到每个人，充分发挥集体的力量。

（5）各岗位在班前要对所管区域、所用设备、使用工具等进行检查确认。

（6）长期闲置不用的设备，使用前应全面检查，经检查确认合格后方可使用。

（7）班组长或安全员要认真检查各岗位执行安全规章制度情况及检查发现问题的整改、上报、记录情况，以及不能及时整改是否采取有效的临时安全防护措施。

四、班组安全生产标准

（1）班组内的设备、工具、车辆及工作现场等必须做到无隐患，安全防护装置，设施齐全可靠，严禁设备带病作业。

（2）上岗前必须按规定穿戴好劳动保护用品，杜绝疲劳作业。

（3）班组内每项操作，每个职工都能认真执行岗位作业标准和各项安全规章制度，无冒险蛮干，无“三违”现象。

（4）特种作业人员从事相关操作，必须持证上岗，不得安排无证人员从事特种作业。

（5）班组要严格执行事故“四不放过”、现场措施“安全确认”以及交接班等各项制度。

（6）新上岗职工（含换新工种人员）必须明确专人监护，负责其安全工作，在监护期间不得独立操作。

（7）班组必须在危险源点设置醒目的警示标志，每个职工对本岗位的危险源点及控制措施和应急预案达到熟知会用。

五、班组安全制度管理标准

（1）凡上级颁发的与本班组有关的各项安全规章制度及各类操作证、票、表、安全学习材料等，在班组内必须齐全，并妥善保管，经常组织学习，认真贯彻执行。

（2）班组各岗位职工应熟知安全生产责任制、岗位作业标准、危险预知、反习惯性违章以及其他各项安全规章制度。

（3）结合当天工作实际，应学习、抽考相关安全规章制度的有关条款和其他相关规程。

（4）班组应适时组织岗位安全操作的技能训练，举行反事故演习，掌握处理各种故障的能力，提高自我保护能力。

（5）班组要根据生产设备环境等因素的变化，事故教训等情况及时检查现有规章制度是否健全，要根据实际情况及时提出补充修订意见，逐级上报批准后执行。

六、班组安全互保、联保标准

（1）班组必须实行安全互保（联保）制，即每两人（或三人）之间结成互保（联保）对子，班组人员变动时要及时调整，互保（联保）对子名单应上墙或上账。

（2）结成互保（联保）对子应遵循以下原则：

1）能力互补（如师傅与徒弟、技术水平高的人与技术水平低的人、老员工与新员工等）。

2）性格互补（如粗心人与细心人、胆大人与胆小人、鲁莽人与谨慎人等搭配）。

3）与岗位作业内容密切联系。

（3）工作前，班组长应根据出勤情况和人员变动情况明确当天的互保对象，不得遗漏。

（4）在每一项工作中，工作人员形成事实上的互保（联保），应认真履行互保、联保职责。

（5）工作中互保（联保）对子之间要对对方人员的安全负责，做到四个互相：

1）互相提醒：发现对方有不安全行为与不安全因素，可能发生意外情况时，要及时提醒纠正，工作中要呼唤应答。

2）互相照顾：工作中要根据工作任务、操作对象合理分工，互相关心，互创条件。

3）互相监督：工作中要互相监督、互相检查，严格执行劳动保护穿戴标准，严格执行安全规程和安全规章制度，共同做到遵章守纪。

4）互相保证：保证对方安全生产作业，不发生各类大小事故。

（6）班组各互保对象之间，班组与班组之间，在作业过程中要实行联保。联保的主要内容有：

1）在工作中发现互保对象以外的人员有不安全行为与不安全因素，可能发生意外情况时，要及时提醒纠正，工作中要呼唤应答。

2）在工作中对互保对象以外的人员要互相照顾、互相关心、互创条件。

3）在工作中与互保对象以外的人员要互相监督，共同严格执行劳动保护用品穿戴标准，严格执行安全操作规程和有关制度。

（7）对互保、联保对子实行同奖同罚。

七、班组班前会标准

（1）班组班前会必须结合当日的具体生产任务特点及工作环境，按照“五同时”的要求详细布置当班的安全工作。

（2）根据每一时期的思想倾向和季节变化，讲解安全注意事项。

（3）传达上级有关安全生产指示和事故案例教训。

（4）班前会安全发言情况要详细地记录在班前会记录本。

八、班组安全活动标准

（1）班组每周必须固定一天为安全活动日，开展安全活动。

（2）班组开展安全活动前，班组长要提前通知上级领导或管理人员参加本班组的安全活动。

（3）每次安全活动要做到：

1）内容丰富：总结上周安全工作，并对班组各岗位进行安全讲评，研究布置下周安全工作；学习作业标准、规章制度，开展危险预知活动、检查隐患、分析学习事故案例，学习安全周报、总结安全工作经验，开展安全教育和考试内容。

2）人员齐全：参加活动人员必须发言，缺席人员要由安全员或班组长及时补课，对无故不参加活动的人员要严格考核。

3）时间充足：每次活动时间不少于30min。

4）记录翔实：应记录活动时间、参加人员（缺席人员）、主持人、活动主题内容、个人发言等。

第七章

事故应急救援及事故调查

第一节　事故应急救援概述

电网企业应当树立忧患意识和居安思危、警钟长鸣、防患于未然的思想。要全面落实科学发展观，认真贯彻《中华人民共和国突发事件应对法》，坚持以人为本、预防为主，充分依靠法制、科技和职工群众，以保证人民生命财产为根本，以落实和完善应急预案为基础，以提高预防和处置突发事件能力为重点，全面加强应急工作，最大程度地减少突发事件及其造成的危害，促进社会和企业的全面、协调、可持续发展。

由于自然灾害或人为原因，当事故或灾害不可避免的时候，有效的应急救援行动是唯一可以抵御事故或灾害蔓延并减缓危害后果的有力措施。事故应急救援工作是在预防为主的前提下，坚持“以人为本、统一指挥、分级负责、区域为主、单位自救和社会救援相结合”的原则。其中预防工作是事故应急救援工作的基础，平时应做好事故的预防工作，避免或减少事故的发生，落实好救援工作的各项准备措施，一旦发生事故就能及时实施救援。突发事件具有发生突然、扩散迅速、危害范围广的特点，决定了救援行动必须迅速、准确和有效，因此，救援工作应当以保证人民生命财产为根本，实行统一指挥下的分级负责制。事故应急救援是一项涉及面广、专业性很强的工作，靠某一个部门是很难完成的，必须把各方面的力量组织起来，形成统一的救援指挥部，在指挥部的统一指挥下，各个部门密切配合，协同作战，迅速、有效地组织和实施应急救援，尽可能地避免和减少损失。以区域为主，并根据事故的发展情况，采取单位自救和社会救援相结合的形式，充分发挥事故单位及地区的优势和作用。

第二节　事故应急救援措施

一、概述

事故应急救援的目标是通过有效的应急救援行动，尽可能地降低事故的后果，包括人员伤亡、财产损失和环境破坏等。事故应急救援的基本任务包括下述几个方面。

一是立即组织营救受害人员，采取措施保护危害区域内的其他人员。在应急救援行动中，首要任务是抢救受害人员，快速、有序、有效地实施现场急救与安全转送伤员是降低伤亡率，减少事故损失的关键。由于重大事故发生突然、扩散迅速、涉及范围广、危害大，应及时指导和组织员工采取各种措施进行自身防护，必要时迅速撤离危险区或可能受到危害的区域。在撤离过程中，应积极组织员工开展自救和互救工作。

二是迅速控制事态，并对事故造成的危害进行检测、监测，测定事故的危害区域、危害性质及危害程度。及时控制住造成事故的危险源是应急救援工作的重要任务，只有及时地控制住危险源，防止事故的继续扩展，才能及时有效进行救援。应尽快组织工程抢险队与事故单位技术人员一起及时控制事故继续扩展。

三是消除危害后果，做好现场恢复。针对事故对人体、动植物、土壤、空气等造成的现实危害和可能的危害，迅速采取封闭、隔离、洗消、监测等措施，防止对人的继续危害和对环境的污染，及时清理废墟和恢复基本设施，将事故现场恢复至相对稳定的基本状态。

四是查清事故原因，评估危害程度，事故发生后应及时调查事故发生的原因和事故性质，评估出事故的危害范围和危害程度，查明人员伤亡情况，做好事故调查。

二、人身伤亡事故救援

（一）触电事故救援

1. 触电者如何正确脱离电源

一是当触及低压带电设备时，救护人员应设法迅速切断电源。如拉开电源开关或刀闸，拔出电源插头等；或使用绝缘工具、干燥的木棒、木板、绳索等不导电的东西解脱触电者；也可抓住触电者干燥而不贴身的衣服，将其拖开，切记要避免碰到金属物体和触电者的裸露身躯；也可戴绝缘手套或用干燥衣物等将手包起，绝缘后解脱触电者；救护人员也可站在绝缘垫上或干木板上，绝缘自己进行救护。如果电流通过触电者入地，并且触电者紧握电线，可设法用干木板塞到身下，与地隔离，也可站在绝缘物体或干木板上，用干木把斧子或有绝缘柄的钳子等将电线一根一根地剪断。

二是当触及高压带电设备，救护人员应迅速切断电源，或用适合该电压等级的绝缘工具（戴绝缘手套、穿绝缘靴并用绝缘棒）解脱触电者。救护人员在抢救过程中应注意保持自身与周围带电部分必要的安全距离。

三是当触及断落在地上的带电高压导线，且尚未确证线路无电，救护人员在未做好安全措施（如穿绝缘靴或临时双脚并紧跳跃地接近触电者）前，不能接近断线点至 8～10m 范围内，防止跨步电压伤人。触电者脱离带电导线后应迅速带至 8～10m 范围以外后立即开始触电急救。只有在确证线路已经无电，才可在触电者离开触电导线后，立即就地进行急救。同时应考虑事故照明、应急灯等临时照明。并且要符合使用场所防火、防爆的要求。

2. 触电者脱离电源后的注意事项

触电伤员应使其就地仰面平躺，且确保气道通畅，并用 5s 时间，呼叫伤员或轻拍其肩部，禁止摇动伤员头部呼叫伤员。

3. 心肺复苏法

触电伤员呼吸和心跳停止时，应立即按心肺复苏法中通畅气道、口对口（鼻）人工呼吸、胸外按压此三项基本措施进行就地坚持抢救，不要为方便而随意移动伤员，如确需要移动时，抢救中断时间不应超过 30s。

通畅气道是使触电伤员气道保持畅通，没有异物堵塞。

口对口（鼻）人工呼吸是在保持伤员气道通畅的同时，救护人员用放在伤员额上的手指捏住伤员鼻翼，救护人员深吸气后，与伤员口对口紧合，先连续大口吹气两次，每次 1～1.5s。如两次吹气后试测颈动脉仍无搏动，可判断心跳已经停止，要立即同时进行胸外按压。触电伤员如牙关紧闭，可口对鼻人工呼吸。口对鼻人工呼吸吹气时，要将伤员嘴唇紧闭，防止漏气。

胸外按压是使触电伤员仰面躺在平硬的地方，救护人员立或跪在伤员一侧肩旁，救护人员的两肩位于伤员胸骨正上方，两臂伸直，肘关节固定不屈，两手掌根相叠，手指翘起，不接触伤员胸壁；以髋关节为支点，利用上身的重力，垂直将正常成人胸骨压陷 3～5cm；压至要求程度后，立即全部放松，但放松时救护人员的掌根不得离开胸壁。按压必须有效，有效的标志是按压过程中可以触及颈动脉搏动。以每分钟 80 次左右匀速进行，每次按压和放松的时间相等。

（二）淹溺事故救援

溺水是指被水淹的人由于呼吸道遇水刺激发生痉挛，收缩梗阻，造成窒息和缺氧，需要紧急抢救。

（1）发现溺水者后应尽快将其救出水面，可充分利用现场器材，如绳、竿、救生圈等救人。同时应尽快拨打 120 急救电话。

（2）将溺水者平放在地面，迅速撬开其口腔，清除其口腔和鼻腔异物，如淤泥、杂草等，使其呼吸道保持通畅；倒出腹腔内吸入物，但要注意不可一味倒水而延误抢救时间。倒水方法是将溺水者置于抢救者屈膝的大腿上，头部朝下，按压其背部迫使呼吸道和胃里的吸入物排出。

（3）当溺水者呼吸停止或极为微弱时，应立即实施人工呼吸法，必要时施行胸外按压法。因呼吸、心跳在短期恢复后还可能再次停止，所以千万不要放弃人工呼吸，应一直坚持到专业救护人员到来。

（4）意识丧失者，应置于侧卧位，并注意为溺水者保暖。

（三）骨折事故救援

骨折分为外伤性和病理性两大类，外伤性骨折较为常见。

（1）用双手稳定及承托受伤部位，限制骨折处的活动，并放置软垫，用绷带、夹板或替代品妥善固定伤肢。

（2）如上肢受伤，则将伤肢固定于胸部；前臂受伤可用书本等托起悬吊于颈部，起临时保护作用。下肢骨折时应将受伤肢体与健侧肢体并拢，用宽带绑扎在一起；担架上，平卧搬运，不要让病人在弯腰姿势下搬动，以免损伤脊髓。同时应垫高伤肢，减轻肿胀。

（3）如伤肢已扭曲，可用牵引法将伤肢轻沿骨骼轴心拉直；若牵引时引起伤者剧痛或皮肤变白，应立即停止。

（4）完成包扎后，如伤者出现伤肢麻痹或脉搏消失等情况，应立即松解绷带。

（5）如伤口中已有脏物，不要用水冲洗，不要使用药物，也不要试图将裸露在伤口外的断骨复位。应在伤口上覆盖灭菌纱布，然后适度包扎固定。如伤口中嵌入异物，不要拔除。可在异物两旁加上敷料，直接压迫止血，并将受伤部位抬高，在异物周围用绷带包扎。千万注意不要将异物压入伤口，造成更大伤害。

（四）外伤事故救援

外伤事故救援原则上是先抢救，后固定，再送医院，并注意采取措施，防止伤情加重或污染。需要送医院救治的，应立即做好保护伤员措施后送医院救治。

（1）抢救前先使伤员安静躺平，判断全身情况和受伤程度，如有无出血、骨折和休克等。

（2）外部出血立即采取止血措施，防止失血过多而休克。外观无伤，但呈休克状态，神志不清，或昏迷者，要考虑胸腹部内脏或脑部受伤的可能性。

（3）为防止伤口感染，应用清洁布片覆盖。救护人员不得用手直接接触伤口，更不得在伤口内填塞任何东西或随便使用药。

(4) 搬运时应使伤员平躺在担架上，腰部束在担架上，防止跌下。平地搬运时伤员头部在后，上楼、下楼、下坡时头部在上，搬运中应严密观察伤员，防止伤情突变。

（五）中毒事故救援

1. 急救原则

关键在于速度，争取在患者身体将毒物吸收之前实现抢救。尽快找出毒物源，照原样交给医生。标签和剩余的毒物应原封不动。若未找到毒物瓶，可将患者呕吐物带去，以供化验。最好是一边抢救，一边派人去请医生或叫救护车。

2. 吞食毒物应急救援

首先应立即派人去请医生，若患者呼吸困难，应立即做口对口人工呼吸，同时给患者喝水；若无危险后果，尽早设法洗胃，导泻或催吐、以减少毒物的吸收。可以用手指、筷子或压舌板刺激咽喉反复引起呕吐。

患者开始呕吐时，应令其躺下，脸朝下，头位低于臀部，以防呕吐物进入肺内，引起其他毛病；吞食刺激性或腐蚀性毒物者，可服生蛋清、牛奶、米汤、面粉糊、花生油等；根据毒物性质，迅速使用解毒药。当患者不省人事，惊厥，口或喉部有剧疼或灼烧感，吞食煤油、汽油、柴油或其他石油产品，洗涤用碱液漂白粉、氨水、碘等情况，不得催吐。

3. 吸入毒剂应急救援

首先立即将患者背或抬到空气新鲜处，同时派人去请医生。若患者已停止呼吸，或呼吸不正常，及时吸出呼吸通道的分泌物，立即做人工呼吸。必要时应给吸氧。在救治过程中防止患者受凉，使患者保持安静。

急救者应注意防止因吸入同一毒剂而中毒。急救时，必需使用防毒面具。为防患者继续中毒，可立即用浓肥皂水、10％碳酸钠溶液、10％碳酸氢钠溶液、石灰水、甚至普通水或尿浸湿口罩、纱布、手帕或毛巾，蒙住患者口鼻，迅速引离污染区。若同时有毒物污染皮肤，应脱去受污衣服，用冷水洗净体表、毛发或指甲缝内毒物。在救治过程中不应给患者以酒精类饮料。

三、电气火灾事故救援

电气设备和电力线路发生火灾，由于带电燃烧、蔓延迅速和扑救困难，因而危害很大。在扑救过程中，往往会遇到电气设备、电力线路本身在燃烧，或者引起建筑结构可燃物在燃烧。一般应采取停电灭火的方法和带电灭火的方法，迅速有效地控制火势、扑灭火灾。

（一）停电灭火

1. 停电技术措施

（1）在变电所、配电室断开主进开关。需要断开变电所、配电室相应回路的出线开关。在自动空气开关或油断路器等主要开关没有断开前，不能随便拉开隔离开关，以免产生电弧发生危险。在建筑物内用闸刀开关切停电源。需要使用绝缘操作杆或干燥的木棍操作，并且戴上干燥的手套操作。

（2）用跌落式熔断器切断电源。在变电所和户外杆式变电台上的变压器高压侧，多用跌落式熔断器保护。如变压器发生火灾需要切断电源时，可以用电工专用的绝缘杆捅跌落式熔断器的鸭嘴，熔丝管就会跌落下来达到停电目的。

（3）剪断线路切断电源。当需要剪断对地电压 250V 以下的线路或 380/220V 的三相四线制线路时，可穿戴绝缘鞋和绝缘手套，用断电剪将电线剪断。切断电源的地点要选择适当，剪断的位置应在电源方向的支持物附近，防止导线剪断后掉落在地上造成地短路，触电伤人。

2. 电气火灾救援措施

（1）发动机和电动机等电气设备，由于可燃物质数量较少，一般可采用二氧化碳、1211 等灭火剂扑救。大型旋转电机燃烧猛烈时，可用水蒸气和喷雾水扑救。切忌用砂土扑救，以防止硬性杂质落入电机内使电机的绝缘和轴承等受到损坏而造成严重后果。

（2）变压器、油断路器等注油电气设备发生火灾时，切断电源后的扑救方法与扑救可燃液体火灾相同。如果油箱没有破损可用干粉、1211、二氧化碳等灭火剂扑救。如果油箱破裂，大量油流出燃烧，火势加猛时，切断电源后可用喷雾水或泡沫扑救。流散的油火，也可用砂土压埋。

（3）电缆燃烧，主要燃烧物质是绝缘纸、塑料、沥青、橡胶、绝缘油、棉麻编织物等可燃烧物质。切断电源后，灭火方法与灭一般可燃烧物质相同。电缆、电容器切断电源后仍可能有较高的残留电压，因此在切断电源后，也要参照带电灭火要求进行扑救，以确保安全扑救。

（二）带电灭火

在灭火中，常常遇到设备带电的情况，有的情况紧急，为了争取灭火时机，必须在带电情况下进行扑救。有时因生产需要，或遇其他原因无法切断电源时，或遇切断电源后仍有较高的残留电压时，也需要带电灭火。带电灭火的关键是解决触电危险。

1. 用灭火器带电灭火

（1）确定最小安全距离。在扑救电气火灾时，指挥人员应及时了解带电电气设备、电力线路的电压和火灾情况，研究最小安全距离后，再组织人员进行带电灭火。灭火时尽量在上风向喷射。

（2）常用灭火剂的绝缘强度。常用的二氧化碳、1211、干粉等灭火剂都不导电，有足够的绝缘能力。

2. 用水带电灭火

水能导电，用直流水枪的水柱扑救带电的电气设备、电力线路火灾，对人体是有害的。用水带电灭火时，带电体与喷射水流的水枪、人体、大地可以形成一个回路，这个回路中所通过的电流大小，对人身的安全有直接影响。人体的电阻约为1000Ω，当电流通过人体为1米安时，人就感觉触电。因此，带电灭火时，如果没法使通过人体的电流不超过1米安时，就可以保障扑救人员的安全。

（1）用水带电灭火时，无论采取何种安全措施，一般都保持人体、水枪喷嘴和带电体之间的距离不小于5m，就可以符合用水带电灭火时对安全距离的要求。

（2）对于架空线路和仅次于高处的电气设备进行带电灭火时，扑救人员所站位置的地面水平距离与带电体高度形成的上下角，不要大于45°，以防导线断落等情况危及扑救人员安全。

（3）如发生电线断落地上时，在以电线落地10m为半径的范围内，应划为警戒区，并设置警戒人员，防止人员误入这一范围发生触电事故。

四、设备损坏事故救援

电气设备在运行中，发生因供电系统供电中断造成的停电事故，或因电气设备本身绝缘老化或因误操作，特殊气候条件使电气绝缘损坏发生短路、过电压等造成绝缘击穿、设备烧毁，使供电中断、人身电击伤亡、电气火灾等被称为电气设备损坏事故。具体内容有以下几点：

（1）对突发电气设备损坏事故的正确判断。根据仪表、灯光、音响信号、光字牌等显示、各种保护自动装置的显示和故障记录、故障点事故设备状态，对事故做出判断。对于有显著状态的设备短路、雷击、电弧弧光、设备着火冒烟、特殊气味、音响等事故容易判别。对于缺乏明显状态，难于发现的电气事故，则需要通过相关的试验来检验。

（2）隔离措施。可以通过操作切倒断路器、隔离开关、母线等设备，必要时甚至可以采取断开连接线的方法来缩小或限制事故范围，防止事故扩大。对故障点设备妥善地进行电气隔离后，应尽快地恢复对重要用电负荷和其他用电负荷的继续供电。

(3) 调整电气设备的运行方式。启动设备损坏事故处置应急预案，正确倒切负荷，调整电网运行方式，恢复对重要用户及其他负荷用户的供电。

五、自然灾害事故救援

(一) 地震灾害事故救援

1. 基本原则

地震灾害事故救援的基本方针是“预防为主，综合防御；突出重点，分期实施；平震结合，常备不懈”，同时坚持“保人身，保电网，保设备”的以人为本原则。减轻地震灾害最有效的措施：对电力生产建筑和设备按基本烈度进行抗震设防或据此进行抗震加固，对于重要工程还可按规定提高设防标准。

2. 事件分级

我国地震活动分布范围广，地震基本烈度6度及以上地区的面积占全部国土面积的79%。7级和7级以上的地震，称为大震；7级以下、5级和5级以上的地震称为强震或中强震；5级以下、3级和3级以上的，称为小震；3级以下、1级或1级以上的称弱震和微震。小于1级的称为超微震。

3. 应急指挥机构及职责

(1) 抗震救灾机构的组成。地震应急救援机构分为常设机构和应急机构两类。常设机构为抗震救灾办公室，应急机构为抗震救灾指挥部，在总指挥长的领导下工作，同时常设机构自动转为应急机构。

(2) 职责。抗震救灾办公室主要召开抗震工作会议，根据要求布置工作；负责监督、指导抗震防灾工作，监督指导各所属单位的抗震工作；审查和批准所属各单位的抗震防灾规划和破坏性地震应急预案。

抗震救灾指挥部负责抗震救灾的总体工作，是震前、临震和震后的指挥中心；组织抗震救灾规划和各项应急对策的实施；统一指挥调动电力系统人员、设备、物资、能源，保障电力生产和供应，保障紧急支援工作。

4. 响应分级

破坏性地震的响应分级根据地震造成的人员伤亡数量以及经济损失情况划分为一般破坏性地震，严重破坏性地震和造成特大损失的严重破坏性地震三级。

5. 救援措施

(1) 发生破坏性地震后，地震发生地市有关电力企业在抗震救灾指挥部领导下，立即查清地震造成电力设备、设施的破坏情况，查清供电线路、通信系统的受损情况，立即投入抗震救灾和自救恢复工作，并迅速向上级报告。

(2) 调度应根据地震灾害情况，尽快调整和恢复灾区的供电，震区所在地应指挥电力抢修队伍立即奔赴震害地点进行抢修。

（3）抗震救灾指挥部迅速组织本系统力量协助地震区电力企业恢复被破坏的输、变、配电力设施和电力调度通信设施功能，电力调度要保障重要用户及灾区用电供应。

（4）抗震救灾指挥部应根据受灾情况组织力量奔赴受地震危害的地域参加救援工作，尽可能减小损失。

（5）电力保障工作还包括对震后受次生灾害危及的电力设备、设施采取紧急处置措施，加强监视和检测，防止灾害扩展，减轻和消除污染危害。

（6）各级电力系统的医疗队伍、交通车辆等处于可调用状态，随时服从政府抗震救灾指挥部调动，奔赴地震灾区参加抗震救灾的“紧急救援”工作。

（7）地震区域各级电力企业的保卫部门除加强本企业治安管理和安全保卫工作外，还要协助地震灾区公安部门预防和打击各种违法犯罪活动。

（8）地震地区电力部门应尽快做好地震灾害造成的损失统计和评估工作，逐级上报。

6. 后期工作

震后应首先恢复社会供电。先满足应急供电，其次是初步局部供电，最后是全面恢复正常供电；调度应根据抢险、抢修进度不断调整供电计划；同时应安排好群众生活，稳定情绪，解除职工后顾之忧；震后做好灾情调查，鉴定损坏房屋，制订修复和重建计划。

（二）地质灾害事故救援

1. 适用范围

适用于电力系统应对和处置因泥石流、山体崩塌、滑坡、地面塌陷等地质灾害造成的电网设施设备较大范围损坏或重要设施设备损坏事件。

2. 事件分级

根据地质灾害造成损失的严重程度、影响范围、可能导致电网紧急情况等，将地质灾害事件分为四级，一般事件、较大事件、重大事件、特别重大事件。

3. 应急处置机构及职责

（1）机构组成。地质灾害发生后，受灾单位根据本单位地质灾害处置应急预案成立地质灾害处置领导小组和地质灾害应急抢险指挥部。非受灾公司应做好支援准备工作。

（2）职责。地质灾害处置领导小组接受上级应急指挥机构及上级主管部门的领导；根据处置地质灾害工作的需要，向政府有关职能部门提出援助请求；

统一领导抢险救援、恢复重建工作；宣布公司进入和解除应急状态，决定启动、调整和终止事件响应；决定披露相关信息。

4. 预警分级

根据地质灾害的级别以及灾害对电网、电力设施可能造成的损坏程度，将地质灾害预警状态分为四级，一级、二级、三级和四级，依次用红色、橙色、黄色和蓝色标示，一级为最高级别。

5. 应急响应和处置

启动本单位地质灾害应急响应，会同有关职能部门收集汇总相关信息，分析研判，提出对事件的定级建议，跟踪、监督相关公司应急处置工作。

采取一切必要措施，防止发生电网瓦解、大面积停电和人员群伤群亡；跨地域调集应急抢险队伍，调配应急电源、抢险装备和应急物资，协调落实应急物资运输保障；做好重要用户的应急供电工作，保障关系国计民生的重要用户安全供电；组织开展跨地域电力应急支援，对外信息披露，通信保障和医疗卫生后勤保障工作。

6. 后期处置

应急响应行动结束后，应按照“统筹安排、分级负责、科学规划、快速恢复”的原则，对善后处理、恢复重建工作进行规划和部署，逐级制订详细可行的工作计划，快速、有效地消除地质灾害突发事件造成的不利影响，尽快恢复正常生产秩序；及时统计设备损失情况，会同相关部门核实、汇总受损情况，按保险公司相关保险条款理赔；并进行全面的总结、评估，找出不足并明确改进方向。

（三）气象灾害事故救援

1. 基本原则

以“保人身、保电网、保设备”为原则，把保障人民群众的生命财产安全作为首要任务，全面加强应对气象灾害的体系建设，最大限度减少气象灾害对电网破坏和给人民生命财产、社会经济带来的危害和损失，减少设备损失。

2. 危害程度分析

严重气象灾害除造成电网设施、设备较大范围损坏事件外，甚至会造成电力职工人身伤害，还可能引发洪水、泥石流、山体滑坡、电网大面积停电等次生灾害，对关系国计民生的重要基础设施造成巨大影响，导致交通、通信瘫痪，水、气、煤、油等供应中断，电网抗灾抢险、应急救援工作的开展应综合考虑以上因素。

3. 事件分级

根据电网损失程度、发生性质、可能导致电网紧急情况等，将灾害事件分为四级，特别重大事件、重大事件、较大事件、一般事件。

4. 应急指挥机构及职责

根据气象灾害严重程度，成立气象灾害处置领导小组，统一领导气象灾害应急处置工作。职责为接受上级单位应急处置指挥机构及上级主管部门的领导；根据处置气象灾害工作的需要，向政府有关职能部门提出援助请求；统一领导抢险救援、恢复重建工作，执行相关部署和决策；宣布进入和解除应急状态，决定启动、调整和终止事件响应；决定披露相关信息。

5. 预警分级和行动

根据气象灾害的发生性质、可能造成的危害和影响范围，气象灾害预警级别分为四级，一、二、三和四级，依次用红色、橙色、黄色和蓝色表示，一级为最高级别。

发布气象灾害预警信息后，收集相关信息，密切关注事态发展，开展突发事件预测分析；应急指挥中心启动应急值班机制；根据职责分工协调组织应急队伍、应急物资、应急电源、交通运输等准备工作，合理安排电网调度运行方式、做好异常情况处置和应急新闻披露准备。

6. 应急处置

气象灾害处置领导小组全面领导协调应急处置工作，必要时向事件发生地派出气象灾害应急协调工作组和专家组；启动应急值班，开展信息汇总和报送工作，与政府有关部门联系沟通，协助开展信息披露工作。

采取一切必要措施，防止发生电网瓦解、大面积停电和人员群伤群亡；跨地域调集应急抢险队伍，调配应急电源、抢险装备和应急物资，协调落实应急物资运输保障；做好重要用户的应急供电工作，保障关系国计民生的重要用户安全供电；组织开展跨地域电力应急支援，对外信息披露，应急通信保障工作和医疗卫生后勤保障工作。

7. 后期处置

认真开展设备隐患排查和治理工作，加快抢修恢复速度，及时统计设备设施损失情况，按保险公司相关保险条款理赔；组织生产、调度、设计、科研等部门调查收集灾情详细资料，研究灾害事故发生的原因，分析灾害事故发展过程，提出具体抗灾减灾对策、措施及加强电网运行维护的工作建议；对事故调查按照《安全事故调查规程》进行。

六、救援避险

（一）停电事故避险

（1）遇到停电，应利用手电筒等照明工具，首先检查内部配电开关、漏电保护器是否跳开。

（2）室内有焦煳味、冒烟和放电等现象，应立即切断所有电源，以免发生火灾。

（3）熔丝熔断，应及时更换，但不能用铜、铁、铝丝代替。

（4）家中应备有蜡烛、手电筒等应急照明光源，并放置在固定的位置。

（5）电线老化易造成停电事故，应尽快报告有关部门更换。

（二）高温避险

日最高气温达到35℃以上，就是高温天气。高温天气会给人体健康、交通、用水、用电等方面带来严重影响。

（1）饮食宜清淡，多喝凉白开水、冷盐水、白菊花水、绿豆汤等防暑饮品。

（2）保证睡眠，准备一些常用的防暑降温药品，如清凉油、十滴水、人丹等。

（3）在高温条件下的作业人员，应采取防护措施或停止作业。

（4）如有人中暑，应立即把病人抬至阴凉通风处，并给病人服用生理盐水或“十滴水”等防暑药品。如果病情严重，需送往医院进行专业救治。

（三）大风避险

大风及其在建筑物之间产生的“强风效应”时常会损坏电力线路、房屋和大树等，并会妨碍高空作业，甚至引发火灾。

（1）大风天气，在施工工地附近行走时应尽量远离工地并快速通过。不要在高大建筑物、广告牌或大树的下方停留。

（2）及时加固门窗、围挡、棚架等易被风吹动的搭建物，妥善安置易受大风损坏的室外物品。

（3）立即停止高空户外作业；立即停止露天集体活动，并疏散人员。

（4）不要将电力抢修车辆停在高楼、大树下方，以免玻璃、树枝等被吹落造成车体损伤。

（四）暴雨避险

暴雨，特别是大范围的大暴雨或特大暴雨，往往会在很短时间内造成内涝，使得电力线路受损，造成停电事故。

（1）室外积水漫入室内时，应立即切断电源，防止积水带电伤人。

（2）在户外积水中行走时，要注意观察，贴近牢固的建筑物行走，防止跌入窨井、地坑等。

(3) 驾驶员遇到路面或立交桥下积水过深时要尽量绕行，避免强行通过。

(五) 雷击避险

雷雨天气常常会产生强烈的放电现象，如果放电击中人员、建筑物或各种设备，常会造成人员伤亡和经济损失。

(1) 注意关闭门窗，远离门窗、水管、煤气管等金属物体。

(2) 关闭家用电器，拔掉电源插头，防止雷电从电源线入侵。

(3) 在室外时，要及时躲避，不要在空旷的野外停留。在空旷的野外无处躲避时，应尽量寻找低洼之处（如土坑）藏身，或者立即下蹲，降低身体的高度。

(4) 远离孤立的大树、高塔、电线杆、广告牌。

(5) 如多人共处室外，相互之间不要挤靠，以防被雷电击中后电流互相传导。

第三节 事 故 调 查

发生电力事故会给电力企业造成损失，后果严重的，可能会带来严重的政治影响和社会影响。造成生产事故的原因是多种多样的，除偶发的因素外，都有其发生的规律。据统计，88%的事故都是人为错误造成，偶发的因素只占2%。只有真正把事故发生的原因调查清楚，研究和掌握事故发生的规律，才能起到积极预防事故，促进电力企业安全发展的目的。

一、事故调查原则

事故调查必须按照“实事求是、尊重科学”的原则，及时、准确地查清事故原因，查明事故责任和性质，总结教训，提出整改措施，并对事故责任者提出处理意见，做到“四不放过”，即：事故原因不清楚不放过，事故责任者和应受教育者没有受到教育不放过，没有采取防范措施不放过，事故责任者没有受到处罚不放过。

二、事故的分类

根据电力生产的特点以及事故的类别，通常将电力事故分为人身伤亡事故、电网事故、设备事故。由于信息系统在电力企业中的日益广泛应用，信息系统的异常运行也可能会给电力企业或者客户造成巨大的损失，《国家电网公司安全事故调查规程》将安全事故分为人身、电网、设备、信息系统四类事故。

三、事故等级划分

《生产安全事故报告和调查处理条例》和《电力安全事故应急处置和调查处理条例》将事故等级划分为四个标准：特别重大事故、重大事故、较大事故和一般事故。《国家电网公司安全事故调查规程》与国家相关法规在事故分类、定级划分保持一致的基础上，对事故的划分更细，体现了分层分级原则，分为一至八级事件，其中一至四级事件对应国家法规定义的特别重大事故、重大事故、较大事故、一般事故，在上述法规制度对于发生电网事故的同时又发生人身伤亡或者直接经济损失时，依照事故等级较高者确定事故等级。

四、事故调查的组织

事故调查的组织一般根据事故的性质决定。

（一）人身伤亡事故

1. 事故调查组织

（1）特别重大事故由国务院或者国务院授权的部门组织事故调查组进行；重大事故、较大事故、一般事故分别由事故发生地省级人民政府、设区的市级人民政府、县级人民政府负责调查。省级人民政府、设区的市级人民政府、县级人民政府可以直接组织事故调查组进行调查，也可以授权或者委托有关部门组织事故调查组进行调查。未造成人员伤亡的一般事故，县级人民政府也可以委托事故发生单位组织事故调查组进行调查。

（2）电力企业内部也应组织调查组进行调查。一般以上人身事故由国家电网公司或其授权的分部、省电力公司、国家电网公司直属公司组织调查；五至八级人身事件分别由省电力公司或其授权的单位、地市供电公司级单位或事故发生单位、事故发生单位、事故发生单位的安监部门或指定专业部门组织调查，上级单位认为有必要时可以组织、派员参加或授权有关单位调查。

2. 事故调查人员

（1）根据事故的具体情况，事故调查组成员由有关人民政府、安全生产监督管理部门、负有安全生产监督管理职责的有关部门、监察机关、公安机关以及工会组成，并应当邀请人民检察院派人参加，事故调查组可以聘请有关专家参与调查。

（2）除按照国家法规、行业规定配合有关机构调查外，电力企业根据事故情况，组织调查组进行调查，调查组由相应调查组织单位的领导或指定人员主持，安监、生产（生技、基建、营销、农电等）、监察、人力资源（社保）、工会等部门派员参加。

（二）电网事故

1. 事故调查组织

（1）特别重大事故由国务院或者国务院授权的部门组织事故调查组进行调查；重大事故由国务院电力监管机构组织事故调查组进行调查，发生电网事故的同时造成人员伤亡的数量构成重大事故时，由事故发生地省级人民政府负责调查；较大事故、一般事故由事故发生地的电力监管机构组织事故调查组进行调查，未造成供电用户停电的一般事故，事故发生地电力监管机构也可以委托事故发生单位调查处理。

（2）根据电网事故的等级，电力企业内部组织调查组进行调查。五级以上电网事件由国家电网公司或其授权的分部、省电力公司、国家电网公司直属公司组织调查；六至八级电网事件分别由省电力公司或其授权的单位、地市供电公司级单位或事故发生单位组织调查，上级单位认为有必要时可以组织、派员参加或授权有关单位调查。

2. 事故调查人员

（1）根据事故的具体情况，事故调查组成员由电力监管机构、有关地方人民政府、安全生产监督管理部门、负有安全生产监督管理职责的有关部门人员组成，有关人员涉嫌失职、渎职或者涉嫌犯罪的，应当邀请监察机关、公安机关、人民检察院派人参加。

（2）电力企业内部也应根据事故情况组织事故调查组进行调查，由相应调查组织单位的领导或其指定人员主持，根据事故的性质，安监、调度、生技、基建、营销、农电、监察等部门派员参加。

（三）设备事故

1. 事故调查组织

（1）特别重大事故由国务院或者国务院授权的部门组织事故调查组进行；发生只造成直接经济损失的重大事故、较大事故、一般事故，由电力监管机构组织事故调查组进行调查。

（2）电力企业根据事故的等级，成立相应的组织进行调查。三级以上设备事故由国家电网公司或其授权的分部、省电力公司、国家电网公司直属公司组织调查；四至五级设备事件、六级设备事件、七级设备事件、八级设备事件分别由省电力公司或其授权的单位、地市供电公司级单位或事故发生单位、事故发生单位的安监部门或指定专业部门组织调查，上级单位认为有必要时可以组织、派员参加或授权有关单位调查。

2. 事故调查人员

（1）根据事故的具体情况，事故调查组成员由有关人民政府、安全生产监督管理部门、负有安全生产监督管理职责的有关部门、监察机关、公安机关以及工会组成，并应当邀请人民检察院派人参加，事故调查组可以聘请有关专家参与调查。

（2）电力企业也应根据事故情况组织事故调查组进行调查，由相应调查组织单位的领导或其指定人员主持，根据事故的性质，安监、调度、生技、基建、营销、农电、监察等部门派员参加。

（四）信息系统事件

发生信息系统事件由电力企业内部组织调查。

发生五级信息系统事件由国家电网公司或其授权的分部、省电力公司或国家电网公司直属公司组织调查；六至八级信息事件分别由省电力公司或其授权的单位、地市供电公司级单位或事件发生单位组织调查，上级单位认为有必要时可以组织、派员参加或授权有关单位调查。

调查组由相应调查组织单位的领导或其指定人员主持，根据事故的性质，安监、调度、生技、基建、营销、农电、信息、监察等部门派员参加。

五、事故报告

事故报告分即时报告和统计报表报告。

（一）即时报告时间

电力企业发生人身伤亡事故、电网和设备事故，根据事故等级划分，实行双向汇报制度。

（1）发生事故后，事故现场有关人员应当立即向本单位负责人报告，现场负责人接到报告后，应立即向本单位负责人报告。根据事故性质，企业负责人应当于1h内同时向事故发生地电力监管机构和地方政府安全监督管理部门报告。安全生产监督管理部门和负有安全生产监督管理职责的部门逐级上报事故的时间不得超过2h。

（2）企业内部汇报要求。发生五级以上人身、电网、设备和信息系统事件，应立即按资产关系或管理关系逐级上报至国家电网公司；省电力公司上报国家电网公司的同时，还应报告相关分部；发生六级人身、电网、设备和信息系统事件，应立即按资产关系或管理关系逐级上报至省电力公司或国家电网公司直属公司；发生七级人身、电网、设备和信息系统事件，应立即按资产关系或管理关系上报至上一级管理单位。每级上报的时间不得超过1h。

（二）即时报告内容

即时报告可以电话、电传、电子邮件、短信等形式上报。五级以上的即时报告事故均应在24h以内以书面形式上报，其简况至少应包括以下内容：

（1）事故发生的时间、地点、单位；

（2）事故发生的简要经过、伤亡人数、直接经济损失的初步估计；

（3）电网停电影响、设备损坏、应用系统故障和网络故障的初步情况；

（4）事故发生原因的初步判断。即时报告后事故出现新情况的，应当及时补报。

（三）事故统计报告及上报工作

电力生产单位在调查清楚事故的原因、责任后，应根据企业的具体要求，按规定的格式，填报《事故调查报告书》、《月度快报》、月度（年度）报告和报表等，并在规定时间内报上级管理部门。事故统计报告分为月度快报、季度报告、年度报告。

六、事故调查的程序

将事故的原因调查清楚是采取防范措施、分清和落实事故责任的关键工作，一定要严肃认真、科学谨慎。开展事故调查工作，应按照保护事故现场、收集原始资料、调查事故情况、分析原因责任、提出防范措施、提出人员处理意见、提出事故调查报告书的程序进行事故调查。事故调查通常有以下几个程序：

（一）保护事故现场

事故发生后，事故发生单位必须迅速抢救伤员并派专人严格保护事故现场。未经调查和记录的事故现场，不得任意变动。事故发生单位安监部门或其指定的部门应立即对事故现场和损坏的设备进行照相、录像、绘制草图、收集资料。因紧急抢修、防止事故扩大以及疏导交通等，需要变动现场，必须经单位有关领导和安监部门同意，并做出标志、绘制现场简图、写出书面记录，保存必要的痕迹、物证。

（二）收集原始资料

事故发生后，事故发生单位安监部门或其指定的部门应立即组织当值值班人员、现场作业人员和其他有关人员在离开事故现场前，分别如实提供现场情况并写出事故的原始材料。

应收集的原始资料包括：有关运行、操作、检修、试验、验收的记录文件，系统配置和日志文件，以及事故发生时的录音、故障录波图、计算机打印记录、现场影像资料、处理过程记录等。安监部门或指定的部门要及时收集有关资料，并妥善保管。事故调查组成立后，安监部门或指定的部门应及时将有关材料移交事故调查组。事故调查组在收集原始资料时应对事故现场搜集到的所有物件（如破损部件、碎片、残留物等）保持原样，并贴上标签，注明地点、时间、物件管理人。事故调查组要及时整理出说明事故情况的图表和分析事故所必需的各种资料和数据。事故调查组有权向事故发生单位、有关部门及有关人员了解事故的有关情况并索取有关资料，任何单位和个人不得拒绝。

（三）调查事故情况

（1）人身事故应查明伤亡人员和有关人员的单位、姓名、性别、年龄、文化程度、工种、技术等级、工龄、本工种工龄等；查明事故发生前伤亡人员和相关人员的技术水平、安全教育记录、特殊工种持证情况和健康状况，过去的事故记录、违章违纪情况等；查明事故发生前工作内容、开始时间、许可情况、作业程序、作业时的行为及位置、事故发生的经过、现场救护情况等；查明事故场所周围的环境情况（包括照明、湿度、温度、通风、声响、色彩度、道路、工作面状况以及工作环境中有毒、有害物质和易燃、易爆物取样分析记录）、安全防护设施和个人防护用品的使用情况（了解其有效性、质量及使用时是否符合规定）。

（2）电网、设备事故应查明事故发生的时间、地点、气象情况，以及事故发生前系统和设备的运行情况；查明事故发生经过、扩大及处理情况；查明与事故有关的仪表、自动装置、断路器、保护、故障录波器、调整装置、遥测、遥信、遥控、录音装置和计算机等记录和动作情况；查明事故造成的损失，包括波及范围、减供负荷、损失电量、停电用户性质，以及事故造成的设备损坏程度、经济损失等；调查设备资料（包括订货合同、大小修记录等）情况以及规划、设计、选型、制造、加工、采购、施工安装、调试、运行、检修等质量方面存在的问题。

（3）信息系统事件应查明事件发生前系统的运行情况；查明事件发生经过、扩大及处理情况；调查系统和设备资料（包括订货合同、维护记录等）情况以及规划、设计、建设、实施、运行等方面存在的问题；查明事件造成的损失，包括影响时间、影响范围、影响严重程度等。

事故调查还应了解现场规章制度是否健全，规章制度本身及其执行中暴露的问题；了解各单位管理、安全生产责任制和技术培训等方面存在的问题；了解全过程管理是否存在漏洞；事故涉及两个以上单位时，应了解相关合同或协议。

（四）分析原因责任

事故调查组在事故调查的基础上，分析并明确事故发生、扩大的直接原因和间接原因。

必要时，事故调查组可委托专业技术部门进行相关计算、试验、分析。事故调查组在确认事实的基础上，分析是否人员违章、过失、违反劳动纪律、失职、渎职；安全措施是否得当；事故处理是否正确等。根据事故调查的事实，通过对直接原因和间接原因的分析，确定事故的直接责任者和领导责任者；根据其在事故发生过程中的作用，确定事故发生的主要责任者、同等责任者、次要责任者、事故扩大的责任者；根据事故调查结果，确定相关单位承担主要责任、同等责任、次要责任或无责任。

（五）提出防范措施

事故调查组应根据事故发生、扩大的原因和责任分析，提出防止同类事故发生、扩大的组织（管理）措施和技术措施。

（六）提出人员处理意见

事故调查组在事故责任确定后，要根据有关规定提出对事故责任人员的处理意见。由有关单位和部门按照人事管理权限进行处理。在事故处理中积极抢救、安置伤员和恢复设备、系统运行的，在事故调查中主动反映事故真相，使事故调查顺利进行的有关事故责任人员，可酌情从宽处理。

（七）提出事故调查报告书

（1）由政府有关机构组织的事故调查，调查完成后，有关调查报告书应由事故发生单位留档保存，并逐级上报至国家电网公司。

（2）由企业内部组织的事故调查组应根据事故的等级按照规定的格式填写相应的事故调查报告书，事故调查报告书由事故调查的组织单位以文件形式在事故发生后的30日内报送。特殊情况下，经上级管理单位同意可延至60日。事故调查结案后，事故调查的组织单位应将有关资料归档，资料应完整，主要包括：

1）人身、电网、设备、信息系统事故报告；

2）事故调查报告书、事故处理报告书及批复文件；

3）现场调查笔录、图纸、仪器表计打印记录、资料、照片、录像（视频）、操作记录、配置文件、日志等；

4）技术鉴定和试验报告；

5）物证、人证材料；

6）直接和间接经济损失材料；

7）事故责任者的自述材料；

8）医疗部门对伤亡人员的诊断书；

9）发生事故时的工艺条件、操作情况和设计资料；

10）处分决定和受处分人的检查材料；

11）有关事故的通报、简报及成立调查组的有关文件；

12）事故调查组的人员名单，内容包括姓名、职务、职称、单位等。

七、事故处理

为减少事故的重复发生，在查清事故原因的基础上，应严格按照国家、行业、企业的有关规定，依据“四不放过”的原则对相关责任人进行处理。

重大事故、较大事故、一般事故，负责事故调查的人民政府、上级单位应当自收到事故调查报告之日起 15 日内做出批复，特别重大事故，30 日内做出批复，特殊情况下可以延长，但最长不超过 30 日。

有关机关、单位接到人民政府或上级单位的批复后，应当按照法律、行政法规、内部奖惩规定的权限和程序，对事故发生单位和有关人员进行处罚。事故发生单位应当按照批复，对负有事故责任的人员进行处理。涉嫌人员犯罪的应依法追究刑事责任。

事故发生单位和相关责任人应当认真吸取事故教训，落实防范和整改措施，防止事故再次发生，负有监督职责的部门应当对事故责任单位落实防范和整改措施的情况进行监督检查。

附录一　　常用安全用语集锦

一、文件指示精神

1. 安全生产方针：安全第一、预防为主、综合治理。

2. 三个不发生：不发生大面积停电事故，不发生人身死亡和恶性误操作事故，不发生重特大设备损坏事故。

3. 三个百分之百：确保安全，必须做到人员的百分之百，全员保安全；时间的百分之百，每一时、每一刻保安全；力量的百分之百，集中精神、集中力量保安全。

4. 三保：保人身、保电网、保设备。

5. 三控：可控、能控、在控。

6. 三基：基础、基层、基本功。

7. 三铁：铁的制度、铁的面孔、铁的处理。

8. 三高：领导干部高高在上，基层员工高枕无忧、规章制度束之高阁。

9. 两抓一建：抓执行、抓过程、建机制。

10. 四个凡事：凡事有人负责，凡事有章可循，凡事有据可查，凡事有人监督。

11. 一保两基：以确保电力供应为重点，着力提升安全生产与队伍稳定基础。

12. 三查四防：查责任落实、查隐患治理、查现场措施；防电网大面积停电，防群伤群亡事故，防火灾交通事故，防供电服务事件。

二、安全管理类

1. 安全生产体系：安全生产保证体系、安全生产监督体系。

2. 四全：全面、全员、全过程、全方位。

3. 三级控制：企业控制重伤和事故、车间（工区、工地）控制轻伤和障碍、班组控制未遂和异常。

4. 三级安全教育：新入场（局、公司）的生产人员（含实习、代培人员），必须经厂（局、公司）、车间和班组三级安全教育，经《安全工作规程》考试合格后方可进入生产现场工作。

5. 安全检查“五落实”：整改内容落实、整改标准落实、整改措施落实、整改进度落实、整改责任人落实。

6. 安全工作“五同时”：在计划、布置、检查、总结、考核生产工作的同时，计划、布置、检查、总结、考核安全工作。

7. 安全生产“五要素”：安全文化、安全法制、安全责任、安全科技、安全投入。

8. 安全生产系统“四要素”：人员、设备与环境、动力与能量、管理信息和资料。

9. 四不放过：事故原因不清楚不放过；事故责任者和应受教育者没有受到教育不放过；没有采取防范措施不放过；事故责任者没有受到处罚不放过。

10. 三级安全网：企业安全监督人员、车间安全员、班组安全员。

11. 两措：反事故措施、安全技术劳动保护措施。

12. 三工：合同工、民工、劳务工。

13. 事故统计报告“四性”：及时性、如实性、准确性、完整性。

14. 安全检查“五查”：查领导、查思想、查管理、查规章制度、查隐患。

15. “五同时”：在计划、布置、检查、总结、考核生产工作的同时，计划、布置、检查、总结、考核安全工作。

16. 两个规范：安全风险管理工作基本规范，生产作业风险管控工作规范。

三、现场作业类

1. 两票三制：工作票、操作票；交接班制、巡回检查制、设备定期试验轮换制。

2. 四不伤害：不伤害自己、不伤害他人、不被他人伤害、不让他人受到伤害。

3. 三违：违章作业、违章指挥、违反劳动纪律。

4. 四到位：人员到位，措施到位，执行到位，监督到位。

5. 四清楚：作业任务清楚、危险点清楚、现场的作业程序清楚、安全措施清楚。

6. “五防”：防止误分（合）断路器、防止带负荷拉合隔离开关、防止带电挂（合）接地线（接地开关）、防止带电接地线（接地开关）合断路器（隔离开关）、防止误入带电间隔。

7. 三（四）措一案：安全措施、技术措施、组织措施、（文明施工措施）和施工方案。

8. 两穿一戴：穿工作衣、绝缘鞋；戴安全帽。

9. 三交三查：工作前工作负责人对所有工作班成员交代工作任务、交代安全措施、交代注意事项；检查作业人员精神状态、两穿一戴、现场安全措施。

10. 继电保护“三误”事故：误碰（动）、误整定、误（漏）接线。

11. 检修人员“三熟三能”：熟悉系统及设备的构造、性能，熟悉设备的装配工艺、工序和质量标准，熟悉安全施工规程；能干与本专业密切相关的其他一两种手艺，能看懂与本职业相关的图纸，能绘制简单零部件图。

12. 调度工作的“六统一”：统一安排调度计划、统一安排检修设备、统一调度规程、统一配置自动化装置和继电保护装置、统一事故演习、统一黑启动方案。

13. 调度、运行的六复核：复核运行方式、复核调度规程、复核继电保护配置、复核安全自动装置、复核反事故措施、复核厂用电措施。

14. 安全文明施工“六化”：安全管理制度化、现场布置条理化、机料摆放定置化、作业行为规范化、环境影响最小化。

15. 四类安全标志：禁止标志、警告标志、指令标志、提示标志。

16. 操作五制：核对命令制、操作票制、图板模拟预演制、监护操作复诵制、检查汇报制。

四、基建安全类

1. 基建安全文明施工“六化”：安全管理制度化，安全设施标准化，现场布置条理化，机料摆放定置化，作业行为规范化，环境影响最小化。

2. 安全设施“三同时”：安全设施必须与主体工程“同时设计、同时施工、同时投入生产和使用”。

3. 四口：通道口、楼梯口、电梯井口、预留洞口。

4. 五牌一图：工程概况牌、管理人员名单及监督电话牌；消防保卫牌；安全生产牌；文明施工牌；施工现场总平面图。

5. “三防”管理：尘、毒、烟。

6. “三点”控制：事故多发点、危险点、危害点。

7. 安全宣传“三个一”工程：一场晚会、一副新标语、一块墙报。

8. 青年职工“六个一”工程：查一个事故隐患、提一条安全建议、创一条安全警语、讲一件事故教训、当一周安全监督员、献一笔安全经费。

9. 三废：废物、废水、废气。

10. “三检”制度：自检、互检、专检。

五、消防安全类

1. 三会三化：会检查消除火灾隐患、会扑救初起火灾、会组织人员疏散逃生；管理标准化、标识明细化、宣传常态化。

2. 消防安全“四个能力”：检查消除火灾隐患、组织扑救初起火灾、组织人员疏散逃生、消防宣传教育培训。

附录二　安全生产责任书样本

安全生产责任书

一、安全目标

××工区（班组）年度安全目标为：

二、安全承诺

三、岗位安全职责

签订人：　　　　　　　　　　单位（或部门）领导：

年　　月　　日　　　　　　　　年　　月　　日

附录三 事故隐患排查治理工作流程图

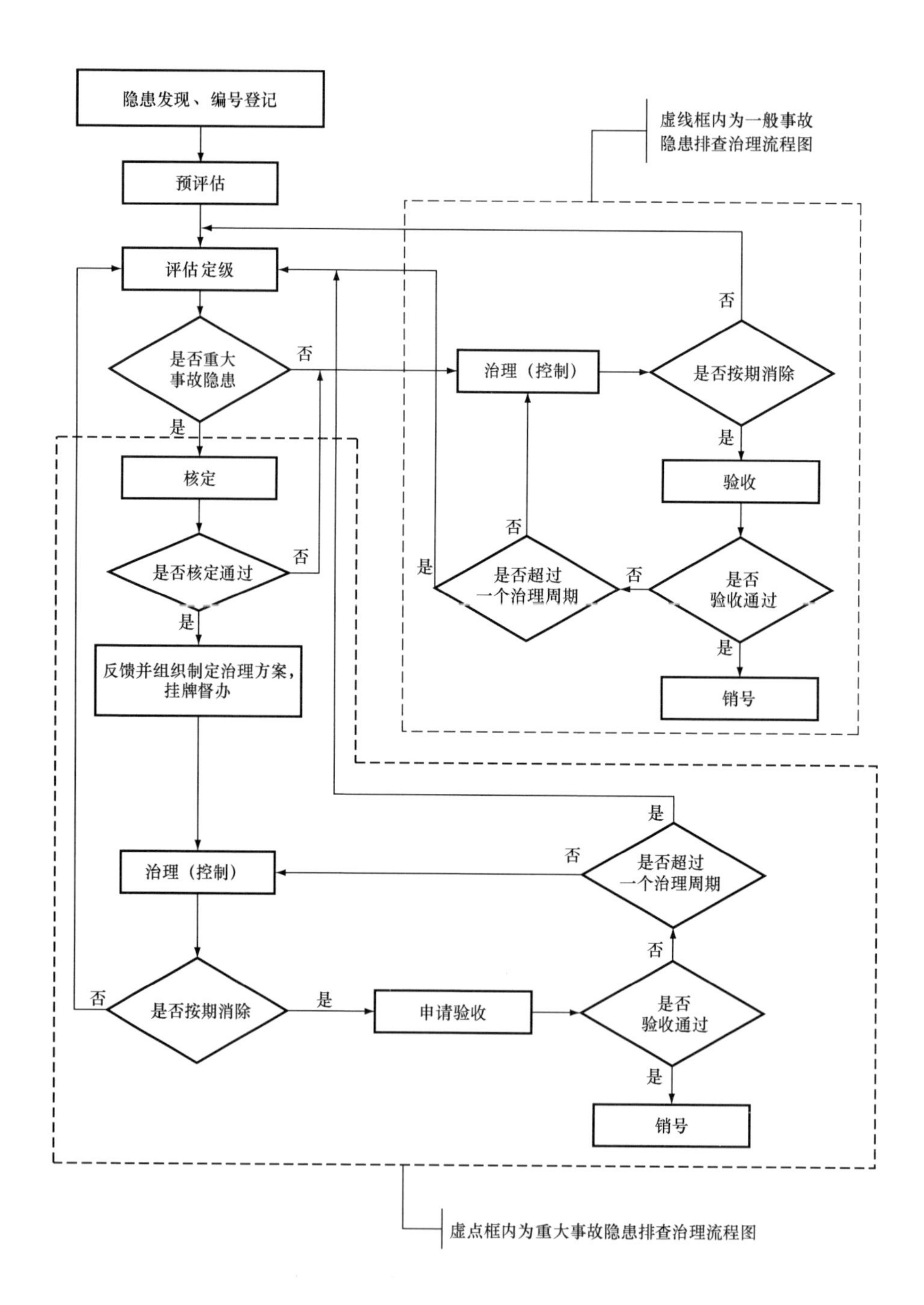

附录四 “四措一案”编制范本

××单位××工程施工“四措一案”

编制单位：××××××

年 月 日

公司领导批准：

安全部门审核：

技术部门审核：

主管部门审核：

工程监理审核：

施工单位审核：

编制汇总人员：

工程监理部门审核意见：   审核人（签名盖章）： 年 月 日
工程主管部门审核意见：   审核人（签名盖章）： 年 月 日
技术管理部门审核意见：   审核人（签名盖章）： 年 月 日
安全监督部门审核意见：   审核人（签名盖章）： 年 月 日
领导批准意见：   批准人（签名）： 年 月 日

220kV新华变电站断路器更换工程
“四措一案”

一、工程概况

（1）工程名称：220kV新华变电站断路器更换工程。

（2）施工方：××供电公司变电检修部。

（3）工程量：更换新华站220kV Ⅰ仓新2开关、新221开关、新22旁开关、新222开关、岳新2开关5台。

（4）工作范围：每台断路器更换时，该间隔设备停电，一次工作范围为该间隔设备区，二次工作范围为该间隔设备区、控制室该间隔保护屏以及相关公用屏。

（5）施工工期及工程分项进度计划安排：每台断路器更换工期为7天。

（6）以相关的单位签订的合同。如大型设备的运输合同，租借吊装设备合同，部分外围工程合同。

本工程不存在设备运输、吊装设备租借、部分工程外包等情况。

二、组织措施

按《××供电公司检修工作管理制度》，成立如下施工组织：

（一）领导组

组长：×××

成员：×××　×××

职责：负责总体协调项目施工所需人、财、物，解决施工作业中的疑难问题，整体把握项目施工进度及相关单位（部门）的协调配合工作等。

（二）专业组

1. 现场工作负责人：×××

职责：对工程的施工安全、质量、工期及人员组织、调配等全面负责。负责申请停电、编制施工四措、标准化作业书等，组织作业人员岗前培训，按照施工方案及标准化作业书组织施工，参与设备验收投运等。

2. 各专业技术负责人

一次检修专业组负责人：×××

二次保护专业组负责人：×××

高压试验专业组负责人：×××

职责：负责本专业施工方案、标准化作业书等的编写，有关技术图纸的收集、整理，施工现场的指挥，施工工艺培训及质量的过程控制，施工现场的安全、质量、进度和协调工作等。对所有作业人员进行现场交底，让全体施工人员了解工作内容。在施工前负责检查本专业工作班成员精神状态是否良好、人员分工及配置是否合理、检查工作票所列安全措施是否正确完备、是否符合现场实际条件，对工作班成员进行危险点告知，交代安全措施及技术措施。施工过程中严格执行工作票制度，明确工作班人员职责，督促、监护工作班成员执行工作票列安全措施。

（三）安全监督组

组长：××× ×××

成员：××× ××× ××× ××× ×××

职责：协助项目经理搞好施工现场安全工作，认真执行《电力安全工作规程》有关规定，对施工现场被监护人交代安全措施、告知危险点和安全注意事项，监督被监护人员遵守《电力安全工作规程》和现场安全措施，及时纠正施工现场不安全行为等。

（四）物资供应组

组长：×××

成员：×××

职责：负责整个工程施工中材料、设备供应，负责与物资公司的联系等工作以及现场所用材料、设备、施工工具的领用及工器具的回收保管等工作。

三、技术措施

（一）主设备施工进度方案

该工程的主要设备为开关，工程工期共计 7 天，各阶段工期如下：

(1) 现场做二次安全措施，1 天；

(2) 老开关设备拆除，1 天；

(3) 新开关设备就位，1 天；

(4) 新开关设备调试，3 天；

(5) 设备验收、送电，1 天。

（二）技术资料、 备品备件准备

(1) 施工前实际图纸、各类设备产品说明书具备。

(2) 吊车落实到位，吊车吨数、车况、司机资质等均已核对无误。

(3) 对工作中所需应用的试验仪器，试验线及试验工具进行检查，保证试验仪器可以正常工作，试验线的外部绝缘及其内部导通性良好以试验工具的完备良好。

（三）施工工艺和质量标准要求

（1）开关设备的施工工艺和质量要求：

1）开关应避免在雨天或大风天作业，并且每台开关的各部分应按编号对应安装。

2）安装时基础、支架需找平；地脚螺栓布置尺寸符合规定，其中安装支架的基础水平度不大于3/1000。

3）将支架吊起并固定在基础之上，将横梁落在支架之上，水平度不大于1/1000并将其紧固。

4）开关本体的安装。将撬杆插入安装在开关单极上的拐臂，顺时针和逆时针转动若干次以检查开关单极内部在运输中是否损伤，最后将其分闸到底。单极垂直吊起缓慢落入横梁中，将固定的4颗螺栓全部预紧方可将吊绳松开，最后对称紧固所有螺栓。

5）开关充SF_6气体。开关本体在出厂时已充入0.025MPa的SF_6气体，现场不需对各单极进行抽真空水分处理，但须将气路连通管内的空气排除，用随机提供的充放气工具将SF_6气瓶与充气阀连接，除去气路连通管上的包装盖，打开气瓶用SF_6气体吹拂5s后立即将气路连接管与单极上的充气阀连接完毕，并缓缓充至额定压力。

（2）在进行设备线夹改造时，必须按预定的工艺标准（提前告知作业人员）工作。线夹使用要正确，压接要牢固和适度，导线弧线要一致。技术负责人应逐个验收，不符合要求的必须整改。

（3）新设备要提前开箱试验。

（四）技术培训

各施工工序在施工技术上应注意的事项和质量管理点，特殊地形，特殊场所，新设备、新工艺的施工方法，必要时与供货厂家提前联系，由厂家提供必要的帮助，质量验收交接要求等。

（五）系统特殊运行方式

工程施工期间，电网运行方式相对薄弱，重点采取以下措施看护运行设备：

（1）调度中心负责将该站负荷倒至别站供电，减少事故情况下的负荷损失。

（2）变电运行部做好现场组织措施，加强变电站操作前后运行设备的巡视检查力度，确保其安全运行。并根据工作阶段变化，实时变更安全措施。

（3）变电检修部检应加强现场作业管控，落实公司到岗制度和现场安全措施，严格执行标准化作业，确保现场作业安全，避免因检修工作影响运行设备的安全。

四、安全措施

（一）现场作业安全工作规定

（1）现场工作必须严格执行“三交”、“四清楚”、“四到位”制度；认真执行班前、班后安全会制度；每天开工前，工作负责人除布置当天工作外，必须向工作班成员交代安全注意事项，下班前应整理现场，进行安全检查；每天的班前会和班后会要召开，并记录整齐，需要有关人员到现场的一定提前通知。

（2）现场安全措施齐全，工作间隔与带电运行设备有明显的隔离，现场设工作地点与运行设备或运行部位的提醒标示牌。

（3）现场安全员负责检查参加工作人员的安全防护用具必须佩戴整齐完整。

（二）各施工阶段安全措施

（1）新设备运输阶段，车载货物必须固定牢靠，过路导流线下方载物高度不超过 3m。

（2）开关设备运输就位阶段：

1）开工前，对吊车司机进行现场培训，交代有关安全事项，确定吊车的行走路线；

2）吊车进入高压设备区前，吊车指挥会同吊车司机明确带电部位、工作地点和安全注意事项；

3）吊车在高压设备区行走和作业时，专人指挥、监护和引导；

4）起吊前检查钢丝绳，吊物绑扎方式正确。

（3）开关调试阶段：

1）高压试验时，通知所有人员离开被试设备，试验负责人确认安全后方可加压，加压过程中应有人监护并呼唱。

2）对开关设备充 SF_6 气体时，应清理 SF_6 充气管路的密封面，不允许有划痕。检查 SF_6 充气管路，不允许管路有杂质和水分存在，每次充气使用的 O 形圈必须是新的，同时对减压表也应进行检查。

3）开关设备传动过程中，现场设置监护人，提醒其他工作人员不得在机构及传动部分上工作。

（三）现场施工工器具安全使用规定

（1）电焊机、切割机等电气设备移动时，一定要先断开电源再移动；

（2）氧气与乙炔的使用一定要遵循有关操作规程进行；

（3）危险物品存放应有专门的容器；

（4）吊车每天的进出必须由专人带路的指挥，并按拟定的路线行进。

（四）临时电源使用规定

（1）现场使用电源，必须在运行人员指定的位置接取，且符合现场工作实际需要，接取位置必须适当与可靠；

（2）施工现场的临时照明一般采用220V电源照明，临时照明和动力电源应穿管布线，必须按规定装设灯具，并在电源一侧加装漏电保护器；

（3）过路电缆要穿钢管，防止车辆碾压，电缆要顺着路基或电缆沟边沿施放，并远离火源。

五、文明施工措施

（一）环境保护措施

（1）严格SF_6气体回收利用制度，严禁将SF_6气体放入大气中。

（2）扫放的垃圾要倒在指定的地点或垃圾箱内；所有的脏抹布、棉纱头用完后要放进指定的金属容器内，可以重复使用的要放进指定的垃圾桶内。

（3）车辆进出现场应专人指挥，防止轧坏站内窨井盖和损坏站内绿化设施。

（4）禁止在设备区用餐，剩菜剩饭要自觉放入指定的垃圾桶内。

（二）文明施工措施

（1）施工现场规划布局要合理有序，施工、生活用地及加工、预制、组合、设备材料设施，要严格按照规定占地，现场总指挥应根据工程进度、工程特点等具体情况，进行科学管理，认真组织，合理布置，适时调整，全局协调。

（2）所有设备、材料、加工配制件、施工机械和工具要分类堆放，方便取用；做到放置整齐，围栏规范、标志正确完善、防雨防潮及消防设施齐全。废料、垃圾等必须按规定集中存放，施工场内整洁，无杂物；现场卫生实行区域管理，分级负责。物质堆放区域内要留有运输和消防通道。

（3）施工现场整洁。所有管道及电缆沟内无杂物，场地及道路地面无杂物、无边角料头、无电焊条头、无烟头、无积土乱石。施工场地要一日一振扫，真正做到工完料净场地清。垃圾应清扫到指定的垃圾场，废料要回收到废料场。

（4）现场工作间、休息室、工具室要始终保持清洁、卫生、整齐。整个现场要做到一日一清、一日一净。

六、施工方案

（一）施工前应做的准备工作

（1）施工前各专业人员已经分工安排到位，做到现场“四清楚、四到位”。

（2）施工前停电计划已经和调度部门沟通到位，保证按计划停电。

（3）施工前各类设备、辅助材料已经到货，并经检查、试验，可以进行施工。

（4）施工所需主要工器具准备见下表：

序号	名称	数量
1	汽车吊（15t）	1台
2	SF_6 充放气装置	1台
3	LF—1B型 SF_6 检漏仪	1台
4	VSI—1A型微水分析仪	1台
5	断路器特性测试仪	1台
6	1000V及500V绝缘电阻表	各1个
7	700kV工频高压试验装置	1台
8	力矩扳手、套筒扳手（M8，M10，M12、M16，M20）	各1套
9	锦纶吊装带5t，10m	2根
10	手动操作工具（5KA.234.379.1）	1件
11	棘轮扳手JB—3236	1件
12	微水测量专用接头	1套

（二）工程施工工期及工程分项进度计划安排

该工程工期共计7天，各阶段工期如下：

（1）现场做二次安全措施，1天；

（2）老开关设备拆除，1天；

（3）新开关设备就位，1天；

（4）新开关设备调试，3天；

（5）设备验收、送电，1天。

（三）工程施工工序、作业流程

序号	工作内容
第一天	拆除开关所有连接一次引线、开关基础整理；拆除开关操作机构二次引线、动力电源；释放开关压力、放出液压油；拆除开关连接管道；开关 SF_6 气体回收；开关操作机构拆除

续表

序号	工作内容
第二天	开关基础整理、铺设钢板并找平、焊接接地扁铁
第三天	安装开关支架、横梁、操作机构；吊装开关、连接开关连杆、调试开关；开关充气
第四天	开关设备线夹压接、一次线连接；动力线连接；开关端子箱及机构箱电缆敷设、整理及剥电缆、对线、接线；接线检查、绝缘测量
第五天	开关二次线连接；开关设备线夹压接、一次线连接；防腐刷漆、标相漆；开关操作机构调试、传动；接线检查、绝缘测量；上电调试；信号传动、核对；开关端子箱及机构箱、孔洞封堵、挂电缆导向牌
第六天	开关调试；信号传动、核对；高压试验；微水测试；开关喷涂；验收
第七天	整体验收

（四）各施工工序的施工具体方案

断路器充气作业施工方案：

(1) 对准备补充的新 SF_6 气体进行水分测试。

(2) 清理 SF_6 充气管路的密封面，不允许有划痕；检查 SF_6 充气管路，不允许管路有杂质和水分存在；每次充气使用的 O 形圈必须是新的，同时对减压表也应进行检查。

(3) 清理 SF_6 气瓶的充气口，打开产品的充气口阀门的防护盖，清理产品的充气口阀门。

(4) 将清理好的 SF_6 充气管路和 SF_6 气瓶连接好，同时将 SF_6 充气管路与产品的充气口虚连接（产品的充气口阀门应处于关闭状态，SF_6 气瓶阀门应处于关闭状态）。

(5) 微开启 SF_6 气瓶阀门，调整减压阀，有小流量的 SF_6 气体流出，排净空气管路的空气后，连接好 SF_6 充气管路与产品的充气口。

(6) 微开启产品的充气口阀门，听到有往产品中充入的气体声音时，保持减压阀和充气口阀门的状态，平稳缓慢地将产品 SF_6 压力补充到 0.6MPa。

(7) 关闭产品充气口的阀门，同时关闭 SF_6 气瓶阀门，观察产品 SF_6 压力变化。

(8) 将 SF_6 充气管路与产品的充气口恢复为虚连接，如未发现有 SF_6 泄漏，则充气过程结束。

(9) 充气过程结束，将产品充气口阀门的防护盖恢复。

附录五　　××供电公司现场作业书

110kV　×××　变电站　彭110kV南母　避雷器预试现场标准化作业书

批　　准　　张××

审　　核　　郭××　　李××

编　　写　　余××

单位（章）：变电检修工区

1. 基本信息

适用范围	本作业书适用于××供电公司10kV及以上电压等级的避雷器的预防性试验
引用标准	DL 408—1991《电业安全工作规程》(发电厂和变电所电气部分) DL/T 596—1996《电力设备预防性试验规程》 GB 50150—1991《电气装置安装工程电气设备交接试验标准》
气象要求	进行预试作业时，被试品温度不应低于+5℃，户外试验应在良好的天气进行，且空气相对湿度一般不高于80%
人员要求	工作负责人1人，工作班成员2～3人，要求熟悉电力生产的基本过程及电力设备的原理及结构，掌握避雷器的预试技能，并通过年度《电业安全工作规程》考试，工作负责人应取得电气试验专业高级工以上技能鉴定资格，有较强的责任心和安全意识，并熟练地掌握所承担的工作项目和质量标准；工作班成员应取得电气试验专业中级工以上技能鉴定资格；学徒工、实习人员、临时工，必须经过安全教育后，方可在师傅的指导下参加指定的工作
备注	

2. 人员分工及准备工作

2.1 人员分工

序号	作业项目	负责人指定人员	作业完毕人员签名	班前会、班后会记录：
1	监护人	余××	手签	班前会：彭110kV南母带电，工作范围在遮栏之内，勿动彭11南表地刀
2	接电源	张××	手签	
3	拆、接引线	刘××	手签	
4	试验接线	张××	手签	班后会：呼唱时声音应再大点，大家总体表现不错，继续保持
5	呼唱人、仪器操作人	张××	手签	
6	记录人	余××	手签	

2.2 准备工作

序号	内容	备注	√
1	工作负责人办理工作票并履行许可和开工手续		√

续表

序号	内容	备注	√
2	宣读工作票和讲解危险点	危险点： 1）现场使用的检修电源应有保安器，试验设备有过载自动掉闸装置。 2）加压过程中应实行呼唱制度。 3）附近带电情况介绍	√

责任人：余××

3. 器具材料

3.1 工器具

序号	名称	数量	单位	规格	√
1	绝缘电阻表	1	台	KD2677	√
2	直流高压发生器	1	台	ZGF—200	√
3	放电计数器专用测试仪	1	台	计数器校验仪	√

责任人：张××

3.2 材料

序号	名称	数量	单位	规格	√
1	三相电源盘	1	个	220V、10A	√
2	干湿温度计	1	个	—	√
3	工具（扳手、螺丝刀等套）	1	套	世达	√
4	接地软铜线	3	根	16mm^2	√

责任人：张××

3.3 相关资料、记录

序号	名称	备注	√
1	查阅该组避雷器的出厂、交接报告	无异常	√
2	查阅该组避雷器的的预试报告	无异常	√
3	查阅该组避雷器的缺陷记录	无缺陷	√
4	分析该组避雷器的状况	无异常	√

负责人：余××

4. 作业程序及过程控制

序号	作业程序	质量要求	危险点分析及控制措施	√
1	对地绝缘电阻	1）35kV 以上，不低于 2500MΩ； 2）35kV 及以下，不低于 1000 MΩ	摇测完毕，应放电	√
2	1）U_{1mA}参考电压； 2）0.75U_{1mA}下的泄漏电流	1）U_{1mA}实测值与初始值或厂家规定值比较，变化不应大于＋/－5％； 2）0.75U_{1mA}下的泄漏电流不大于 50μA	加压时应呼唱	√
3	测量放电计数器动作情况正常	应符合规程或厂家要求	不得误碰带电设备	√
4	检查底座绝缘电阻	应符合规程或厂家要求	不得误碰带电设备	√

作业人：刘××

5. 工作终结

序号	工作内容	√
1	恢复所有引线，由工作负责人监督检查	√
2	检查设备上有无遗漏工具，由工作负责人监督检查	√
3	清理工作现场，由工作负责人监督检查	√

负责人：余××

附录六　　作业现场风险分析及控制表示例

<table>
<tr><td colspan="2">作业项目</td><td colspan="3">220kV　×××线停电更换
直线杆塔导线绝缘子</td><td>计划工作时间</td><td colspan="4">2011年04月29—30日
8：00—18：00</td></tr>
<tr><td colspan="2">分析人</td><td colspan="3">×××</td><td>分析时间</td><td colspan="4">2011年04月28日
16：00</td></tr>
<tr><td>序号</td><td>危险因素</td><td>风险描述及后果</td><td>风险程度</td><td>控制措施</td><td>剩余风险程度</td><td>责任人</td><td colspan="2">控制时段</td><td>落实时间</td></tr>
<tr><td>1</td><td>作业人员及骨干人员不足</td><td>人员少而抢进度引发事故</td><td>高</td><td>请示部门增加2名精干人员</td><td>低</td><td>×××</td><td>准备阶段</td><td>4月29日之前</td><td>4月29日</td></tr>
<tr><td>2</td><td>14—15号塔、16—17号塔交叉跨越一条10kV线路</td><td>上下传递材料时，安全距离不符合要求导致触电</td><td>中</td><td>1. 人员上下传递绝缘了及工具材料时，应与10kV带电线路保持1m以上的安全距离。
2. 更换绝缘子作业时，应采取导线后备保护绳</td><td>低</td><td>×××</td><td>作业阶段</td><td>14—15、16—17号塔更换绝缘子</td><td>4月30日</td></tr>
<tr><td>3</td><td>06号塔攀登通道发现蜂巢</td><td>马蜂袭击伤人</td><td>高</td><td>1. 安排×××清除蜂巢，其他人远离现场，工作负责人负责监护。
2. ×××穿全封闭防护服，用塑料袋罩住并取下蜂巢，再远离现场处挖土掩埋蜂巢。
3. 待剩余马蜂散去后再开展工作</td><td>低</td><td>×××</td><td>作业阶段</td><td>06号塔作业前</td><td>4月30日</td></tr>
</table>

附录七　××公司生产作业风险预警通知书（样例）

发布单位：＿＿＿＿＿＿　　　　　　发布日期：＿＿＿＿＿＿

主 题	关于 220kV ××线停电期间风险预警的通知
事 由	220kV ××线 28—29 塔迁移
时 段	2011 年 1 月 11 日 7：00—15 日 18：00
风险分析	甲变压器、乙变压器 220kV 单电源供四台 220kV 主变压器，在施工期间，如果运行的××线故障，将造成×市×区、×区东南、×区西北等地区停电
预控措施	（1）调度中心地调将甲变压器、乙变压器 110kV 运行方式调整仍然保持双电源供电，并尽可能将负荷移出；配调将丙变 10kV 重要双电源用户一路尽可能移出，并做好事故预案； （2）输电部应加强 220kV ××线、110kV ××线、×× 线线路（全时段）特巡，确保其安全运行； （3）需求侧管理部门通知以下客户做好两路全停预案：××单位、…，10kV 用户已发给需求侧管理部门； （4）变电运行部、变电检修部应加强对甲变、乙变相关运行设备巡视维护，确保其安全运行
编 制：××× 日 期：2010 年 12 月 28 日	审 核：××× 日 期：2011 年 1 月 4 日
落实情况反馈信息	
发布人：调度中心、输电部、需求侧、变电运行部、变电检修部已落实相应措施。××× 日 期：2011 年 1 月 4 日	
风 险 解 除	
日 期：2011 年 1 月 15 日 15 时 00 分，220 kV ××线停电检修工作完毕。220 kV ××线停电期间风险预警解除。发布单位：×××	

附录八

作业风险管控流程图

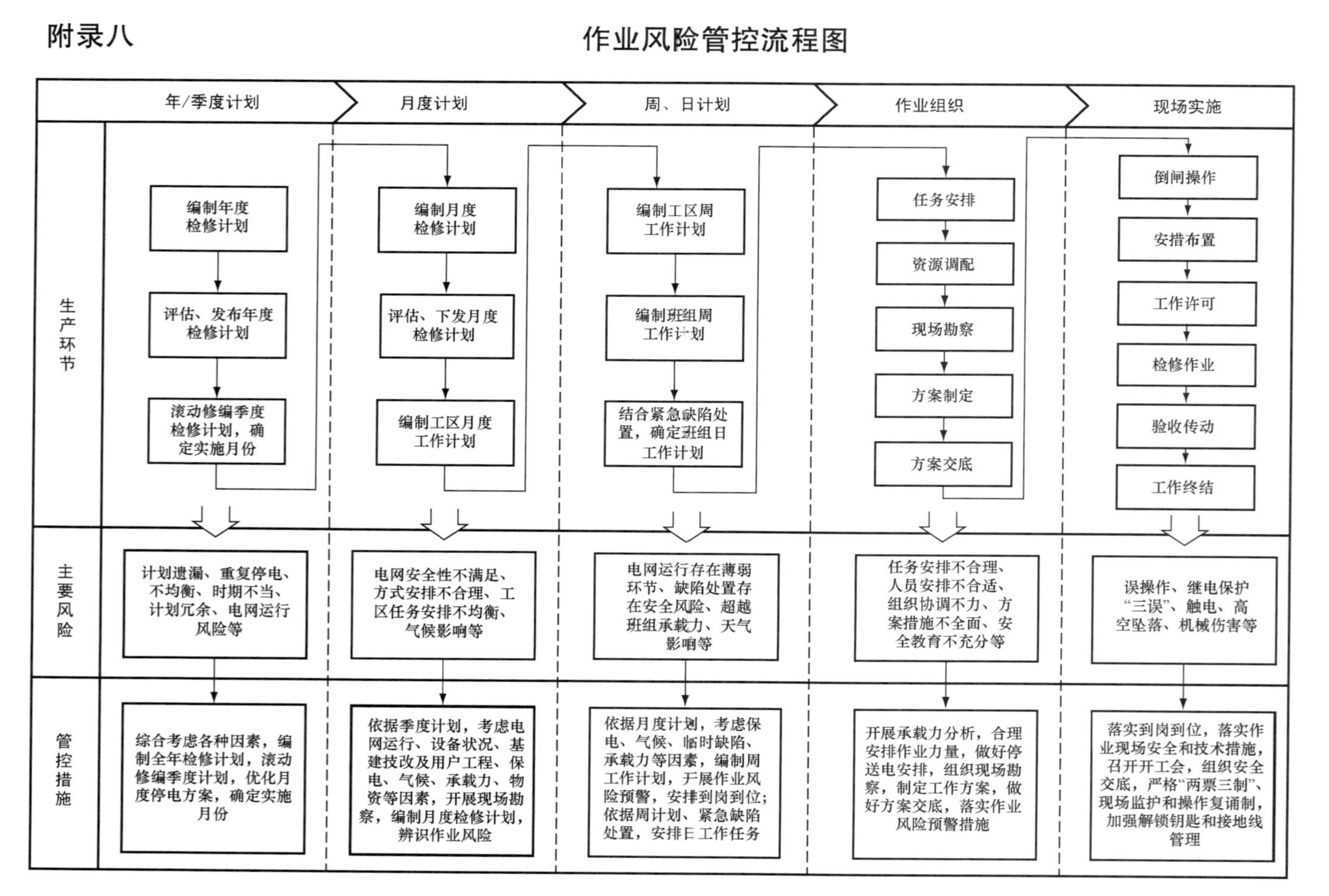

参 考 文 献

1. 中国安全生产协会注册安全工程师工作委员会，中国安全生产科学研究院组织编写．安全生产管理知识．2011年版．北京：中国大百科全书出版社，2011.

2. 国家电力公司发输电运营部编．电力生产安全监督培训教材．北京：中国电力出版社，2003.

3. 国家电网公司编．电网安全管理与安全风险管理．北京：中国电力出版社，2009.

4. 崔国璋编著．安全管理．北京：中国电力出版社，2004.

5. 山东电力集团公司编．供电企业安全管理工作指南．济南：济南出版社，2007.

6. 国家电网公司发布．供电企业安全管理工作指南．北京：中国电力出版社，2008.

7. 国家电网公司编．输电网安全性评价查评依据．北京：中国电力出版社，2011.

8. 国家电网公司编．城市电网安全性评价查评依据．北京：中国电力出版社，2011.

9. 田雨平编著．电力企业应急管理知识读本．北京：中国电力出版社，2008.

10. 国家电力监管委员会安全监管局．电力应急管理工作手册．北京：中国电力出版社，2007.

11. 戴九龙，武倩，高蕾编著．愉快的旅程——野外生存宝典．北京：军事医学科学出版社，2009.

12. 许艳阳编著．变电设备现场故障与处理典型实例．北京：中国电力出版社，2010.

13. 才家刚等编著．电工口诀．北京：机械工业出版社，2010.